高等院校土建类专业"互联网+"创新规划教材

U0184167

# BIM应用：Revit建筑案例教程

主　编　陈凌杰　林标锋　卓海旋
副主编　林　煜　徐小萍　李香兰

北京大学出版社
PEKING UNIVERSITY PRESS

## 内 容 简 介

本书系统地介绍了 BIM 技术及 Revit 建筑模型建制及应用内容，并附有典型的实际案例。全书包括三个阶段，共 17 个项目的内容：第一阶段主要介绍 BIM 概述与 Revit 基础，阐述 BIM 的发展历程、平台软件分类、Revit 软件安装及卸载方法、Revit 基本术语与操作等内容；第二阶段以教学楼建筑工程为案例贯穿始终，阐述如何在 Revit 中绘制建筑模型，包括墙体、柱、楼板、幕墙、门窗、屋顶、天花板、楼梯、扶手、坡道、洞口等构件的创建及编辑方法；第三阶段以教学楼建筑工程模型为例，阐述如何使用 Revit 模型实现图纸设计、房间与面积表示、工程量统计、建筑表现与 Revit 二次开发相关内容，使读者学会使用并管理 Revit 模型。

本书可作为普通高等院校与应用型高等院校的建筑工程类专业的教材和教学参考书，也可供从事土木建筑设计和施工的人员参考。

**图书在版编目(CIP)数据**

BIM 应用：Revit 建筑案例教程/陈凌杰，林标锋，卓海旋主编. —北京： 北京大学出版社，2022.7

高等院校土建类专业"互联网+"创新规划教材

ISBN 978 - 7 - 301 - 33050 - 0

Ⅰ. ①B… Ⅱ. ①陈… ②林… ③卓… Ⅲ. ①建筑设计—计算机辅助设计—应用软件—高等学校—教材 Ⅳ. ①TU201.4

中国版本图书馆 CIP 数据核字(2022)第 091718 号

| | | |
|---|---|---|
| 书 名 | BIM 应用：Revit 建筑案例教程 |
| | BIM YINGYONG: Revit JIANZHU ANLI JIAOCHENG |
| 著作责任者 | 陈凌杰 林标锋 卓海旋 主编 |
| 策 划 编 辑 | 赵思儒 杨星璐 |
| 责 任 编 辑 | 赵思儒 |
| 数 字 编 辑 | 蒙俞材 |
| 标 准 书 号 | ISBN 978 - 7 - 301 - 33050 - 0 |
| 出 版 发 行 | 北京大学出版社 |
| 地 址 | 北京市海淀区成府路 205 号 100871 |
| 网 址 | http://www.pup.cn 新浪微博:@北京大学出版社 |
| 电 子 邮 箱 | 编辑部 pup6@ pup.cn 总编室 zpup@ pup.cn |
| 电 话 | 邮购部 010 - 62752015 发行部 010 - 62750672 编辑部 010 - 62750667 |
| 印 刷 者 | 河北文福旺印刷有限公司 |
| 经 销 者 | 新华书店 |
| | 787 毫米×1092 毫米 16 开本 24.25 印张 588 千字 |
| | 2022 年 7 月第 1 版 2025 年 1 月第 2 次印刷 |
| 定 价 | 68.00 元 |

前言

BIM（Building Information Modeling）——建筑信息模型，是一种将数字信息技术应用于设计建造、管理的数字化方法，也是运用计算机技术共享信息资源，为工程项目全生命周期中的决策提供可靠依据的过程。它是一种基于三维模型的智能流程，能让建筑设计、施工和运营维护及各方专业人员深入了解项目，并高效地规划、设计、构建和管理建筑及基础设施。近年来，随着工程技术的迅猛发展，BIM 技术在工程领域已然成为最受欢迎的对建筑全生命周期进行管理的手段之一。建筑信息化技术被列为"建筑业 10 项新技术"之一，意味着 BIM 将成为每个工程师应该掌握的技能之一。本书以 Revit 2018 版软件进行操作教学，相关软件下载及安装将在书中详细介绍。

本书共包含 17 个项目，分三个阶段：BIM 概述与 Revit 基础、Revit 建筑设计实例指导和 Revit 建筑功能应用。

第一阶段：BIM 概述与 Revit 基础，主要内容包括 BIM 概述，初步认识 Revit，Revit 基本术语与操作。本阶段学习的主要任务是认识 BIM 技术及支撑 BIM 的不同平台，掌握 Revit 相关术语与常规操作，学会 Revit 及相关交互软件的安装及卸载方式。

第二阶段：Revit 建筑设计实例指导，主要内容包括模型布局，墙体设计，建筑柱设计，楼板设计，建筑幕墙设计，建筑门窗设计，屋顶、女儿墙与天花板设计，楼梯、扶手与坡道设计，洞口与室内外构件设计。这一阶段的学习将以教学楼建筑为案例，贯穿学习 Revit 各种工具的使用方法及操作要点，达到掌握 Revit 建筑整体信息模型绘制及正确调整局部复杂细节的目的。

第三阶段：Revit 建筑功能应用，主要内容包括 Revit 图纸设计，Revit 房间与面积，Revit 工程量统计，Revit 建筑表现，Revit 二次开发。本阶段的学习任务是掌握如何运用带有信息的 Revit 模型，以实现高效地设计、生产、建造建筑工程的目的。

鉴于全书内容包含大量的知识点，所涉及知识多数为计算机操作内容，故教师可根据提纲内容选择性地进行讲解，也可根据以下推荐学时分配进行讲解。

| 序　号 | 阶　段 | 内　容 | 建 议 学 时 |
|---|---|---|---|
| 1 | 第一阶段 | BIM 概述 | 2 学时 |
| 2 | | 初步认识 Revit | 2 学时 |
| 3 | | Revit 基本术语与操作 | 4 学时 |
| 4 | 第二阶段 | 模型布局 | 4 学时 |
| 5 | | 墙体设计 | 6 学时 |
| 6 | | 建筑柱设计 | 2 学时 |
| 7 | | 楼板设计 | 4 学时 |
| 8 | | 建筑幕墙设计 | 6 学时 |
| 9 | | 建筑门窗设计 | 2 学时 |
| 10 | | 屋顶、女儿墙与天花板设计 | 4 学时 |
| 11 | | 楼梯、扶手与坡道设计 | 4 学时 |
| 12 | | 洞口与室内外构件设计 | 4 学时 |
| 13 | 第三阶段 | Revit 图纸设计 | 6 学时 |
| 14 | | Revit 房间与面积 | 4 学时 |
| 15 | | Revit 工程量统计 | 4 学时 |
| 16 | | Revit 建筑表现 | 4 学时 |
| 17 | | Revit 二次开发 | 2 学时 |
| 合计 | | | 64 学时 |

为使读者更加直观地理解本书 Revit 的操作内容，也方便教师教学讲解，读者可通过扫描书中二维码查看三维模型，在线学习本书配套视频教程及其他拓展知识内容。

本书由厦门一通科技有限公司工程师与厦门城市职业学院教师校企合作共同编写而成。本书在编写过程中参考和借鉴了行业相关书籍、设计和施工规范、技术标准等资料，在此对相关资料作者表示衷心的感谢！

由于编者水平有限，书中难免存在不足与疏漏之处，敬请广大读者批评指正。

编　者

2022 年 3 月

资源索引

# 本书课程思政元素

本书课程思政元素从"格物、致知、诚意、正心、修身、齐家、治国、平天下"中国传统文化角度着眼,再结合社会主义核心价值观"富强、民主、文明、和谐、自由、平等、公正、法治、爱国、敬业、诚信、友善"设计出课程思政的主题,然后紧紧围绕"价值塑造、能力培养、知识传授"三位一体的课程建设目标,在课程内容中寻找相关的落脚点,通过案例、知识点等教学素材的设计运用,以润物细无声的方式将正确的价值追求有效地传递给读者,以期培养大学生的理想信念、价值取向、政治信仰、社会责任,全面提高大学生缘事析理、明辨是非的能力,把大学生培养成为德才兼备、全面发展的人才。

每个思政元素的教学活动过程都包括内容导引、展开研讨、总结分析等环节。在课程思政教学过程中,教师和学生共同参与其中,教师可结合下表中的内容导引,针对相关的知识点或案例,引导学生进行思考或展开讨论。

| 分类 | 页码 | 内容导引 | 展开研讨 | 思政落脚点 |
|------|------|----------|----------|------------|
| 修身<br>齐家 | 5 | BIM 技术的<br>特点——协调性 | 1. 建设项目的实施过程,需要多专业之间进行协同工作。<br>2. 实现多专业的协同,需要建立起明确的定位体系;模型的协同,首先是定位体系之间的协同 | 工匠精神<br>协同协作<br>团队合作 |
| 齐家 | 6 | BIM 技术的<br>特点——模拟性 | 建筑业是高危行业,建设项目施工现场又是工程事故的高发区域。通过运用 BIM 技术,可以模拟实际施工,有效提高安全管理水平,减少人身及财产的损失 | 安全意识<br>行业发展 |
| 齐家 | 6 | BIM 技术的<br>特点——优化性 | 如果没有 BIM 协调,实际工程是如何处理各专业设计图纸问题的? | 团队合作<br>沟通协作 |
| 修身<br>治国 | 7 | BIM 的历史 | 1. BIM 的创始人是谁?<br>2. 在 BIM 领域,他们都提出了什么理论?<br>3. 他们的经历对你有什么启发? | 职业精神<br>热爱工作<br>中国梦 |
| 平天下 | 8 | 欧美各国<br>BIM 现状 | 了解国际主要 BIM 解决方案的基本情况 | 他山之石<br>全球化视野 |
| 齐家<br>治国 | 8 | 我国 BIM 现状 | 1. 我国 BIM 应用与发达国家应用的对比。<br>2. 我国哪些工程应用了 BIM 技术? | 国之重器<br>行业发展<br>奉献精神<br>国家统筹 |

续表

| 分类 | 页码 | 内容导引 | 展开研讨 | 思政落脚点 |
|---|---|---|---|---|
| 致知<br>修身 | 8 | BIM 的未来<br>趋势和挑战 | 1. BIM 未来的发展方向是什么？<br>2. 个人如何在未来的专业能力培养方面适应这种变化的要求？ | 行业发展<br>专业能力<br>职业规划<br>个人成长 |
| 修身 | 8 | BIM 的未来<br>趋势和挑战 | BIM 技术的运用产生了很多新的职位，随着 BIM 推广应用工作的不断深入，这些职位发挥着越来越重要的作用 | 职业规划<br>个人成长<br>终生学习 |
| 齐家<br>平天下 | 9 | 支撑 BIM 的<br>平台软件 | 1. 行业中知名 BIM 软件平台有哪些？<br>2. 我国自主研发的 BIM 软件有哪些？ | 行业发展<br>他山之石<br>国家竞争<br>国家安全<br>创新意识 |
| 致知<br>正心 | 61 | Revit 建筑设计<br>实例指导 | BIM 建模是一项技能，不仅要懂理论知识，更重要的是要会实际操作。在建模过程中，细节很重要，但也要兼顾整个模型效果 | 实战能力<br>理论与实践相结合<br>整体意识<br>大局观 |
| 诚意<br>修身 | 63 | 模型布局 | 在绘制标高、轴网时要注意什么？ | 工匠精神<br>职业精神<br>毅力 |
| 致知<br>修身 | 76 | 墙体设计 | Revit 的模型中保存了丰富的构造信息，通过定义墙体的构造，可以将相关的信息保存在模型文件中，方便信息的传递及处理 | 工匠精神<br>职业精神<br>专业能力 |
| 修身<br>治国 | 100 | Revit 中建筑柱<br>与结构柱的区别 | 结构柱是建筑的脊梁，建筑柱主要体现了建筑的美学性。现实生活中，有哪些优美实用的建筑柱？ | 文化传承<br>审美能力 |
| 致知<br>修身 | 109 | 楼板设计 | 预制板就是 20 世纪早期建筑当中用的楼板，与 BIM 设计的装配式楼板有什么区别？ | 职业精神<br>专业能力<br>行业发展<br>技术发展 |
| 齐家<br>治国 | 131 | 建筑幕墙设计 | 我国幕墙技术在世界处于什么水平？ | 行业发展<br>大国复兴<br>产业报国 |

| 分类 | 页码 | 内容导引 | 展开研讨 | 思政落脚点 |
|---|---|---|---|---|
| 治国 | 147 | 建筑门窗设计 | 对于房子来说，窗子好比是一双眼睛，而门窗在我国建筑史上蕴含着博大精深的文化意味。你能说说中国古建筑门窗都有哪些类型吗？ | 文化传承<br>民族瑰宝<br>传统文化 |
| 格物<br>修身 | 239 | Revit 图纸设计 | 在模型建立完成后，图纸的生成和导出也是关键的一环 | 努力学习<br>严谨细致<br>工匠精神<br>职业精神 |
| 正心<br>治国<br>平天下 | 240 | 制图规范 | 我国制图规范是如何制定的？<br>制定标准的意义是什么？ | 严谨细致<br>规范与道德<br>责任与使命<br>法律意识<br>国家竞争 |
| 修身 | 324 | Revit 建筑表现 | 作为建筑类工程师应具备一定的审美能力，通过什么手段能为业主提供更美观的模型感受？ | 创新精神<br>审美能力 |
| 治国<br>正心 | 363 | Revit 二次开发 | 1. 现在越来越多的项目要求必须使用 BIM，有哪些方法能更便捷地应用在工程实践当中？<br>2. 我国的 BIM 软件是如何发展的？ | 经济发展<br>改革开放<br>道路自信<br>行业发展<br>洋为中用<br>国家竞争 |

注：教师版课程思政设计内容可联系出版社索取。

# 目　录

## 第一阶段　BIM 概述与 Revit 基础

## 第二阶段　Revit 建筑设计实例指导

## 第三阶段　Revit 建筑功能应用

# 第一阶段

## BIM概述与Revit基础

# 项目1
## BIM概述

随着计算机软硬件的普及和通信与网络技术突飞猛进的发展，传统的建设行业也在寻求摆脱落后生产模式的解决方案。因此，以 BIM 为代表的新兴产业技术应运而生。这种全新的建筑全生命周期方案有效地解决了建设行业的诸多不足，大刀阔斧地改变了当前工程建设的模式，推动了整个建设行业从传统的粗放、低效的建造模式向以全面数字化、信息化为特征的新型建设模式转变。

### 学习目标

| 能力目标 | 知识要点 |
| --- | --- |
| 认识 BIM 技术 | BIM 的含义、BIM 技术的特点与优势 |
| 了解 BIM 的发展 | BIM 技术的发展历程与趋势 |
| 熟悉 BIM 平台 | 现阶段各种主流 BIM 平台的比较 |

# 1.1　什么是 BIM?

BIM（Building Information Modeling）——建筑信息模型，是一种将数字信息技术应用于设计、建造、管理的数字化方法，也是运用计算机技术共享信息资源，为工程项目全生命周期中的决策阶段提供可靠依据的过程。它是一种基于三维模型的智能流程，能让建筑设计、施工和运营维护流程中各方专业人员深入了解项目并高效地规划、设计、构建和管理建筑及基础设施。在项目设计阶段使用 BIM 技术可以在计算机上模拟创建 1∶1 动态三维信息模型，持续构建的数字化模型支持项目整个阶段的设计与校核，可以减少规划与设计阶段带来的误差。当模型构建完成后，模型中的构件便承载着丰富的信息，如精确的几何构件尺寸、结构边界条件信息、面积信息等，这些信息将带来多方面的用途，如指导施工、材料预制加工、模拟建筑真实的建造、运营等。各方建设主体通过使用 BIM 技术，进一步完善建筑设计、施工、运营维护等全过程管理，达到提高建设效率、降低项目风险、改善管理绩效的目的。

## 1.1.1　认识 BIM 技术

BIM 中 Building 代表的是 BIM 的行业属性，BIM 的服务对象主要是工程建设行业；Information 是 BIM 的灵魂，BIM 的核心是创建建设产品的数字化信息，从而为工程实施的各阶段、各参与方的建设活动提供与建设产品相关的信息，包括几何信息、物理信息、功能信息、价格信息等；Modeling 是 BIM 的信息创建和存储形式，BIM 中的信息是以数字模型的形式创建和存储的，具有三维、数字化和面向对象等特征。

 知识链接

BIM 技术是一种应用于工程设计、建造、管理的数据化工具，通过参数模型整合各种项目相关信息，在项目策划、运行和维护的全生命周期过程中进行共享和传递，使工程技术人员对各种建筑信息做出正确理解和高效应用，为设计团队以及包括建筑运营单位在内的各方建设主体提供协同工作的基础，在提高生产效率、节约成本和缩短工期方面发挥重要作用。

——住房和城乡建设部工程质量安全监管司

## 1.1.2　BIM 技术的特点

1. 模型信息化

BIM 以信息的方式进行传达，具有信息完备性、关联性和一致性等特征。BIM 除了对工程三维几何信息进行描述外，还包括对工程信息的完整体现，如建筑材料、工程性能、结构类型等设计信息；施工工序、施工进度、成本控制、质量控制等施工信息；工程安全性能、材料耐久性能等维护信息。这些模型信息之间是可识别并互相关联的，若模型中的某个

对象发生变化，与之关联的所有对象都会随之更新，保证了模型的整体性及一致性。

2. 模型可视化

在计算机上，原有的平面图纸表达的工程项目转变为三维立体模型展示在用户面前，用户可以实时查看或修改三维模型的信息参数，以达到设计、检查、建造模拟的目的。这样，在项目的设计、建造、运营过程中的沟通、讨论、决策均在可视化的状态下进行，如图 1-1 所示。

图 1-1 模型可视化

（图片来源：Autodesk 官网 https：//www.autodesk.com/products/revit/overview)

3. 协调性

在以往的设计过程中，各专业工程师之间信息沟通不及时或不到位，往往导致设计的成果出现诸多碰撞、缺漏等问题，对实际施工造成不利影响。例如，布置管道时未考虑清楚其他项目工程的布置情况，导致布置管道不合理的情况发生。在 BIM 中各方参与人员在设计阶段可以基于一个中心文件进行平行工作，再将各专业模型整合到一个整体中进行检查，这样可以较大程度地减少不必要的设计错误，如图 1-2 所示。

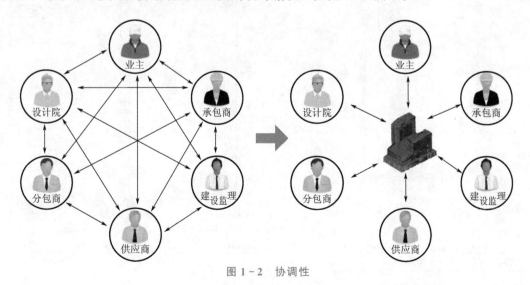

图 1-2 协调性

### 4. 模拟性

BIM 不仅可以模拟具体的建筑物，还可以模拟难以在真实世界中进行的操作。在设计阶段可以为设计中所需数据进行模拟分析，如日照分析、节能分析、热能传导分析等；在施工阶段可以进行 4D（3 维模型中加入项目发展时间）施工模拟，根据施工组织设计来模拟实际施工，从而确定合理的施工方案；在运营阶段可以对物业进行维护管理，如在建筑使用期间发生管道或管件损坏的情况，可以通过查看模型找到问题的原因并进行维修。

### 5. 优化性

BIM 强调的是工程项目全生命周期的应用，整个项目从设计到运营维护的过程实际上是不断优化的过程，受"信息""复杂程度""时间"三方面的影响，准确的信息为合理优化的结果提供了基本依据。BIM 提供了建筑物实际存在的信息，这些信息使复杂的项目进一步优化成为可能，例如，通过将项目设计和投资回报分析相结合，计算出设计变化对投资回报的影响，使得业主明确哪种项目设计方案更符合自身的需求。

### 6. 可出图性

BIM 可自动生成建筑各专业二维设计图纸，这些图纸中构件的关系与模型实体始终保持关联，当模型发生变化时，图纸也随之变化，从而保证了图纸的正确性，如图 1-3 所示。

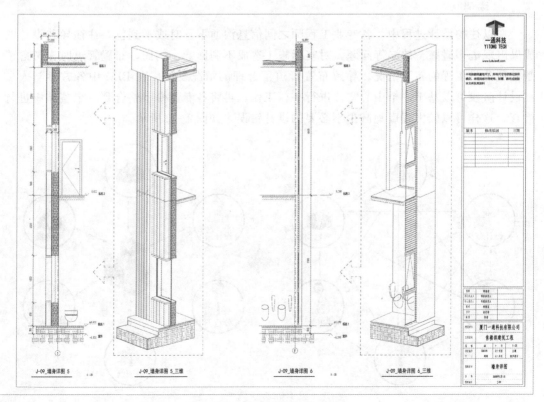

图 1-3　可出图性

# 1.2 BIM 的过去、现状与未来趋势

BIM 概念的起源可追溯至 1975 年 Charles Eastman 发表的论文，直至 1995 年 IAI（Industry Alliance for Interoperability，国际协作联盟）决定推出 IFC（Industry Foundation Classes）标准，标志着世界级的 BIM 风潮开始兴起。本节内容中将带大家系统地认识 BIM 从诞生至今的发展历程，进一步了解 BIM 在国内外的发展现状与未来趋势。

## 1.2.1 BIM 的历史

提及 BIM 的诞生与发展，不得不提到以下两位：一位是 Charles Eastman（图 1-4），另一位是 Jerry Laiserin（图 1-5），前者为 "BIM 之父"，后者为 "BIM 教父"。

图 1-4    Charles Eastman          图 1-5    Jerry Laiserin

早在 1975 年，当时任职于卡耐基-梅隆大学的 Charles Eastman 于《AIA 杂志》（现已停刊）上发表了关于 "建筑描述系统（Building Description System）" 的工作原理，也就是最初的 BIM 概念："互动的典型元素……从同一个有关元素的描述中获得剖面图、平面图、轴测图或透视图……任何布局的改变只需要操作一次，就会使所有的绘图得到更新。所有从相同元素布局得来的绘图都会自动保持统一……任何算量分析都可以直接与这个描述系统对接……可以很容易地生成估价和材料用量……为视觉分析和数量分析提供一个完整的、统一的数据库……在市政厅或建筑师的办公室就可以做到自动对建筑的规范性进行核查。大型工程项目的施工方也许会发现，在进度计划和材料订购上这个描述系统更具有优越性。"

Charles Eastman 提出的技术在接下来几年时间里渐渐被商业化运作，在美国这项技术被称为 "Building Product Model（建筑产品模型）"，在欧洲被称为 "Building Product Information Model（建筑产品信息模型）"。由于这两个词组中的 "产品" 一词都被用来区别于 "过程" 模型，故融合后就衍变为 "建筑信息模型" 一词。

2002 年 12 月，Jerry Laiserin 发表了一篇名为 *Comparing Pommes and Naranjas* 的文章，文中对 "Building Information Modeling" 中涉及的每个词 "Building" "Information" "Modeling" 都进行了详细的描述和定义，并说明这是对下一代设计软件的描述，也可理解为对 CAD 系统与 BIM 系统的比较。

## 1.2.2　BIM 的现状

BIM 的实践最初主要由几个比较小的先锋国家所主导，如芬兰、挪威和新加坡，美国等一批早期实践者紧随其后。经过长期的探究，BIM 在美国逐渐成为主流，并对包括中国在内的其他国家的 BIM 实践产生影响。

目前美国大多数建筑项目已经开始应用 BIM 技术，并且创建了各种 BIM 协会，出台了各种 BIM 标准，比较有代表性的有 GSA（美国联邦总务署）、USACE（美国陆军工程兵团）、buildingSMART 联盟等。如 GSA 负责美国所有的联邦设施的建造和运营，并推出了全国 3D - 4D - BIM 计划，要求所有大型项目（招标级别）都需应用 BIM 技术，最低要求是空间规划验证和最终概念展示需提交 BIM 模型。

反观国内近况，BIM 热潮逐渐席卷了中国建筑行业，在 2014 年麦克劳-希尔公司和清华大学共同完成的《2014 中国 BIM 报告》中，中国 BIM 发展速度位列全球第四。虽然相较于发达国家的建筑行业 BIM 应用情况，国内 BIM 技术的理念探讨与技术应用发展起步较晚，但这几年在国际化的信息交互背景下，我国 BIM 技术的推广和应用的速度与成效还是令人欣喜的。一些大型的房地产企业、设计院、大型施工单位已经陆续开展了 BIM 结合实际项目的研究与应用；国内软件商（如 PKPM、YJK、鸿业、广联达、鲁班和斯维尔等）也开始对 BIM 软件进行研发，并产生了实际的效益；部分高校也开始了 BIM 课题的研究，并将 BIM 技能指导列入专业课程中，作为学生毕业前必须掌握的技能之一。

## 1.2.3　BIM 的未来趋势与挑战

BIM 技术目前的发展趋势是逐步打通建设项目全生命周期的应用流程，在项目的全生命周期中发挥作用。随着计算机硬件与软件功能的进一步升级，BIM 技术将不断与其他先进技术集成，应用方法亦趋于灵活。BIM 与 3D 扫描、打印技术、VR 交互技术、遥感技术等诸多先进技术的结合将为建设行业带来巨大的影响。

BIM 能解决复杂工程的大数据建造、管理、共享应用等问题，在数据、技术和协同管理三个方面，提供了革命性项目管理方法。在这样的行业大趋势下，建筑产业生态圈中参建各方都需要建立企业级数据库，进行全过程、集成化、系统化的应用。

今后的建筑行业中，上至项目管理，下至一线施工人员都离不开 BIM 技术的应用，尤其是近几年随着装配式建筑在国内的推广与应用，以 BIM 平台为依托的项目建设将成为常态。因此用 BIM 的技术知识武装自己，让自己成为懂 BIM、会用 BIM 的新型技术与管理人才已然成为当务之急。

# 1.3　支撑 BIM 的平台

在多数组织机构内，BIM 会牵涉许多应用程序以实现不同的用途。不同的企业根据自身的业务情况选择合适的 BIM 平台及软件是至关重要的。

### 1.3.1 Revit 平台

Revit 是当前最知名的 BIM 软件平台，是 BIM 建筑设计市场的领导者。它完全独立于 AutoCAD 的平台，拥有完全不同的代码和文件结构，集建筑、结构、机电三种专业于一体，包含了大多数建筑设计及管理的功能。Revit 平台支持与 Autodesk 其他产品共同协作，打造建筑工程一体化解决方案。例如，Revit 配合 3ds Max 可以进行建筑表现工作；Revit 配合 CAD 可以进行二维图纸精细化加工；Revit 配合 Navisworks 可以进行建筑构件碰撞检查、施工模拟等工作。图 1-6 为 Revit 平台模型。

图 1-6 Revit 平台模型

（图片来源：Autodesk 官网 https://www.autodesk.com/products/revit/overview）

### 1.3.2 Bentley 平台

Bentley 是土木工程和基础设施市场的主要参与者，它为民用建筑、机电、公共建设等方面提供了许多相关的产品。Bentley 平台架构最底层是工程数据中心，用于存储并管理由不同专业的工具软件创建的信息模型及工程图纸。工程数据中心之上是工程内容（对象、模型、图纸）创建平台。Bentley 平台以 MicroStation 为基础图形环境，集二维图纸创建与三维信息模型创建于一身，并且能够兼容多种数据格式的图形平台。图 1-7 为 Bentley 平台模型。

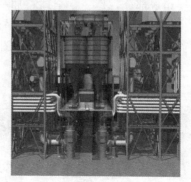

图 1-7 Bentley 平台模型

（图片来源：Bentley 官网 https://www.bentley.com）

### 1.3.3　ArchiCAD 平台

　　1987 年 Graphisoft 推出旗舰产品 ArchiCAD，以"虚拟建筑"的概念作为第一个 BIM 软件，在设计、文档管理、协同工作和对象管理四个方面表现尤为突出。

　　设计方面，使用 ArchiCAD 可以在最恰当的视图中轻松创建建筑形体，修改复杂的元素，同时将创造性的自由设计与其强大的建筑信息模型高效地结合起来；文档管理方面，利用 ArchiCAD 可以创建 3D BIM 模型，同时所有的图纸文档和图像都会自动创建；协同工作方面，Graphisoft 的 BIM Server 通过 Delta 服务器技术使得团队成员可以在 BIM 模型上进行实时的协同工作；对象管理方面，CDL（几何描述语言）包含了为用户提供的绘图符号、文本说明，以及应用于图纸、展示和工程量计算方面的所有信息数据。图 1-8 为 ArchiCAD 平台模型。

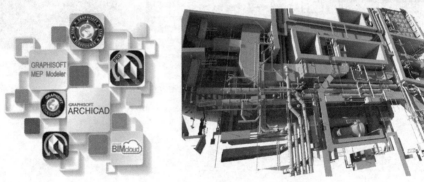

图 1-8　ArchiCAD 平台模型

（图片来源：Graphisoft 官网 https://www.graphisoft.com/archicad）

### 1.3.4　CATIA 平台

　　CATIA 是法国 Dassault 公司开发的旗舰解决方案产品。作为 PLM 协同解决方案的一个重要组成部分，是一款全球首屈一指的航空航天、汽车行业大型系统的参数建模平台；其中 Digital Project 是基于这个平台的建筑和建设的定制软件，在处理复杂参数集成、异形曲面造型方面的能力异常优秀。图 1-9 为 Digital Project 模型。

图 1-9　Digital Project 模型

（图片来源：Digital Project 官网 https://www.digitalproject3d.com）

### 1.3.5 Tekla 平台

Tekla 是芬兰 Tekla 公司开发的，主要应用于钢结构深化设计，它通过创建三维模型而自动生成钢结构详图和各种报表。由于图纸与报表均以模型为准，并且在三维模型中操作者很容易发现构件之间连接有无错误，所以它保证了钢结构详图深化设计中构件之间的正确性。同时自动生成的各种报表和接口文件（数控切割文件）可以服务（或在设备中直接使用）于整个工程。图 1-10 为 Tekla 平台模型。

图 1-10　Tekla 平台模型

（图片来源：Tekla 官网 https://www.tekla.com）

除了以上列举的五种 BIM 平台外，常用的平台还有 Vectorworks 平台、DProfiler 平台、AutoCAD-Based 平台等。

## 项目小结

1. BIM 是基于数字技术的建筑信息模型的总称。
2. BIM 技术具有模型信息化、模型可视化、协调性、模拟性、优化性、可出图性等特点。
3. BIM 热潮逐渐席卷了中国建筑行业，BIM 技术在国内呈现爆发式增长，掌握 BIM 技术成为一名工程师必备的技能。
4. 目前主流的 BIM 平台主要有 Revit、Bentley、ArchiCAD、CATIA、Tekla 等。

## 复习思考

1. BIM 的全称是什么？
2. BIM 技术具有什么特征？
3. 目前主流的 BIM 平台有哪些？各有什么特点？

# 项目2
# 初步认识Revit

工程建造涉及从规划、设计、施工到交付使用全过程。Revit 作为最广泛应用的 BIM 平台之一，提供了一整套针对建筑工程、市政工程等领域的解决方案。这些解决方案涉及多个软件、多种协同配合的方式。其中诸多领域，尤其是以建筑工程为代表的新型建造技术都是以 Revit 为核心，因此需要读者对 Revit 有更深层次的认知。

## 学习目标

| 能力目标 | 知识要点 |
| --- | --- |
| 掌握 Revit 应用特点 | 模型真实性、关联性、参数化设计、协同作业、实时提取工程量信息 |
| 掌握 Revit 软件的管理技能 | Revit 安装步骤<br>Revit 配置<br>Revit 卸载 |
| 掌握 Revit 源生文件格式 | 项目文件 ".rvt"<br>项目样板文件 ".rte"<br>族文件 ".rfa"<br>族样板文件 ".rft" |

# 2.1 Revit 概述

Revit 在国内应用的领域之广，让不少工程师产生"BIM = Revit"的错误观念。本节将系统地梳理 BIM 与 Revit 的关系、Revit 的相关知识与定位以及以 Revit 为核心的 BIM 应用方向及特点。

## 2.1.1 Revit 概述

BIM 发展的初期阶段，使用一款软件就能够满足作为工具、平台和环境的需求，这种观念普遍存在，但是随着对 BIM 项目规模和支持系统的深入研究发现，单一的软件已经远远不能满足需求，各有侧重功能的辅助工具、支持多平台和多环境的工作渐渐成为 BIM 的发展趋势。

Revit 属于 Autodesk 公司推出的建筑工程软件，是目前建筑行业中使用率最高的软件之一。Revit 是一个多专业集成的软件，包括 Revit Architecture、Revit Structure、Revit MEP，这些软件模块基本满足了建筑工程师对建筑设计与建造的需求。目前 Revit 支持在微软 Windows 操作系统中运行，若要运行于 Mac OS 系统则需结合 Boot Camp 插件使用。

Revit 作为一种工具，软件本身提供了友好的用户界面与操作方法，用户也可以根据自己的使用习惯布置软件界面与快捷命令，提高工作效率。使用 Revit 创建的视图之间、图纸与模型之间均具有很强的关联性，且支持双向编辑，这样大大省去了单调的重复性工作，让设计师更专注于建筑的设计而非繁杂的修改。Revit 采用开源的设计架构，目前发布的 API 为外部应用程序提供了良好的支持，其他软件开发公司能够基于 Revit 做进一步的功能优化。随着 Revit 应用的愈发广泛，它的产品库也更加完善，不但有 Autodesk 官方提供的产品库，还有各大厂商提供的 Revit 产品库，因此 Revit 应用的主导地位日益显著。

Revit 作为一个平台，它拥有相关应用程序的最大集合。Revit 一方面可以通过开放的 API 接口连接其他相关软件，另一方面可以通过 IFC 或其他格式与各种程序文件连接。例如，Revit 可以与 Navisworks 对接进行碰撞检查与施工进度模拟，与 Civil 3D 对接完成场地分析，与 Inventor 对接完成构件制造或与 SketchUp 对接进行概念设计等，如图 2-1 所示。

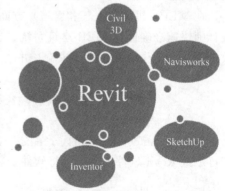

图 2-1 Revit 平台软件交互

## 2.1.2 Revit 应用特点

Revit 作为主流的 BIM 软件有着诸多应用特点，主要体现在以下几个方面。

① 真实反映建筑信息，并以三维模型形式实时呈现。

② 设计关联性。视图、模型和图纸实时关联，修改一处，处处随之变更。

③ 参数化设计。Revit 构件皆是通过与之对应的类型参数、实例参数、共享参数、全局参数等进行控制，达到对构件尺寸、材质、可见性、项目信息等状态的改变。

④ 协同作业。Revit 提供了"链接模型"与"中心共享"两种协同方式进行多专业、多岗位人员协同作业。

⑤ 实时提取工程量信息。根据项目推进的不同阶段、不同施工进度分期统计工程量信息，做到全过程成本核算与把控。

除了以上列举的几点外，Revit 还有许多其他优点。它作为一个集设计与施工于一体的平台，易于上手，可以直观地进行操作，大大降低了工程师的使用门槛；集二维、三维于一体的图纸设计表达做到了传统与创新相结合；拥有一个由官方和第三方共同开发的庞大产品库，大大满足了用户在使用期间的差异化需求。

### 2.1.3  Revit 及其他产品的交互应用

Revit 是 Autodesk 公司诸多产品中面向建筑行业的三维参数化软件。在实际的工作中仅靠 Revit 解决所有问题是不切实际的，建筑行业不同领域需要多种产品与 Revit 配合，不同软件发挥各自的优势，方能解决实际工程中的复杂问题。

在建筑设计方面，使用 AutoCAD、Navisworks、3ds Max、Dynamo 配合 Revit，能做出更好的设计决策，提高建筑性能，并在整个项目全生命周期中更加有效地协作。

在结构工程方面，使用 Robot Structural Analysis、Advance Steel 配合 Revit，可以帮助结构工程师及制造商改进结构设计方案，最大限度地减少错误，并简化团队间的协作。

在基础设施方面，使用 InfraWorks、AutoCAD、Civil 3D 配合 Revit，利用智能化、互联的工作流程提高可预测性、工作效率和盈利能力。

在施工管理方面，使用 AutoCAD、Navisworks、BIM360、ReCap 配合 Revit，从项目设计到施工以及移交的整个过程中，将施工现场数字化并可就项目信息进行沟通交流。

在 MEP（机械、电气和管道）方面，使用 Fabrication 系列产品配合 Revit，可以帮助设计师快速准确地对 MEP 建筑系统进行设计、详图绘制、估算、制造和安装过程处理，改进协作、简化项目、降低风险，并减少整个项目团队的浪费。

# 2.2  Revit 安装、配置及卸载

Revit 是 Autodesk 公司的子产品之一，通过访问 Autodesk 官方网站（www.autodesk.com.cn）即可下载 Revit 软件安装包，将软件安装在本地计算机即可进行使用。

 特别提示

官方网站只提供下载最新版本的软件安装包，读者若需要下载使用往期版本，可以通过访问腿腿教学网（www.tuituisoft.com）下载各版本安装包，并根据说明进行安装。

## 2.2.1 安装 Revit

　　用户从软件官方网站（或腿腿教学网）下载的 Revit 2018 软件安装包为分卷压缩文件，如图 2 - 2 所示。用户只需双击任一文件即可解压安装包至指定硬盘路径（默认路径是"C:\Autodesk"）。若无特殊情况请勿删除或重命名分卷文件名称。

　　　　　　⬇ Revit_2018_G1_Win_64bit_dlm_001_003.sfx.exe
　　　　　　⬇ Revit_2018_G1_Win_64bit_dlm_002_003.sfx.exe
　　　　　　⬇ Revit_2018_G1_Win_64bit_dlm_003_003.sfx.exe

安装Revit

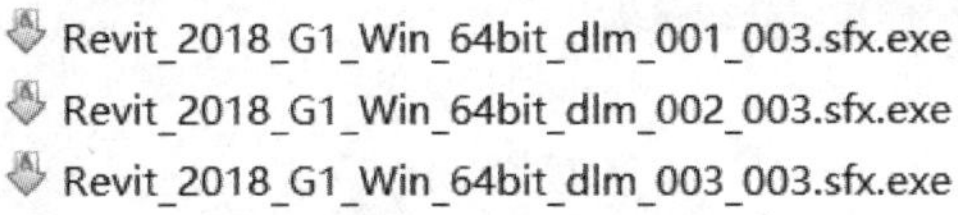

图 2 - 2　Revit 2018 软件安装包

　　解压之后系统会自动进入 Revit 软件安装界面，如图 2 - 3 所示。若取消了本次安装，则下次安装 Revit 时无需再解压安装包，用户只需进入上次解压的文件所在位置，双击"Setup. exe"再次安装 Revit 即可。

图 2 - 3　Revit 软件安装界面

　　单击"安装"→选择语言→接受 Autodesk 许可及服务协议→"下一步"→配置安装选项。在配置安装界面中用户可以根据需要设置安装选项，其中第一项"Autodesk Revit 2018"为必须安装的选项；第二项"Autodesk Revit Content Libraries 2018"为 Revit 素材库（包含族库、项目样板文件、族样板文件、IES 文件等），若用户不选中该选项则需在安装完软件后手动安装 Revit 素材库，具体方法见 2.2.2 节；第三项"Autodesk Material Library 2018 - Medium Image Library"为 Autodesk 官方素材库，必须选中该项进行安装，如图 2 - 4 所示。

　　设置安装路径：默认路径为"C:\Program Files\Autodesk\"，若无特殊情况应保留默认安装路径。完成以上配置后，选择"安装"软件，计算机便会进行自动安装 Revit 2018。安装过程会占用较长的时间，建议安装软件期间关闭杀毒软件。

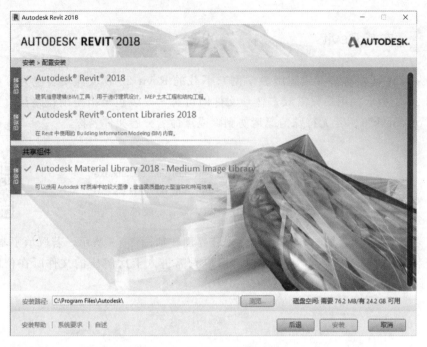

图 2 - 4　Revit 配置安装界面

配置 Revit 文件

安装完 Revit 后，需要检查素材库是否安装完整（路径为"C:\ProgramData\Autodesk\RVT 版本\"），如图 2 - 5 所示。若没有安装完整，需下载离线素材库并放置在指定的路径中，网上提供了多个版本软件离线包的下载链接。其中离线素材库中的各个文件夹对应的内容如表 2 - 1 所示。

配置Revit
文件

图 2 - 5　Revit 素材库

**特别提示**

用户可以通过访问腿腿教学网（www.tuituisoft.com）搜索对应版本的 Revit 离线素材库。

表 2-1　Revit 离线素材库内容

| 素材文件夹 | 内　容 |
| --- | --- |
| Family Templates | 族样板文件 |
| IES | IES 聚光灯文件 |
| Libraries | 族库 |
| Lookup Tables | 查找表格文件 |
| Templates | 项目样板文件 |

### 特别提示

安装 Revit 过程出现以下任意一种情况都将导致安装的 Revit 素材库不完整。

（1）断网或网络不稳定环境下安装 Revit。

（2）Revit 配置安装界面中取消选中"Autodesk Revit Content Libraries 版本"。

　　将下载或拷贝完整的离线素材库放置在"C:\ProgramData\Autodesk\RVT 版本\"中，这样软件就有了这些素材并可以进行访问。

　　安装完素材库后还需要进一步配置 Revit 选项。

1. 配置项目样板文件位置

　　单击 **R**（应用程序菜单）（Revit 2018 为应用程序菜单下方的"文件"工具）按钮，在下拉列表中选择"选项"工具，进入 Revit 选项配置界面，切换到"文件位置"配置，如图 2-6 所示。

图 2-6　Revit "文件位置"配置界面

图 2-7　启动界面项目样板

在文件位置配置窗口中，可以添加或者编辑已有对象，用户可以将比较常用的项目样板或企业项目样板添加到列表中，并设置好样板路径。项目样板名称与路径需一一对应确保正确，如图 2-6 界面中❶所示，这样在"最近使用的文件"页面上会以链接的形式显示前四个项目样板，如图 2-7 所示。

2. 配置族样板文件位置

在 Revit 选项"文件位置"配置界面设置族样板文件路径，如图 2-6 界面中的❷所示，在"族样板文件默认路径（F）"处，单击"浏览"，将路径定位到族样板文件所在文件夹："C:\ProgramData\Autodesk\RVT 2018\Family Templates\Chinese"。这样在 Revit 新建可载入族时将自动打开族样板文件夹供用户选择。

3. 插入外部族位置

单击图 2-6 界面中的❸"放置（P）..."按钮，弹出文件放置对话框，如图 2-8 所示，分别设置族文件的插入路径。将"Metric Library"路径设置为"C:\ProgramData\Autodesk\RVT 2018\Libraries\China\"；将"Metric Detail Library"路径设置为"C:\ProgramData\Autodesk\RVT 2018\Libraries\China\详图项目"。

图 2-8　放置族文件路径

### 2.2.3　卸载 Revit

卸载Revit

Autodesk 官方对近几年推出的新版本软件都提供了专用的卸载工具，在安装软件的同时也安装了卸载工具，如图 2-9 所示。单击计算机系统"开始"菜单，进入"Autodesk"软件产品组，"Uninstall Tool"就是用于卸载 Autodesk 产品的工具。用户若安装 Revit 的方式不当或在使用过程中遇到无法解决的问题，都可以通过"Uninstall Tool"将 Revit 进行卸载后重新安装使用。

图 2 - 9　Uninstall Tool 卸载工具

　　单击"Uninstall Tool"打开"Autodesk 卸载工具"界面，如图 2 - 10 所示，可以根据需要选中要卸载的软件或组件的复选框，然后单击"卸载"按钮，这样就从本地计算机上卸载了对应的软件。

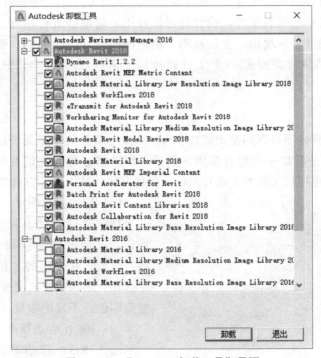

图 2 - 10　"Autodesk 卸载工具"界面

 **特别提示**

　　对于 Revit 或是 Autodesk 其他的产品都应使用官方自带的"Uninstall Tool"卸载工具移除软件，而不要使用操作系统自带的"控制面板\程序\程序和功能"或其他第三方卸载软件工具进行卸载，否则将导致无法完全卸载 Revit 等产品，以至于无法再次完整安装这些软件。

# 2.3 Revit 文件格式

Revit 文件中保存着建筑或建筑构件的信息，用户可以在 Revit 中建制建筑信息模型，保存的文件将记录设计师对模型的全部操作。而每一种文件格式通常会有一种或多种拓展名来识别，使用 Revit 软件可以保存".rvt"".rte"".rfa"".rft"四种拓展名的文件，这些格式的文件分别具有不同的功能和用途。

## 2.3.1 项目文件".rvt"

Revit 项目文件是储存用户对项目所编辑的图形文件，并保存拓展名为".rvt"的文档格式文件。在 Revit 中，项目是单个设计信息数据库，项目文件包含了建筑的所有设计信息（从几何图形到构造数据）。这些信息包括用于设计模型的构件、项目视图和设计图纸。通过使用单个项目文件，设计师可以轻松地对项目进行修改，还可以使修改反映在所有关联区域（平面视图、立面视图、剖面视图、详图、图纸、明细表等）中。有了项目文件，工程师仅需跟踪一个文件就可以了解整个项目的信息，方便项目信息管理。

### 1. 新建项目文件

在 Revit 中，新建项目有别于传统在 AutoCAD 中新建一个平面图或立面图、剖面图等文件的概念，而是新建一个包含视图、图纸、构件信息等与建筑有关的所有内容的项目。在 Revit 中新建项目文件的方式有三种，各种方式的具体操作方法如下所述。

图 2-11 新建项目

（1）应用程序菜单

打开软件，单击 ℝ（应用程序菜单）按钮，在展开的下拉列表中选择 ▯（新建）选项，在弹出的"新建项目"对话框中选择合适的"样板文件"后单击"确定"按钮即创建了新的项目，如图 2-11 所示。

（2）Revit 启动界面

进入 Revit 启动界面中选择 ▯（新建）选项，在弹出的"新建项目"对话框中选择合适的"样板文件"创建项目。若需要用到的样板已在 Revit 启动界面中，则可以直接选择该项目样板，这样也能快速新建项目。

（3）快捷键 Ctrl+N

在 Revit 启动界面键盘输入快捷键 Ctrl+N，即可快速新建项目。这种新建项目的方式适用于几乎所有的基于 Windows 操作系统上的应用程序。

### 2. 打开项目文件

打开 Revit 后，进入启动界面可以看到软件在安装时也安装了几个项目样例文件以供参考，也可以打开本地计算机上的 Revit 项目文件，打开项目文件的方式有如下几种。

（1）应用程序菜单

打开软件后，单击 R（应用程序菜单）按钮，在展开的下拉列表中选择 （打开|项目）选项，在弹出的"打开"对话框中选择合适的项目文件打开即可。

如果要查看软件提供的样例文件，则选择"打开|样例文件"按钮，接着选择需要打开的样例项目文件，如图 2-12 所示。

图 2-12 打开 Revit 样例项目文件

（2）Revit 启动界面

在 Revit 启动界面中选择 （打开）按钮，在弹出的"打开"对话框中选择需要打开的项目文件。

在启动界面的"最近使用的文件"界面中保留着 Revit 最近打开并保存在本地计算机上的 4 个项目的缩略图，使用者可以直接单击任意一个项目缩略图，即可打开该项目文件。

（3）快速访问工具栏

打开 Revit 后就激活了快速访问工具栏，如图 2-13 所示。单击快速访问工具栏上的 （打开）工具，打开需要访问的项目文件。

图 2-13 快速访问工具栏

（4）快捷键 Ctrl+O

基于 Windows 操作系统上的应用程序打开文件的快捷键是 Ctrl+O，在 Revit 中输入 Ctrl+O 即可快速打开对话框来打开项目文件。

3. 保存项目文件

创建项目模型过程中或结束后需要保存对文件所做的编辑。保存项目文件的方式可以在快速访问工具栏或应用程序菜单中选择 （保存）工具，也可使用快捷键 Ctrl+S 保存项目文件。

值得一提的是在保存 Revit 文件时，单击"选项"工具，弹出的"文件保存选项"对话框中可以设置保存文件的最大备份数，来指定最多备份文件的数量，如图 2 - 14 所示。默认情况下，非工作共享项目有 3 个备份，工作共享项目最多有 20 个备份。

图 2 - 14　文件保存选项

## 2.3.2　项目样板文件".rte"

Revit 项目样板文件为新建项目提供了模板，包括 Revit 视图样板、已载入的 Revit 族、已定义的设置（如单位、线型、线样式、填充图案、材质、对象可见性、文字、标注类型等）和几何图形（如果有需要，也会将如标高、轴网等图形创建到样板文件中）。新建项目必须先选择一个合理的项目样板文件进行绘制，这样一方面能提高工作效率，避免不必要的重复工作；另一方面也能使参与项目的人员建制统一标准化模型，方便项目的管理。

安装 Revit 的过程中，软件会自动链接到 Autodesk 官方网站下载项目样板文件，并将文件保存在系统文件夹路径"C：\ProgramData\Autodesk\RVT 版本\Templates\China"中，默认提供适合中国的项目样板文件有 7 种，如图 2 - 15 所示。

| 名称 | 类型 | 大小 |
| --- | --- | --- |
| Construction-DefaultCHSCHS.rte | Revit Template | 5,152 KB |
| DefaultCHSCHS.rte | Revit Template | 5,508 KB |
| Electrical-DefaultCHSCHS.rte | Revit Template | 7,152 KB |
| Mechanical-DefaultCHSCHS.rte | Revit Template | 8,448 KB |
| Plumbing-DefaultCHSCHS.rte | Revit Template | 5,652 KB |
| Structural Analysis-DefaultCHNCHS.rte | Revit Template | 7,484 KB |
| Systems-DefaultCHSCHS.rte | Revit Template | 17,132 KB |

图 2 - 15　7 种默认项目样板文件

 特别提示

　　若用户在安装 Revit 过程中网络不稳定或断开将导致安装的项目样板文件不全，用户需手动下载项目样板文件并放置到指定文件夹中。

创建新项目时，设计师应该选择最恰当的项目样板文件，以减少不必要的重复工作，提高工作效率。默认的7种项目样板文件分别对应不同的专业性质，如表2-2所示。

表2-2 项目样板文件对应的专业性质

| Revit 项目样板 | 专 业 性 质 |
|---|---|
| Construction－DefaultCHSCHS. rte | 构造样板 |
| DefaultCHSCHS. rte | 建筑样板 |
| Electrical－DefaultCHSCHS. rte | 电气样板 |
| Mechanical－DefaultCHSCHS. rte | 机械样板 |
| Plumbing－DefaultCHSCHS. rte | 管道样板 |
| Structural Analysis－DefaultCHNCHS. rte | 结构样板 |
| Systems－DefaultCHSCHS. rte | 系统（机电）样板 |

## 2.3.3 族文件".rfa"

Revit 族是对整个功能性类型的总称，是组成项目的基本构件，也是参数信息的载体。族根据参数（属性）集的共用、使用方式的相同和图形表示的相似性来对图元进行分组。属于一个族的不同图元的部分或全部参数可能有不同的值，但是参数（其名称与含义）的集合是相同的。Revit 中所有的图元都是基于族的，族也是项目的基本组成元素，可以说在 Revit 项目中所做的编辑实际上就是对 Revit 项目中各种族的编辑。

在 Revit 中族有三个类型，分别为系统族、可载入族和内建族。

① 系统族：这类族在项目环境中已经预定义了，用户只能在项目中修改或复制已有类型以创建新的类型族，如墙体、楼板、屋顶、天花板等对象。系统族不能作为外部文件载入或创建，但是可以在项目和样板之间复制、粘贴或者传递。

② 可载入族：这类族不用进入项目中创建，而是通过使用族样板在项目外创建独立的族文件（".rfa"文件），然后载入项目中。这类族具有高度的独立性，不依附于任何项目存在，具有高度可自定义的特征，所以这类族是用户经常创建和修改的族。

③ 内建族：与可载入族不同的是，内建族是在当前项目中建立的族，它只能存储在当前的项目文件中，而不能单独存成独立的".rfa"文件保存在项目外，或加载到其他项目中进行使用。

了解并学会创建和编辑 Revit 族是每个学习 Revit 人员必须掌握的基本技能，下面分别介绍如何创建和编辑这三种类型的族。

1. 创建系统族

系统族已经在项目中做了预定义，以墙体为例。创建系统族需要单击"墙"工具，选择一种墙体类型，在 Revit 属性面板中单击"类型属性"按钮，在弹出的类型属性对话框（图2-16）中，选择"复制（D）..."命令，为新的墙体类型输入一个合适的名称，这

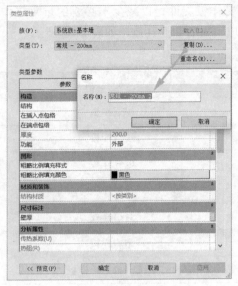

图 2 - 16　创建新的墙体类型

样就创建了新的墙体类型族，接着可以按照项目实际需要编辑新建的墙体类型参数，即可得到新的墙体族。其他类型的系统族也是按照这种方式进行创建。

2. 创建可载入族

在 Revit 的族环境中可以制作".rfa"文件格式的可载入族，用户可以根据项目需要自己创建需要的族文件，以便随时在项目中调用。新建可载入族的方式与新建项目的方式极其类似，可以通过应用程序菜单的 ⬚（新建族）或 Revit 启动界面中的 ⬚（新建族）的方式创建可载入族。新建可载入族需要选择合适的族样板文件（".rft"文件），如图 2 - 17 所示。不同类别的可载入族需要用特定的族样板进行创建，否则创建出来的族将无法使用。选择合适的族样板文件后，单击"打开（O）"按钮就可以进一步绘制可载入族，将绘制完的族文件进行保存，保存为".rfa"格式文件，这样就完成了可载入族的创建。

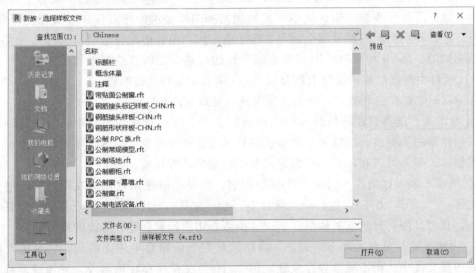

图 2 - 17　选择族样板文件

3. 创建内建族

与可载入族不同，内建族是直接在当前项目中进行新建的一类族。单击 Revit 功能栏的"建筑"或"结构"选项卡中的"构件"下拉列表，选择"内建模型"选项，如图 2 - 18 所示，即可创建内建族。

图 2 - 18　创建内建族

### 2.3.4　族样板文件".rft"

创建".rfa"格式文件的可载入族时，不同类别的族要选择不同的族样板文件。默认安装完成的 Revit 提供了多种".rft"格式的族样板文件，族样板文件保存的路径为"C:\ProgramData\Autodesk\RVT 版本\Family Templates\Chinese"。

 **特别提示**

目前只能使用软件提供族样板文件，尚不支持用户新建族样板文件。

### 2.3.5　Revit 支持的其他文件格式

在项目设计、管理时，用户经常会使用多种设计、管理工具来实现自己的意图。例如，同样是做建筑方案设计，一些设计师钟情于全过程都使用 Revit 进行设计工作，部分设计师则习惯用 SketchUp 或 Rhino 等工具制作模型后导入 Revit 中做进一步深化。为了实现多软件环境的交互协作，Revit 提供了"链接""导入""导出"工具，可以支持".dwg"".dwf"".fbx"".ifc"".gbxml"".skp"等多种格式文件，用户可以根据自己需求选择性地导入和导出文件。

不仅如此，Revit 的 API 接口支持更多的专用格式文件的交互应用。例如，Revit 模型文件要导出到 Navisworks 中做碰撞检查，可以通过 Revit 的"附加模块"→"外部工具"→"Navisworks 版本号"工具将模型导出为 Navisworks 支持的".nwc"格式模型文件，如图 2 - 19 所示。

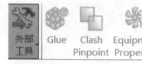

图 2 - 19　Revit 模型文件导出到 Navisworks

## 项 目 小 结

　　1. Revit 具有模型真实性、关联性、参数化设计、协同作业、实时统计工程量等特性。

　　2. 在实际的工程中，需要多种产品与 Revit 配合，发挥各自优势。Revit 与 Autodesk 家族的其他产品之间具有较好的交互性，软件之间配合使用提供了多种优异的建筑解决方案。

　　3. 安装与卸载 Revit 期间需要注意安装位置、文件管理方式、卸载工具的使用等。

　　4. Revit 源生文件包括".rvt"".rte"".rfa"".rft"格式，分别代表项目文件、项目样板文件、族文件及族样板文件。

# 复习思考

1. Revit 软件有哪些应用特点？

2. Revit 分别与 3ds Max、Dynamo、InfraWorks、Fabrication 等软件配合可以解决哪些问题？

3. 为自己的计算机安装 Revit 产品。

4. 手动配置 Revit 离线文件。

5. 如何正确卸载 Revit 等 Autodesk 产品？

6. Revit 的源生文件格式有哪些？各个格式文件的作用是什么？如何使用？

# 项目3
# Revit基本术语与操作

　　学习一款软件工具之前，往往需要对其软件架构有清晰的认识，并熟悉其中的基本术语与基础操作方法。在此基础上，通过练习、项目实践等方式达到熟能生巧的目的。本章将为读者系统介绍 Revit 的基础概念，以及 Revit 的基本操作。

## 学习目标

| 能力目标 | 知识要点 |
| --- | --- |
| 熟悉 Revit 基本术语 | Revit 图元分类、图元间组织结构<br>Revit 类型属性参数、实例属性参数、共享参数、全局参数 |
| 熟悉 Revit 用户界面 | 应用程序菜单、快速访问工具栏、信息中心、功能区、选项栏、属性面板、项目浏览器、View Cube、导航栏、状态栏、视图控制栏 |
| 掌握 Revit 基本操作 | 单选、多选与批量选择图元<br>创建及管理不同视图<br>模型对象的显示与隐藏<br>新建、编辑图元及其他辅助操作 |
| 掌握 Revit 快捷键自定义方法 | 查看并修改快捷键<br>导入或导出快捷键方案 |

# 3.1 Revit 基本术语

从传统的 CAD 二维制图到 Revit 三维建模观念的转变，并非一朝一夕。在学习 Revit 之前，需要对其相关的基本术语有一定的认知和了解。其中 Revit 项目与 Revit 族的概念在项目 2 中已经做了初步介绍，在本节的内容中将对 Revit 图元、参数化、关联设计等术语做一一说明。

## 3.1.1 Revit 图元

在传统设计中，一般在图纸上用若干线段来表示对象，如墙体、梁、柱等。Revit 的表达不再局限在平面上，而是拓展到了三维立体空间，并为对象赋予了相关信息，如墙体、梁、柱等对象在 Revit 中就成为其图元之一，并显示在项目文件的各个视图中。

Revit图元

### 1. 图元分类

Revit 有三种类型的图元：模型图元、基准图元和视图专有图元，它们的分类及层级结构如图 3-1 所示。

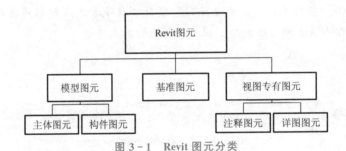

图 3-1　Revit 图元分类

（1）模型图元

模型图元模拟实际建筑中的墙体、梁、柱、屋顶等构件，是模型中最基本的组成单元。在 Revit 中模型图元分两种：主体图元和构件图元。

主体图元一般是系统族，代表实际建筑物中的主体构件，如墙体、屋顶、楼板、天花板、楼梯、坡道等。之所以称为主体图元，是因为在 Revit 中这一类图元既可以独立存在，也可以作为其他构件的依附主体，如门窗附着在墙体上；构件图元一般是可载入族，这一类图元形式比较多样，需要用户根据实际情况制定，如门、窗、家具、钢筋等构件。

（2）基准图元

用于定位模型图元位置的一类图元，如标高、轴网、参照平面、参照线等都属于基准图元。这些图元为项目文件中的其他建筑构件的放置提供了参照基准，如柱子的顶部与底部分别约束于两个不同的标高上。

（3）视图专有图元

视图专有图元用于视图注释或是模型详图，主要是对模型进行描述或归档。视图专有图元分为注释图元和详图图元。

注释图元是指对模型进行标记注释并在图纸上保持比例的二维图元，如尺寸标注、标记和注释等；详图图元指在特定视图中提供有关建筑模型详细信息的二维设计信息图元，如详图线、填充区域等。

2. 图元的组织

在 Revit 中所有的图元都会按照一定的层级关系有逻辑地组织在一起，其图元组织如图 3-2 所示。

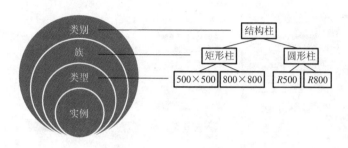

图 3-2　Revit 图元组织

（1）类别

类别是用于对设计建模或归档的一组图元，所代表的是建筑构件的不同部分，如墙体、梁、柱、屋顶等彼此不相关的图元。

（2）族

每个类别中会包含不同的族对象。例如，结构柱这个类别中就有钢结构柱、钢筋混凝土结构柱、木结构柱等，这些又可以继续划分，如矩形钢结构柱、圆形钢结构柱等族对象。

（3）类型

同一种族可以有多种类型，表示为不同参数（属性）值。例如，钢筋混凝土矩形柱就有"500×500""800×800"等不同尺寸的类型，它们就是同一个族中的不同类型。

（4）实例

每个族类型可以在一个项目中根据功能的需要在多处位置进行放置，其中每个位置上的实际项（单个图元）就成为该类型中的一个实例。例如，同样一个"900×2100 mm"的平开木门可以放置在一层的某个房间中，也可以布置在二层的某个房间中，这两个门就是两个实例。

## 3.1.2　Revit 参数化

Revit参数化

参数化模型构件将使用参数变化的形式驱动几何实体变化，使用参数化构件以表达设计意图。所有建筑构件的基础均在 Revit 中设计，参数化构件可以提供一个开放的图形系统用于设计和形状绘制。通过参数化构件，无须编程语言或编码，就可以设计最复杂的部件（如细木家具和设备）及最基础的建筑构件（如梁和柱）。

　　Revit 中的图元都是以构件的形式出现的，同一种族的不同类型是通过参数的调整反映出来的，参数保存了图元作为数字化建筑构件的所有信息。在使用 Revit 进行建筑模型搭建时，参数化设计的方法就是将模型中的定量信息变量化，使之成为可以任意调整的参数。对变量化参数赋予不同数值，就可得到不同大小、形状、材质的构件模型。

　　例如，对一个门族的参数调整，如图 3 - 3 所示。在项目中，可以通过调整门族的约束条件、材质、阶段、防火等级、附属构件的尺寸及材质等参数来调整这一类型门族或被选中的门实例。

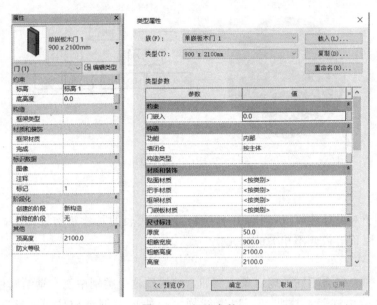

图 3 - 3　门族参数

 特别提示

　　若调整的是该族的实例属性参数，那么只会对当前被选中的实例进行修改；若调整的是类型属性，那么会对所有同一类型的族进行修改。

1. 类型属性参数

　　在 Revit 中选中一个或多个图元，在属性面板中会有与之对应的属性信息（若未选择任何对象，属性面板体现的是视图的属性）。在属性面板中单击"编辑类型"按钮，则弹出关于选中图元的"类型属性"面板，在该面板中可以查看并编辑与该图元同类型的类型族。例如，将图 3 - 3 中"单嵌板木门 1"的"粗略宽度"（或"宽度"参数）改为"1200.0"，"粗略高度"（或"高度"参数）改为"2300.0"，那么在这种项目中所有类型为"单嵌板木门 1"的门实例都将变为"1200×2300mm"（门宽×门高）的尺寸。若在修改类型属性参数后继续插入同一类型的族，新添加的实例尺寸信息也与调整之后的尺寸信息相同。由此可知，类型属性是反映同一种族类型的参数信息，修改类型属性值将会影响该族类型当前和将来的所有实例。

2. 实例属性参数

与类型属性不同，实例属性只体现当前被选中实例的信息，当调整被选中实例的属性参数时，只会影响当前被选中的对象，而其他未被选中但与之相同类型的族并不会发生任何变化。例如，图3-3中"单嵌板木门1"的"标高"和"底高度"分别为"标高1""0.0"，若将其中的参数改为"标高2"的标高值、"300.0"的底高度，那么被选中的实例位置将约束到距离"标高2"上方300 mm的位置上（即二层同个轴网位置上），如图3-4所示。综上所述，实例属性参数反映的是被选中图元的专有信息，修改实例属性的参数值将只影响选择集内的图元或者将要放置的图元。

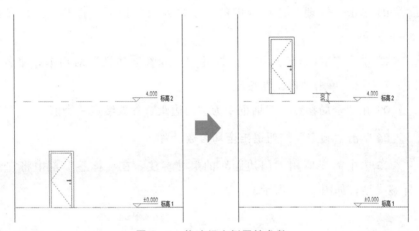

图3-4　修改门实例属性参数

3. 共享参数

共享参数是可以添加到族或项目中的参数定义。如图3-5所示，它是一个将信息用".txt"文本文档作为共享载体的信息参数，可以保存在与任何Revit项目或族不相关的文件中，这样可以从其他的族或项目中访问到此文件。

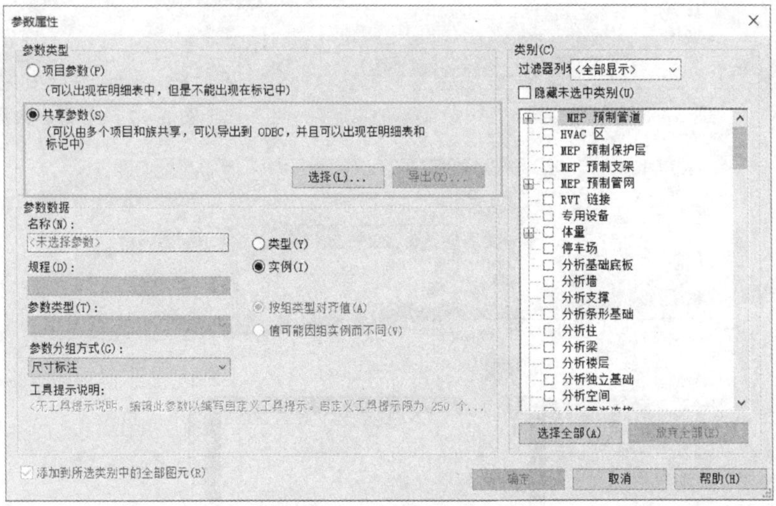

图3-5　共享参数

共享参数在使用过程中与前面两种使用方法基本一致，不同之处在于它能在项目中的构件之间、构件与标注之间、模型与明细表之间、标注与项目之间传递相同的参数值，从而在标注时能识别出项目中的参数信息，实现自动化的标注。另外值得一提的是，使用共享参数在一个族或项目中定义的信息不会自动应用到使用相同共享参数的其他族或项目中。

4. 全局参数

全局参数与共享参数相反，它只特定于单个项目文件，区别于项目参数指定给某一种特定的类别，如一个全局参数可以指定给墙，也可以同时指定给柱、楼板等其他类别。例如，在项目中需要统计设置门距离墙边的距离，就可以通过设置全局参数来达到目的，操作如下。

>> Step 01 单击"管理"选项卡中的"全局参数"选项，打开"全局参数"对话框，如图 3-6 所示。

>> Step 02 单击 （新建）按钮，打开"全局参数属性"对话框，命名为"门边距"，如图 3-7 所示。单击"确定"按钮。

>> Step 03 在"全局参数"对话框中为"门边距"参数给定一个值，如"150"。

>> Step 04 单击"确定"按钮退出全局参数设置。

>> Step 05 选中需要应用"门边距"的尺寸标注，在"标签"栏中将它们设置为"门边距"标签类型，如图 3-8 所示。

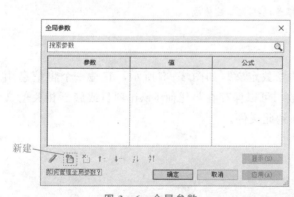

图 3-6 全局参数

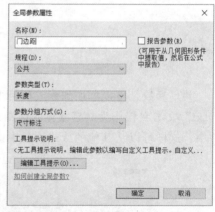

图 3-7 全局参数属性

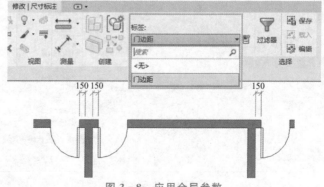

图 3-8 应用全局参数

通过以上步骤即可实现使用一个全局参数来驱动整个项目中所有应用了该参数标签的对象变化,这样的操作在建筑设计阶段经常被使用到。在实际操作中全局参数可以是简单值、来自表达式的值或使用其他全局参数从模型中获取的值。

### 3.1.3 其他

在使用 Revit 进行实际工作或学习过程中还会遇到许多专业术语,这些术语并不都是 Revit 特有的名称,而是学习 BIM 或使用 BIM 相关软件过程中都会接触到的专业名词,如关联设计、协同作业等。

#### 1. 关联设计

关联设计是指对平面、立面或者剖面等任意视图的修改都会体现在全局模型中。当建筑师修改某个构件,建筑模型将进行自动更新,而且这种更新是相互关联的。例如,我们在实际工程中会遇到修改层高的情况,在建筑信息模型中,我们只要修改每层标高的数值,那么所有的墙、柱、门、窗都会自动发生改变,因为这些构件的参数都与标高相关联,而且这种改变是三维的,并且是准确和同步的。我们不再需要去分别修改平面、立面、剖面图。关联设计大大提高了建筑师的工作效率。

#### 2. 协同作业

协同作业通常是建筑专业与结构、水暖、电的专业协作。随着建筑工程复杂性的增加,跨学科的合作成为建筑设计的趋势。在二维 CAD 时代,协同设计缺少一个统一的技术平台,而到了三维 BIM 时代,这种新技术为各传统工种提供了一个良好的技术协同平台,例如结构工程师改变其柱子尺寸时,建筑模型中的柱子也会立即更新。而且 BIM 还为不同的生产部门,甚至管理部门提供了一个良好的协作平台,例如施工企业可以在 BIM 基础上添加时间参数进行施工虚拟,控制施工进度,政务部门可以进行电子审图等。

此外,还有许多已有的术语没有一一罗列,需要读者自己去发掘。在未来,随着 BIM 的发展、Revit 功能的逐渐完善,更多的专业术语也将会被创造出来。

## 3.2 Revit 用户界面

Revit用户界面

在实际工作中,大部分的工作内容都是在 Revit 项目环境中创建及编辑模型,Revit 项目环境及界面功能是使用者必须掌握的内容。本节将带领读者详细认识 Revit 用户界面。

### 3.2.1 Revit 环境界面

Autodesk Revit 采用 Ribbon(功能区)界面,用户可以根据操作需求更快速便捷地找到相应的功能,图 3-9 为 Autodesk Revit 2018 项目环境界面。

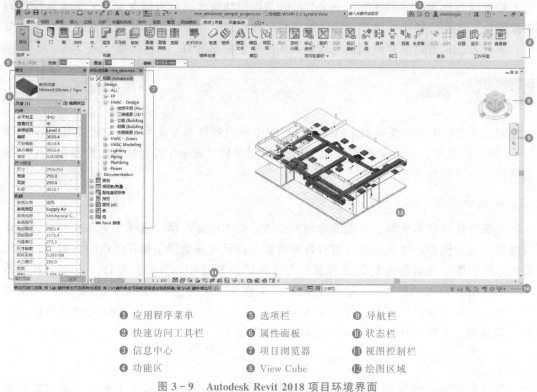

① 应用程序菜单　　　　⑤ 选项栏　　　　　　⑨ 导航栏
② 快速访问工具栏　　　⑥ 属性面板　　　　　⑩ 状态栏
③ 信息中心　　　　　　⑦ 项目浏览器　　　　⑪ 视图控制栏
④ 功能区　　　　　　　⑧ View Cube　　　　⑫ 绘图区域

图 3 - 9　Autodesk Revit 2018 项目环境界面

**1. 应用程序菜单**

Autodesk Revit 2018 版本以前应用程序菜单包含了所有对 Revit 选项设置的内容，在 Revit 2018 版本中做了相应的调整。若用户使用的是 Revit 2018 以前的版本，单击 ，即可打开应用程序菜单。若用户使用的是 Revit 2018（或更新的版本），单击 下方的"文件"选项卡，即可打开应用程序菜单。

**2. 快速访问工具栏**

快速访问工具栏中放置了使用 Revit 中常用的工具。读者也可以自定义快速访问工具栏的工具，单击 （自定义快速访问工具栏）按钮，如图 3 - 10 所示。在下拉列表中选中或取消选中以显示或隐藏命令，另外也可以右击功能区中的功能，选择"添加到快速访问工具栏"将命令添加到快速访问工具栏中；反之，将鼠标放置在快速访问工具栏中需要删除的命令上，右击后选择删除来移除快速访问工具栏中被添加进来的功能。

图 3 - 10　自定义快速访问工具栏

**3. 信息中心**

在信息中心一栏中用户可以输入关键字查看 Revit 帮助文件；若是速博用户还可以访问 Autodesk 公司官方的速博服务，在平时的工作或学习中这一栏功能使用的频率较低。

4. 功能区

功能区中提供了创建项目模型所需的全部工具，包括"建筑""结构""系统""插入""注释""分析"等模块，如图 3-11 所示。每个选项卡都将其命令工具细分为几个集合进行集中管理，用户可以根据需要选择相应的专业或功能，例如建筑设计师需要绘制一道墙体，那么只需选择"建筑"选项卡，在"建筑"选项卡中找到"墙"工具即可在视图区域进行墙体的创建。

图 3-11 功能区

当用户选择某个功能命令后，同时激活了与该命令相关的"修改"面板。依旧以绘制墙体为例，当激活了"墙"工具后，如图 3-12 所示，用户可以根据修改面板的提示进行下一步的编辑。

图 3-12 "修改"面板

5. 选项栏

默认情况下选项栏位于功能区下方，当用户选择了不同的工具命令时，选项栏将会显示与该工具相关的修改内容，用户可以在绘制模型构件时结合选项卡进行准确修改。例如当选中"墙"命令时，选项栏便会显示与修改或放置墙有关的参数，如图 3-13 所示。

图 3-13 选项栏

6. 属性面板

当用户选中某个模型图元时，在属性面板中将会显示被选中图元的属性，用户可以通过修改属性面板中的参数值达到编辑模型图元的目的。属性面板主要由三部分组成，分别为类型选择器、类型属性参数与实例属性参数，如图 3-14 所示。

（1）类型选择器

在类型选择器中，用户可以单击下拉箭头，选择同一类别下的合适的构件类型来替换现有类型。

（2）类型属性参数

单击"编辑类型"按钮，将弹出"类型属性"对话框，如图 3-15 所示。用户可以复制已有对象的类型，重新命名，并可以通过编辑其中的类型参数值来达到改变当前选中图元的外观、尺寸等信息。

（3）实例属性参数

在该属性面板中，反映了当前被选中图元的实例参数，例如当选中墙体时，会反映被选中墙体的约束条件、尺寸标注、标识数据等信息。用户可以方便地通过修改参数值来改变当前选中图元的外观、尺寸等信息。

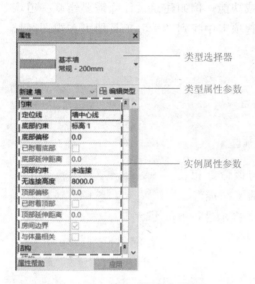

图 3-14　墙体"属性"面板　　　　图 3-15　墙体"类型属性"对话框

若用户不小心关闭了属性面板，可以通过以下两种方式再次打开属性面板。

方式一：右击绘图空白区域，在弹出的列表中选择"属性"，如图 3-16 所示。

方式二：选择功能区中的"视图"选项卡，选择"用户界面"下拉列表，将列表中的"属性"前的复选框选中，即可再次打开属性面板，如图 3-17 所示。

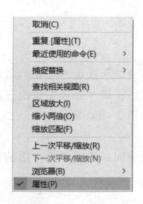

图 3-16　方式一　　　　　　　　图 3-17　方式二

7. 项目浏览器

项目浏览器是用于显示项目中所有的视图（全部）、明细表/数量、图纸（全部）、族、组、Revit 链接等部分的树形结构目录，用户可以根据需要展开或折叠该结构目录中的不同分支，如图 3-18 所示。当用户双击其中的视图名称时，即可在绘图区域打开该视图，例如展开"视图"分支中的"楼层平面"，双击"标高 1"视图名称，即可打开"标高 1"视图。用户也可以右击视图名称，选择复制、重命名或删除视图。

## 8. View Cube

用户打开项目三维视图，即可在视图右上角看到 View Cube 视图控制器，如图 3-19 所示。单击控制器中的"上、下、前、后、左、右"与"东、西、南、北"可在三维视图中快速看到顶视图、正视图等。此外，单击 View Cube 右下角的关联菜单，会弹出如图 3-20 所示的列表，用户可以在列表中选择视图，快速地呈现指定的视图。

图 3-18 项目浏览器

图 3-19 View Cube 视图控制器

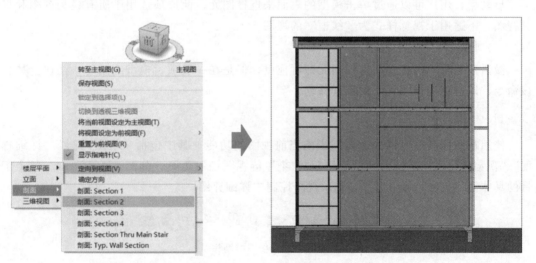

图 3-20 View Cube 关联菜单

## 9. 导航栏

导航栏通常位于视图的右上角，通过单击导航栏上的某个按钮或从导航栏底部的下拉列表中选择一个工具，就可以启动导航工具。导航工具用于访问基于当前活动视图（二维或三维）的工具，如图 3-21 所示。

要激活或取消激活导航栏，可以通过单击"视图"选项卡→"窗口"面板→"用户界面"下拉列表，然后选中或清除"导航栏"。

图 3-21 导航栏

10. 状态栏

用户激活某个工具时，会在软件界面最下行显示需要进行的下一步操作提示，状态栏中还集合了"工作集""设计选项"及控制图元选择的选项。其中控制图元选择的选项包括"选择链接""选择底图图元""选择锁定图元""按面选择图元""选择时拖曳图元"，如图 3-22 所示。

图 3-22  控制图元选择的选项

（1） 选择链接

如果禁止了此项，在视图中将无法选择链接的模型图元。链接的文件可包括 Revit 模型、CAD 文件、点云文件。

（2） 选择底图图元

如果禁止了此项，在视图中将无法选择底图图元。

（3） 选择锁定图元

如果禁止了此项，在视图中将无法选择锁定图元。

（4） 按面选择图元

启动后，用户可以通过单击模型的表面来选择图元，此选项适用于所有模型视图和详图视图，不适用于视觉样式为"线框"的视图。

（5） 选择时拖曳图元

激活该工具，用户无须选择图元即可拖曳，但是在一般项目模型绘制时，往往会禁止该命令，以避免选择图元时误将其移动。

11. 视图控制栏

使用视图控制栏可以快速访问影响当前视图的功能，其中包括"视图比例""详细程度""视觉样式""日光路径""阴影""渲染"等视图控制工具，如图 3-23 所示。各个工具的具体使用方法将在 3.4 节 Revit 视图控制中详细介绍。

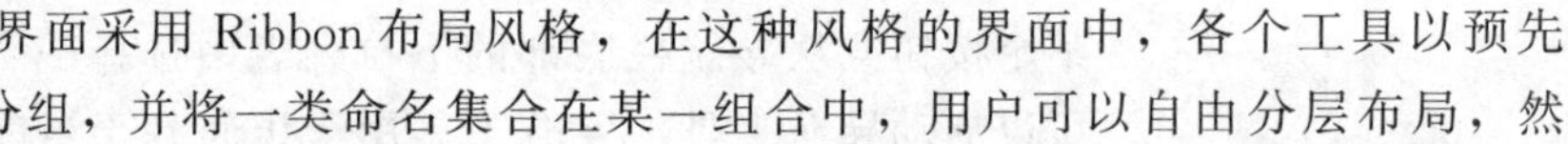

1:100

图 3-23  视图控制栏

### 3.2.2  自定义 Revit 环境界面

Revit 界面采用 Ribbon 布局风格，在这种风格的界面中，各个工具以预先设定好的形式进行分组，并将一类命名集合在某一组合中，用户可以自由分层布局，然后在必要时自主选择信息的详细程度。Ribbon 界面最大限度地节省了工具面板在软件用户界面中占有的空间，用户亦可根据自己的使用习惯来组织界面，满足了用户"私人定制"的要求。

在 Revit 中，用户只需通过右击空白绘图区域或选择功能区，单击"用户界面"按钮，通过选择需要呈现的面板来定制用户界面。此外在用户界面上的工具面板都可以对它们进行任意的拖动，并定位于软件界面的四周，图 3-24 为默认打开软件的界面，图 3-25 为通过拖动窗口重新排布的界面。

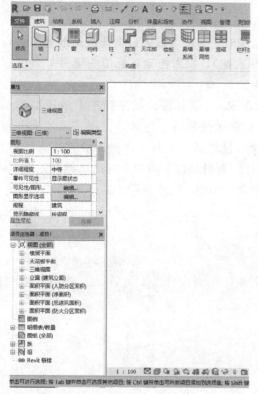

图 3-24　默认界面　　　　　　　　　　　图 3-25　调整后的界面

# 3.3　Revit 基本操作

Revit 模型是建筑设计的虚拟版本。此模型不仅描述了模型图元的几何图形，还捕捉了设计意图和模型图元之间的逻辑关系。可以将二维模型视图（平面图、立面图、剖面图）视作三维模型的切面，并将对一个视图所做的更改立即在模型的所有其他视图中始终保持同步。在这节内容中将学习如何对 Revit 做基本的操作。

## 3.3.1　选择图元

### 1. 单选、加选与减选

选择图元的方式与大多数三维或平面软件的选择对象方式十分类似。选择单个图元可以将鼠标放在预选的图元上，然后单击鼠标左键选中预选对象。

若要选择多个对象，可以首先按住键盘上的 Ctrl 键，此时鼠标的右上

选择图元

角出现"＋"号，接着依次单击需要选择的图元即可。

若被选中的图元中存在无须选择的图元，则可以按住键盘上的 Shift 键，此时鼠标右上角会出现"－"号，接着依次单击需要减选的图元即可。

## 2. 框选

当需要选中的模型图元较多，且集中于一个区域时，用户可以通过框选范围批量选中图元。将鼠标放置在空白区域单击（不要松开鼠标左键），接着拖动鼠标箭头至另一个位置，这样在此范围框内的模型图元将会被批量选中。

在使用框选的方式选择图元时，往往需要配合 Revit 选择过滤器来筛选有效模型类别。当被选中的图元类别在两种或两种以上时，功能区便激活了选择过滤器，通过单击"修改|选择多个"选项卡→"过滤器"面板→ ▽ （过滤器）工具，在弹出的"过滤器"对话框中会列出当前选择的所有类别的图元。"合计"列指示每个类别中的已选择图元数。用户可以选中需要选中的图元类别来筛选出所需对象，如图 3 - 26 所示。

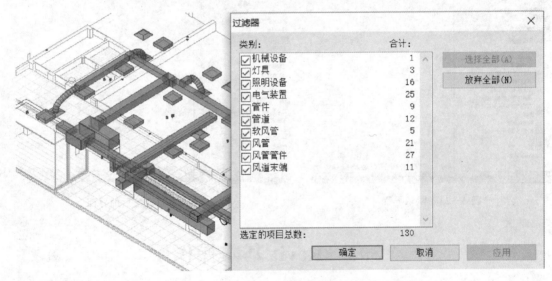

图 3 - 26　选择过滤器

## 3. 切换预选择图元

在模型创建的阶段经常会遇到一个位置重叠多个图元，此时多个图元的干扰导致难以高亮显示某个特定图元，此时可以通过按 Tab 键循环切换预选择图元，到所需图元高亮显示为止。状态栏会标识当前高亮显示的图元。按 Shift＋Tab 键可以按相反的顺序循环切换预选择图元。

## 4. 批量选择全部实例

当需要选中当前视图或整个项目中彼此相似的全部图元时，可以先选中任意一个需要选择的图元，接着右击鼠标，在弹出的下拉列表中选择"选择全部实例"→"在视图中可见"或"在整个项目中"，即可批量选择全部实例，如图 3 - 27 所示。

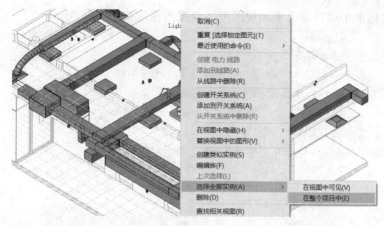

图 3-27　批量选择全部实例

## 3.3.2　创建项目视图

创建项目视图

在建筑模型中，所有的图纸、二维视图、三维视图以及明细表都是同一个基本建筑模型数据库的信息表现形式。在 Revit 中对建筑模型进行编辑的过程中，也需要结合不同的视图来观察模型，并在不同的视图中对模型进行编辑，常用的视图有平面视图、立面视图、剖面视图、详图索引视图、三维视图等。修改某个视图中的建筑模型时，其他视图也会同步更新。

### 1. 平面视图

平面视图属于二维视图的一种，它提供了查看模型的传统方法。用户可以在平面视图中直观地看到构件的平面尺寸及距离，平面视图包括楼层平面、天花板投影平面和结构平面等。同一个楼层可以根据需要创建任意数量的楼层平面视图，用于表现不同的功能要求，如 1F 梁布置图、2F 柱布置图、1F 房间功能视图、1F 建筑平面视图等。

用户可以通过单击"视图"选项卡→"创建"面板→"平面视图"下拉列表，选择需要创建的平面视图类型，如图 3-28 所示。

图 3-28　创建平面视图

 特别提示

在 Revit 中不能凭空创建平面视图，创建视图的前提是在项目中已经存在标高线。当用户在创建标高的同时（通过复制或阵列等方式批量创建出来的标高除外）将会生成相应的平面视图（创建平面视图前可设置不同的视图类型）。

在楼层平面视图中，当不选择任何图元时，"属性"面板将显示当前视图的属性。在"属性"面板中单击"视图范围"后的编辑按钮，将打开"视图范围"对话框，如图 3-29

所示。在该对话框中可以定义平面视图范围及视图深度范围。

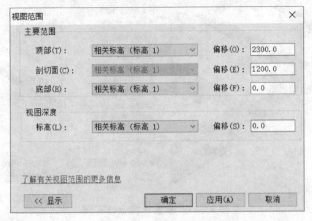

图 3 - 29 "视图范围"对话框

（1）平面视图范围

每个平面视图都具有"视图范围"视图属性，该属性也称为可见范围。视图范围是用于控制视图中模型对象的可见性和外观的一组水平平面，分别称"顶部平面""剖切面""底部平面"。"顶部平面"和"底部平面"用于指定视图外围顶部和底部位置，"剖切面"是确定剖切高度的平面，如图 3 - 30(a) 所示。

（2）视图深度范围

"视图深度"是视图范围外的附加平面，可以设置视图深度的标高，以显示位于裁剪平面之下的图元，默认情况下可改标高与底部重合。"主要范围"的底部偏移值不能超过"视图深度"设置的范围，如图 3 - 30(b) 所示。

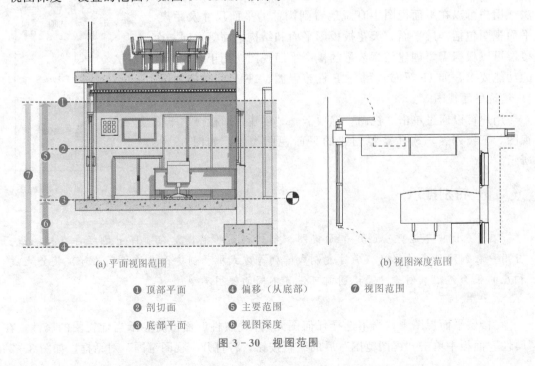

(a) 平面视图范围　　　　　　　　　　　　(b) 视图深度范围

❶ 顶部平面　　　　❹ 偏移（从底部）　　　❼ 视图范围
❷ 剖切面　　　　　❺ 主要范围
❸ 底部平面　　　　❻ 视图深度

图 3 - 30　视图范围

### 2. 立面视图

默认的样板中已经为项目创建了"东""西""南""北"四个立面,通过双击项目浏览器中立面视图可以打开相应的立面。当用户不小心误删了其中的立面视图,可以通过单击"视图"选项卡→"创建"面板→"立面"下拉列表→ ▲（立面）工具,在平面视图中放置立面符号,

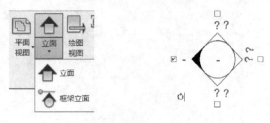

图 3 - 31 创建立面视图

并选中立面符号,在四个方向的复选框中,选中上需要观察的立面的方向即可再次创建新的立面视图,如图3-31所示。

若选择 ▲ （框架立面）的话,可以为项目中任意角度的轴网创建与之正交的立面视图。

与平面视图类似,Revit立面视图也需要定义合理的视图范围,尤其是新建的立面视图中往往需要在属性面板中调整视图的范围。在立面视图中通过单击"实例属性"面板→"范围"→"远剪裁"工具,设置"远剪裁"的方案,如图3-32所示。

在实际项目中一般会将"远剪裁"设置为"不剪裁",这样能保证观察到的视图范围不受限制。若设置为后两种情况,则需要通过拖曳剪裁平面端点来调整立面的查看区域大小,如图3-33所示。

图 3 - 32　"远剪裁"对话框

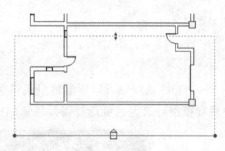

图 3 - 33　调整立面视图观察范围

### 3. 剖面视图

剖面视图允许用户在平面视图、立面视图或详图视图中通过在指定位置绘制符号线的方式,对模型进行剖切,并根据剖面视图的剖切和投影方向生成模型投影。剖面视图具有明显的剖切范围,单击剖面标头即可显示剖切深度范围,可以通过鼠标自由拖曳。

单击"视图"选项卡→"创建"面板→ ◆ （剖面）工具即可创建剖面视图,与创建立面视图类似,创建完的剖面视图可以切换观察方向、调整视图范围与深度,如图3-34所示。

### 4. 详图索引视图

当用户在当前比例的视图中无法表达清楚部分节点信息时,需要在当前视图中为该节点添加详图索引,详图索引会以较大比例显示该视图的节点部分,并提供这一部分的详细

信息，如图 3 - 35 所示。

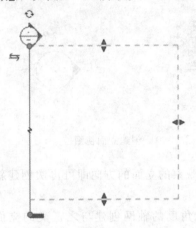

图 3 - 34　调整剖面视图区域

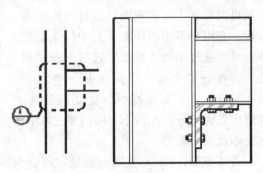

图 3 - 35　详图索引

　　当需要对模型的局部细节进行放大显示时，可以使用详图索引视图。可在平面视图、剖面视图或立面视图中添加详图索引视图，创建的这个详图索引视图，被称为"父视图"。在详图索引范围内的模型部分将以设置的比例显示在独立视图中。因此详图索引视图会显示父视图中某一部分的放大版本，且所显示的内容与原模型关联。

**特别提示**

　　绘制详图索引的视图是该详图索引视图的父视图。若删除父视图，则将一并删除该详图索引视图。

5. 三维视图

　　在 Revit 三维视图中可以形象地呈现模型的形态，如图 3 - 36 所示，用户可以在三维视图中观察模型对象，也可选择需要编辑的构件进行修改。

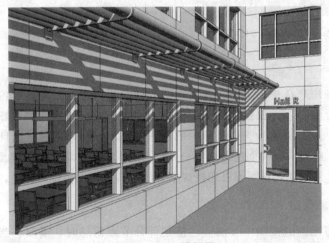

图 3 - 36　三维视图

单击"视图"选项卡→"创建"面板→"三维视图"下拉列表，可以将视图切换至默认三维视图、创建相机视图和创建漫游视图。

用户在绘制模型过程中往往需要打开多个视图，在多个视图间来回切换，切换的视图过多时，会导致计算机反应速度下降。此时，可以根据实际情况及时关闭无须观看的视图，或通过"关闭隐藏对象"工具（"视图"→"窗口"→"关闭隐藏对象"）一次性关闭除了当前打开窗口外的其他后台处于开启状态的视图窗口，如图3-37所示。

图3-37 关闭隐藏对象

### 3.3.3 管理 Revit 项目视图

在一个项目中，视图不仅种类繁多，数量也不在少数，通过合理地组织项目浏览器视图，清晰地管理 Revit 项目中的视图，可以方便用户在各个视图间进行切换操作。打开浏览器组织的方式有如下两种方法。

方法一：单击"视图"选项卡→"窗口"面板→"用户界面"下拉列表→ （浏览器组织）工具。

方法二：右击项目浏览器中的 ［视图（全部）］→ （浏览器组织）工具。

在"浏览器组织"面板中用户可以根据项目的需求按照规程、阶段和视图类型对视图进行组织整理，如图3-38所示。还可以在项目浏览器中组织整理图纸和明细表、数量。

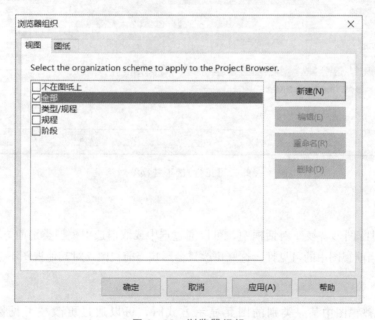

图3-38 浏览器组织

用户可以创建新的视图/图纸组织方式，并编辑其中的过滤条件、成组和排序条件来组织管理项目浏览器。

### 3.3.4   图元可见性和图形显示

熟悉 AutoCAD、Photoshop 等软件的用户都清楚，这些软件都是通过控制图层的显隐达到控制该图层中图元对象的显示与隐藏。Revit 与这些软件不同，它是通过控制模型类别的显隐达到控制某一类别对象的可见性。

单击"视图"选项卡→"图形"面板→ (可见性/图形替换) 工具，如图 3-39所示。在"可见性/图形替换"对话框中可以控制项目中各个视图的模型图元、基准图元和视图专有图元的可见性和图形显示。若在当前的视图中应用了某一视图样板，打开"可见性/图形替换"对话框将灰色显示所有工具，则用户无法直接对其中的参数进行更改。

图 3-39 "可见性/图形替换"对话框

**1. 可见性**

在"可见性/图形替换"对话框中，可以通过选中或取消选中模型类别前方的复选框来控制模型类别在当前视图中的可见性，这些更改只会影响当前视图，对其他视图不会起作用。

**2. 图形替换**

当需要调整视图中某一类别的图元显示方式时，可以通过更改"可见性/图形替换"对话框中的"投影/表面""截面""半色调"与详细程度的参数达到目的。例如，我们在实际项目中常需要将建筑平面图中结构柱的剖面进行实体填充，这时就可以更改结构柱这一类别的截面填充图案，如图 3-40、图 3-41 所示。

"投影/表现"与"截面"的区别在于前者观看到的是模型对面的表面，后者观看到的

图 3 - 40　更改结构柱截面填充图案

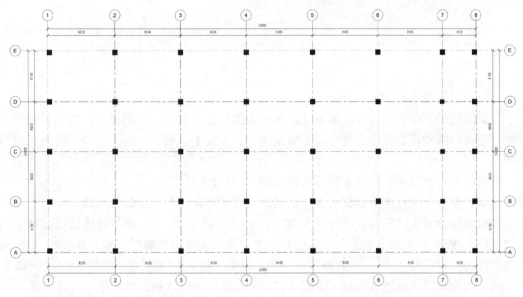

图 3 - 41　某项目结构柱平面图

是模型图元的剖面。

3. 过滤器

对于在视图中共享公共属性的图元，需要用到过滤器来进一步控制同一
类别中不同的类型对象的可见性与图形显示方式。例如，在项目中需要分别
控制结构墙体与建筑墙体的可见性与显示方式，那么就需要在过滤器中添加
过滤项来区分两者，具体做法如下。

可见性与过
滤器

（1）新建过滤项

方式一：单击"视图"选项卡→"图形"面板→ 🔲（过滤器）工具（图 3 - 42）。

方式二：单击"视图"选项卡→"图形"面板→ 🔲（可见性/图形替换）→ 🔲（过滤
器）→"编辑/新建"按钮。

（2）设置过滤器需要过滤的图元类别

在"过滤器"下拉列表中选择"建筑"筛选出与建筑相关的类别，在下方的类别列表
中选择"墙"（因为项目中的建筑墙、结构墙都属于墙这一类别）。

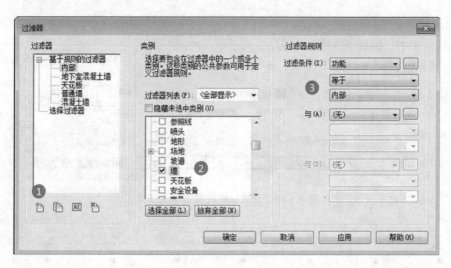

图 3 - 42　过滤器

（3）设置过滤器规则

根据项目的实际情况设置过滤条件，如按功能、类型名称、类型标记、类型注释等条件进行筛选，接着设置过滤逻辑方式，如按等于、不等于、包含、大于、小于等方式进行筛选。

最后将新建的过滤器添加至"可见性/图形"的过滤器栏中。

例如，在某个项目中读者统一将建筑墙的类型名称命名为"混凝土砌块＋厚度"的样式，结构墙体命名为"钢筋混凝土＋厚度"的样式，那么在（1）中，新建的过滤项分别为"混凝土砌块""钢筋混凝土"；在（2）中类别统一设置为"墙"类别；在（3）中过滤条件设置为按"类型名称"，包含内容分别为"混凝土砌块""钢筋混凝土"，如图 3 - 43 所示。这样就创建了区分建筑墙体（混凝土砌块）与结构墙体（钢筋混凝土）的过滤器。

4. 视图专有图元

对于视图中的个别图元，如果需要单独编辑其显示样式，可以在视图专有图元窗口中进行编辑。在"视图专有图元图形"对话框中，可设置构件的可见性、半色调、投影线样式、表面填充图案、曲面透明度、截面线样式及截面填充图案，如图 3 - 44 所示。

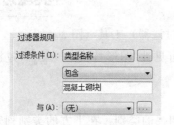

图 3 - 43　过滤器规则

图 3 - 44　"视图专有图元图形"对话框

### 3.3.5 编辑/修改 Revit 图元

使用 Revit 进行模型绘制过程中，常遇到要修改模型图元的情况，如移动已有图元、连接两个图元、复制创建与已有图元相同的构件等。用户可以通过功能区"修改"选项卡中的工具对图元进行这一系列操作。

移动与旋转图元

1. 移动图元

移动是在不改变图元样式的基础上改变图元的位置，以满足项目要求。用户可以通过以下几种方式改变图元位置。

（1）拖曳图元

在绘图区域中单击选定图元并将其拖曳至新位置，如果选中的是多个图元，那么将会拖动多个被选中的对象，而这些图元的相对位置关系保持不变。

（2）方向键移动图元

单击或批量选中图元后，通过敲键盘的方向键来移动图元。但这种方式不能实现将基于标高的图元上移或下移。

（3）"移动"工具

选定需要移动的图元，然后单击"修改|<图元>"选项卡→"修改"面板→✛（移动）工具，即可将选定图元移动至指定位置，这种方式能保证移动的精确性。

（4）"偏移"工具

使用"偏移"工具可以对选定图元进行复制或者将其沿着法线方向移动到指定距离的位置。用户在实际项目中可以对单个图元进行偏移，亦可将鼠标停留在预选对象上按 Tab 键切换选择，直至选中所有图元链，将选中的图元链进行偏移一定距离，如图 3-45 所示。

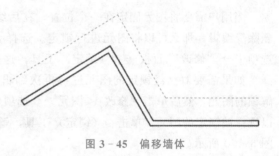

图 3-45 偏移墙体

（5）"对齐"工具

使用"对齐"工具可以将一个或多个图元与选定图元对齐。单击"修改"选项卡→"修改"面板→🔲（对齐）工具，先选择需要对齐的目标线位置，然后选择需要移动对齐到目标线的对象，如图 3-46 所示。

2. 旋转图元

使用"旋转"工具可使图元围绕指定的旋转轴进行旋转，如图 3-47 所示。选择要旋转的图元，然后单击"修改|<图元>"选项卡→"修改"面板→⟳（旋转）工具。

3. 镜像图元

使用"镜像"工具，可以将指定的图元沿着对称轴进行镜像，生成的图元属性与被镜像的图元一致，如图 3-48 所示。选择要镜像的图元，然后在"修改|<图元>"选项卡→"修改"面板上，单击🗏（镜像-拾取轴）或🗏（镜像-绘制轴）工具。

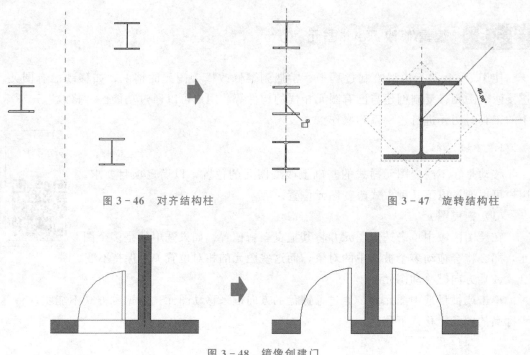

图 3－46　对齐结构柱　　　　　　　　　　　图 3－47　旋转结构柱

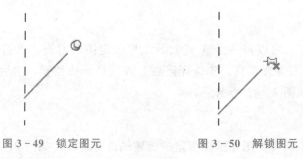

图 3－48　镜像创建门

4. 锁定与解锁图元

当用户需要将图元固定在一个位置，在后续的工作中不会误将该图元进行移动、旋转、删除等编辑，那么可以将图元进行锁定。选择要锁定的图元，然后单击"修改|＜图元＞"选项卡→"修改"面板→ ▣（锁定）工具，这样便锁定了对象。

如果需要对已经锁定的图元进行再次编辑，只需将锁定的图元进行解锁即可。选择要解锁的图元，然后单击"修改|＜图元＞"选项卡→"修改"面板→ ▣（解锁）工具。也可以选择被锁定的图元，单击 ◎（锁定）工具，解锁后的标志将变为 ▣（解锁），如图 3－49、图 3－50 所示。

图 3－49　锁定图元　　　　　　　　　　图 3－50　解锁图元

镜像、复制
与阵列图元

5. 复制图元

批量创建模型最常用的工具就是复制，只要满足需要绘制具有两个或两个以上的重复性图元，且各图元之间的相对位置不存在规律性，往往都优先考虑使用复制工具。选择要复制的图元，然后单击"修改|＜图元＞"选项卡→"修改"面板→ ▣（复制）工具。

在复制的过程中需要注意复制的选项栏是否需要"约束"在正交的方向上、是否需要复制并创建多个重复性图元，如果选中了"约束"复选框，则图元只能沿着水平或垂直的方向进行复制创建；若选中了"多个"复选框，则可以连续复制一个或多个副本，如图 3-51 所示。

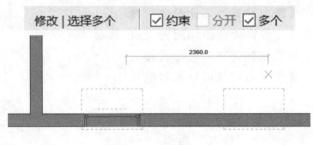

图 3-51　复制窗

6. 阵列图元

利用阵列工具可以按照线性或径向的方式，以指定的距离或角度复制出多个对象副本，达到高效创建规律性排列图元的目的。

（1）线性阵列

选择要在阵列中复制的图元，然后单击"修改|<图元>"选项卡→"修改"面板→ ▦（阵列）工具，在选项栏中选择 ⊞（线性）工具，选择性地打开"成组并关联""约束"复选框。设置需要阵列的项目数，并在"移动到"选项组中选择"第二个"或"最后一个"，在视图窗口中依次单击捕捉阵列的起点和终点，即可完成线性阵列操作，如图 3-52 所示。

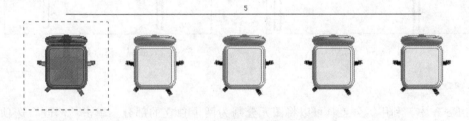

图 3-52　线性阵列

其中"成组并关联"的作用是将阵列的每个成员排列在一个组中。当编辑任意一个组中的图元或集合时，所有同名称的组都会随之变化，保证每个同名的组都一致。

通过"移动到：第二个"指定第二个成员的位置，其他阵列成员出现在第二个成员之后；通过"移动到：最后一个"指定阵列的整个跨度，阵列成员会在第一个成员和最后一个成员之间以相等间隔分布。

（2）径向阵列

选择要在阵列中复制的图元，然后单击"修改|<图元>"选项卡→"修改"面板→ ▦（阵列）工具，在选项栏中选择 ✿（半径）工具，通过拖动、旋转 ●（中心控制点）来指定旋转中心，然后将光标移动到半径阵列弧形开始的位置，单击以指定第一条旋转

放射线，移动光标以放置第二条旋转放射线，完成阵列，如图3-53所示。

修剪与拆分
图元

### 7. 修剪/延伸图元

"修剪"和"延伸"工具共同点都是以视图中现有的图元对象为参照，以需要编辑的两图元间的交点为切割点或延伸终点，对与其相交或成一定角度的对象进行去除或延长操作。

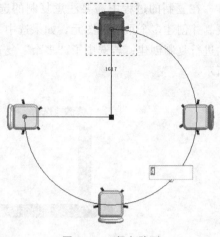

图3-53　径向阵列

（1）修剪

单击"修改"选项卡→"修改"面板→ ‖ （修剪/延伸到角部）工具，依次选择需要修剪的两个图元，选择时应选取需要保留的边，勿选择需要裁掉的边，如图3-54所示。

（2）延伸

单击"修改"选项卡→"修改"面板→ ‖（修剪/延伸单一图元）工具，先选择需要延伸到的边界线，然后选择需要被延伸的图元即可，如图3-55所示。

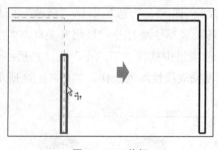

图3-54　剪切

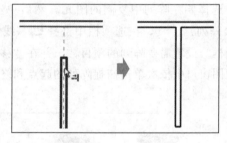

图3-55　延伸

### 8. 拆分

在Revit中，利用拆分工具可以将图元分割为两个独立的部分。单击"修改"选项卡→"修改"面板→ ⊞（拆分图元）工具，也可单击"修改"选项卡→"修改"面板→ ⊞（用间隙拆分）工具，将单个图元拆分成两个独立的图元，并用间隙拆分，如图3-56所示。

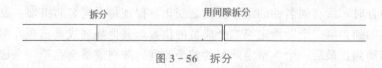

拆分　　　　　　　　　用间隙拆分

图3-56　拆分

### 3.3.6　辅助操作

在模型创建过程中往往无法快速定位模型位置，需要通过如参照平面、临时尺寸标注等辅助工具创建模型。

1. 临时尺寸标注

在 Revit 中选中一个图元时，若周围有其他对象，系统会用一个蓝色的临时尺寸标注显示被选中图元与周围图元之间的距离关系。通过更改临时尺寸标注，可以精确更改被选中图元与周围图元的距离，如图 3-57 所示。需要注意的是，更改临时尺寸标注的距离只对被选中的图元起作用，而不会影响到周围参照图元的位置。

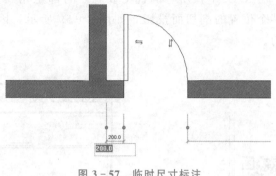

图 3-57　临时尺寸标注

2. 参照平面

参照平面是在视图中创建一个与当前视图垂直的平面，借助创建出来的参照平面，一方面可以作为定位线，另一方面还可以作为工作平面，便于用户在其上绘制模型对象。

（1）创建参照平面

在功能区上，由于参照平面使用到的效率极高，故可以单击"建筑""结构""系统"任意一个选项卡→"工作平面"面板→ ✎（参照平面）工具，即可激活绘制参照平面的工具。绘制的方式可以在"绘制"面板上，单击 ／（直线）工具来定义两个端点；也可以在"绘制"面板中，单击 ↙（拾取线）工具，通过拾取已有的线条，以该线条为交汇线创建与当前视图正交的参照平面。

（2）将参照平面设置为工作平面

单击"建筑""结构""系统"任意一个选项卡→"工作平面"面板→ ▱（设置）工具，在弹出的工作平面对话框中选择"拾取一个平面"→"确定"按钮，如图 3-58 所示。之后在当前视图中选择一个参照平面，选择后系统将打开"转到视图"对话框，用户只需指定相应的视图或拾取一个参照面作为工作平面即可。

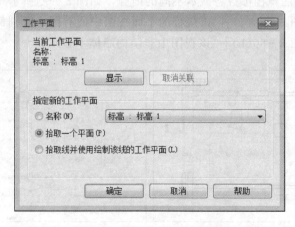

图 3-58　"工作平面"对话框

# 3.4　Revit 视图控制

在 Revit 中，所有的视图彼此之间都是相互关联的，二维视图可以视作三维模型在某个位置的剖切面投影，如图 3-59 所示，因此熟练控制 Revit 中的视图是十分重要的。

Revit视图
控制

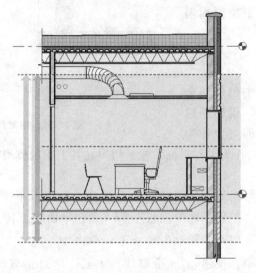

图 3-59　模型剖面

## 3.4.1　视图属性——规程

"规程"的主要作用就是为了区分不同专业模型在视图中的显示方式。Revit 中的规程分为"建筑""结构""机械""电气""管道""协调"6 种。

同一个视图不同的规程参数将显示不同的内容，如图 3-60 所示。

① 建筑规程 [图 3-60(a)]：该规程的平面视图中所有图元类别都会显示在视图中。

② 结构规程 [图 3-60(b)]：该视图中非结构墙体不显示。

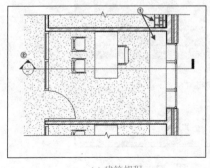
(a) 建筑规程

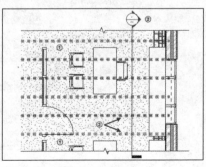
(b) 结构规程

图 3-60　不同规程中的平面视图

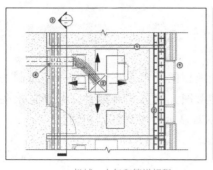

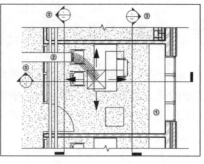

(c) 机械、电气和管道规程 　　　　　　　　　(d) 协调规程

图 3 - 60　不同规程中的平面视图（续）

③ 机械、电气和管道规程 ［图 3 - 60(c)］：天花板图元在视图中不显示，建筑与结构类的模型显示为半色调，机械、电气和管道图元根据"对象样式"中的定义显示。

④ 协调规程 ［图 3 - 60(d)］：所有图元类型都会显示在视图中。

**视图控制——视觉样式**

Revit 提供了 6 种模型的视觉样式：线框、隐藏线、着色、一致的颜色、真实和光线追踪。用户可以通过单击视图控制栏→ ⬜（视觉样式）工具来切换模型显示的样式，如图 3 - 61 所示。

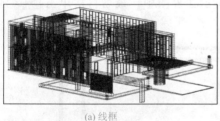

(a) 线框

(b) 隐藏线

(c) 着色

(d) 一致的颜色

(e) 真实　　　　　　　　　　　　　　　　(f) 光线追踪

图 3 - 61　视图视觉样式

### 3.4.3 图元隐藏与显示

在使用 Revit 进行模型绘制时，经常遇到模型图元太多不便于进一步绘制的情形，因此需要将部分的图元进行隐藏。在 Revit 中隐藏图元的方式有两种，分别是永久隐藏和临时隐藏。这两种隐藏方式的隐藏或关闭隐藏重新显示的方式各不相同。

1. 永久隐藏

（1）永久隐藏图元

若希望永久关闭某些图元的显示，可以通过选择需要关闭的对象后，单击"修改|＜图元＞"选项卡→"视图"面板→"在视图中隐藏"下拉列表→🖼（隐藏图元）、🖼（隐藏类别）或 ▽（按过滤器隐藏）工具，如图 3-62 所示。

其中，"隐藏图元"只隐藏当前被选中的构件，"隐藏类别"将隐藏与选定对象同一类别的所有构件。

（2）重新显示永久隐藏图元

在视图控制栏上，单击 🔲（显示隐藏的图元）工具，此时"显示隐藏的图元"图标和绘图区域将显示一个红色的边框，所有永久隐藏的图元都以红色显示，非隐藏图元以半色调显示。

选中需要重新显示永久隐藏的图元（红色显示的图元），如图 3-63 所示。单击"修改|＜图元＞"选项卡→"显示隐藏的图元"面板→🖼（取消隐藏图元）或 🖼（取消隐藏类别）工具，此时永久隐藏的图元将被重新显示在视图中，最后再次单击 🔲（显示隐藏的图元）工具以退出"显示隐藏的图元"。

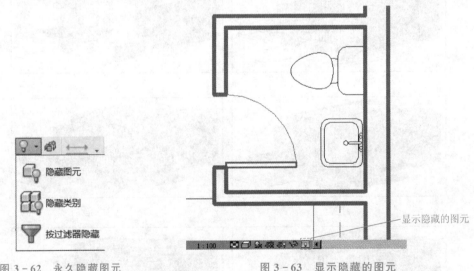

图 3-62　永久隐藏图元　　　　　　　　　图 3-63　显示隐藏的图元

2. 临时隐藏

（1）临时隐藏/隔离

项目中的模型较为复杂时，为了防止误选对象，或只是临时要查看（编辑）视图中特定类别的少数几个图元时，可以利用 Revit 的临时隐藏或隔离图元工具。

在绘图区域，选择一个或多个图元，单击视图控制栏上的 🕏（临时隐藏/隔离）工具，弹出如图 3 - 64 所示的菜单栏，包括"隔离类别""隐藏类别""隔离图元"与"隐藏图元"。

隔离类别：与被选中墙体属于同一类别的图元都将被隔离出来单独显示，即隐藏了非墙体类别的模型对象。

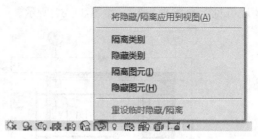

图 3 - 64  临时隐藏/隔离

隐藏类别：与隔离类别相反，视图中与被选中墙体属于同一类别的所有墙体都将隐藏。

隔离图元：将被选中的墙体单独隔离出来，隐藏其余模型。

隐藏图元：将临时隐藏被选中的墙体，对其他模型不影响。

（2）取消临时隐藏/隔离

当需要把其他被临时隐藏的图元再次显示出来时，只需单击视图控制栏上的 🕏（临时隐藏/隔离）工具，选择"重设临时隐藏/隔离"即可，系统将重新显示所有被临时隐藏的图元。若选择"将隐藏/隔离应用到视图"会把当前临时隐藏起来的所有对象切换为"永久隐藏"的状态，视图边界的青色提示框也将随之取消，此时想再次显示这些被隐藏的对象，需要再次单击 🔲（显示隐藏的图元）工具，然后将图元取消隐藏。

## 3.4.4  裁剪模型视图

### 1. 裁剪视图

在平面视图、立面视图及剖面视图中经常遇到需要将视图中模型部分范围裁剪掉，无须在当前视图中表示，此时就可以用到裁剪视图的工具。图 3 - 65 所示为一个项目的剖面视图，若只想显示局部范围，即可使用裁剪视图来实现。

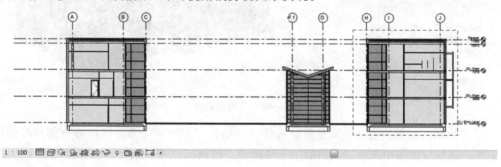

图 3 - 65  剖面视图

在视图控制栏上单击 🕏（裁剪视图）工具，如果视图已裁剪但裁剪区域不可见，可在视图控制栏上单击 🕏（显示裁剪区域）工具，激活裁剪框，拖动裁剪框至合适的位置，如图 3 - 66 所示。

拖动裁剪视图后，若无需显示裁剪框，可再次单击视图控制栏上的 🕏（显示裁剪区域）工具；若想显示回未裁剪的状态，再次单击 🕏（裁剪视图）工具即可。激活裁剪视图或打开裁剪区域的方式除了上述方法外，还可通过属性面板中的"裁剪视图"和"裁剪区域可见"参数来控制，如图 3 - 67 所示。

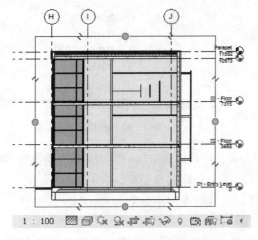

图 3 - 66　裁剪视图

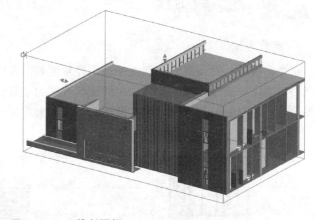

图 3 - 67　属性面板的裁剪参数

2. 剖面框

在三维视图中虽然可以通过裁剪视图的方式裁剪局部对象，但在绘制模型期间，需要不断选择和移动视图，所以裁剪视图在三维视图中并不实用，取而代之的是使用视图"属性"面板中的剖面框工具进行模型裁剪，如图 3 - 68 所示。

图 3 - 68　三维剖面框

通过拖动剖面框的边界范围观察建筑的内部结构，方便对内部的构件进行创建与编辑。除了在"属性"面板中选中"剖面框"工具激活三维剖面框外，也可以在任意视图中选中需要局部观察的图元，单击"修改|<图元>"选项卡→"视图"面板→ ![icon]（选择框）工具，选定的图元将在默认的三维视图中打开，剖面框会自动以当前被选中图元边界为范围框进行显示。

# 3.5　Revit 自定义快捷键

实际工作中，通过键盘输入快捷键可以大大提高绘图效率，不同的用户使用快捷键有不同的习惯，如何根据用户的习惯自定义快捷键将在这节内容中详细阐述。

1. 查看快捷键

初次使用 Revit 的用户往往不清楚各个工具的快捷键命令，获取这些快捷键的方式可以通过将鼠标放置在工具命令上，放置一段时间后，命令行下方会出现操作提示窗口与快捷键命令。

自定义Revit
快捷键

将鼠标放置在墙命令上，在操作提示窗口中显示关于墙的快捷键 W＋A 及绘制墙的提示，如图 3-69(a) 所示；部分工具尚未设置快捷键，在操作提示窗口中就不会显示该工具的快捷键，图 3-69(b) 所示的坡道工具无快捷键。

除了上述方法外，用户也可以通过单击"视图"选项卡→"窗口"面板→"用户界面"下拉列表→"快捷键"按钮，查看各个工具的快捷键命令。在"过滤器"一栏中切换为"全部已定义"的工具，此时列出了当前已经设置了快捷命令的所有工具，用户可以通过下拉滑动块，或直接在"搜索"栏中搜索所需工具。

(a)                                    (b)

图 3-69　命令/操作提示窗口

2. 添加/修改快捷键命令

单击"视图"选项卡→"窗口"面板→"用户界面"下拉列表→"快捷键"按钮，在弹出的快捷键面板中可以查看、添加、修改快捷键命令。用户可以选择需要添加快捷键命令的工具，在❶"按新键"栏输入需要赋予的快捷键命令，接着单击❷"指定"按钮，这样完成了为该工具添加快捷键的过程，如图 3-70 所示为"延伸"工具添加快捷键 E＋X 命名的方式。

对于已经添加了快捷键的工具，用户可以删除已有快捷键，或添加新的快捷键命令。通过搜索栏快速找到需要删除或者更改的工具，在"快捷键"面板中输入需要指定的快捷键，接着指定给该工具，这时该工具具备了两种快捷键激活的方式。如果快捷键之间发生了冲突，用户可以选中需要删除的快捷键，单击"删除"工具，将该快捷键删除即可。

3. 导入/导出快捷键

当用户更换计算机，希望继续延用上一台计算机上的 Revit 快捷键方案，可以通过将上一台计算机的快捷键方案导出为 XML 格式的文件，将该文件传至另一台计算机，在这台计算机中只需导入该快捷键方案 XML 文件即可。

单击"视图"选项卡→"窗口"面板→"用户界面"下拉列表→"快捷键"按钮，在如图 3-71 所示的快捷键窗口中，选择"导入"按钮即可将快捷键方案（XML 文件）导入进行使用；选择"导出"按钮即可将当前 Revit 所设置的快捷键方案导出为 XML 格式文件，供其他计算机读取。通过这种方式可以规定一个项目都使用同一种快捷键方案，有利于整体协作。

图 3-70　添加快捷键　　　　　　　　　　图 3-71　导入/导出快捷键

项 目 小 结

1. Revit 图元包括模型图元、基准图元和视图专有图元。
2. 图元的组织结构包括类别、族、类型和实例对象。
3. 多个对象重叠时可以通过 Tab 键切换预选择对象。
4. Revit 通过项目管理器以达到对多个视图、族、链接文件等进行管理。
5. 通过可见性/图形替换、临时隐藏/隔离、永久隐藏、视图范围、规程、详细程度、过滤器、裁剪视图等方式控制模型对象是否显示。

复 习 思 考

1. 在 Revit 中，家具属于什么类型图元？
2. 类型参数与实例参数的区别。
3. 自定义 Revit 用户界面。
4. 创建并应用视图过滤器的步骤及注意事项。
5. 图元在当前视图不可见的所有原因。
6. 自定义 Revit 快捷键以加快工作效率。

# 第二阶段

## Revit建筑设计实例指导

# 项目4

# 模型布局

在使用 Revit 进行建筑设计之前，需要对模型进行布局的准备工作，先定义建筑标高、轴网和地理位置，录入项目相关信息等。不同于 CAD，Revit 作为一个 BIM 软件，制作的是一个包含建筑全生命周期的文件。对项目的设计需要考虑气候、环境、地理等因素，并不只是简单的建模工作。因此，前期的准备工作在整个项目中是很重要的一环。

模型布置

 特别提示

学习《教学楼建筑工程》案例前，请读者先下载本案例的设计图纸，了解案例相关内容。电子版设计图纸请通过扫描二维码进行下载。

教学楼建筑工程设计图纸

 学习目标

| 能力目标 | 知识要点 |
| --- | --- |
| 掌握项目设置方法 | 项目信息设置<br>项目位置设定<br>项目坐标及方向设置 |
| 掌握标高与轴网的创建及编辑方法 | 标高<br>轴网<br>设置项目基点 |

项目设置

# 4.1 项目设置

新建项目后，在 Revit 中设置项目信息相关参数，方便设计师后期在 Revit 中进行详细的项目设计。

## 4.1.1 创建项目

单击"文件"选项卡→"新建"→（项目）工具。在弹出的"新建项目"对话框中，选择"建筑样板"，单击"确定"按钮，创建一个新项目，如图 4-1 所示。

图 4-1　创建新项目

创建新项目后，单击"文件"选项卡→"保存"→（项目）工具。将其保存在"项目文件夹/课程文件/模型"中，并将其命名为"教学楼建筑工程"。

 特别提示

保存项目文件时，在保存面板中选择"选项"→"最大备份数"设置为小于 3 个备份数，如图 4-2 所示，否则在保存的项目文件夹中会有多个项目备份文件，如"教学楼工程.rvt 001""教学楼工程.rvt 002"……"教学楼工程.rvt 020"。

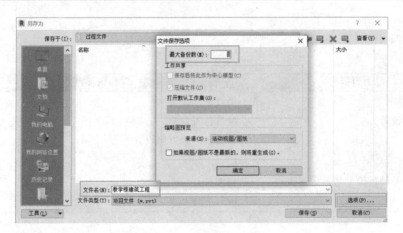

图 4-2　保存项目文件

## 4.1.2 设置项目信息

设置项目信息的目的是指定与项目相关的信息（如项目名称、状态、地址和其他信息）。

单击"管理"选项卡→"设置"面板→（项目信息）工具。在"项目信息"对话框中，指定如图4-3所示内容。在项目信息中，主要是添加项目名称、项目地址和项目编号等。

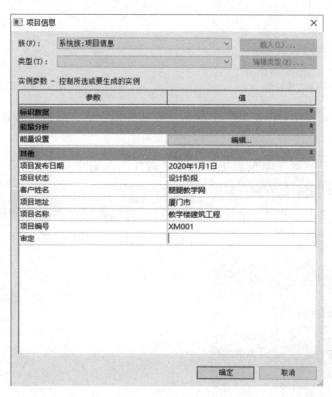

图4-3　设置项目信息

## 4.1.3 设置北方向

所有模型都有两个北方向：项目北和正北。

项目北通常是基于建筑几何图形的主轴。设计师通常将项目北与绘图区域顶部对齐，这会影响视图在图纸上的放置方式。可以理解为在CAD绘图中，为了方便根据建筑方向设置UCS（User Coordinate System，用户坐标系），如图4-4所示。

正北是基于场地情况的真实世界北方向。该场地平面中显示的北向箭头注释符号表示正北方向，如图4-5所示。

在当前项目中，项目平面尚未处于正交的状态，这样不便于进行项目的完善。为了设计方便可以在平面视图中将整个模型"旋转正北"。调整正北方向的方法如下。

设置北方向

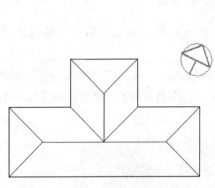

图 4-4　项目北

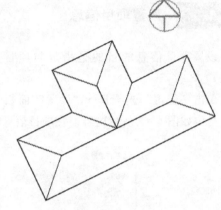

图 4-5　正北

>> Step **01** 在"项目浏览器"中双击"楼层平面"→"场地"按钮，进入场地平面视图。

>> Step **02** 在场地平面视图中，选择"属性"面板中的"方向"按钮，将方向由"项目北"切换为"正北"方向，如图 4-6 所示。

>> Step **03** 单击"管理"选项卡→"项目位置"面板→"位置"下拉列表→↺（旋转正北）工具，以项目基点为中心，向东方向旋转 30°，如图 4-7 所示。

图 4-6　切换视图方向

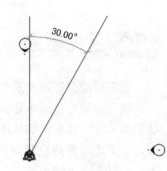

图 4-7　旋转正北方向

>> Step **04** 旋转正北方向后，单击"注释"选项卡→"符号"面板→⊞（符号）工具，在"属性"选择器中选择"符号_指北针"→"填充"按钮，在拟建建筑平面范围右上角布置指北针，如图 4-8 所示。

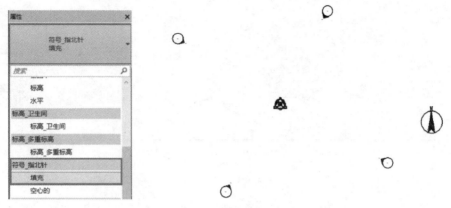

图 4 - 8  布置指北针符号

>> Step **05** 完成指北针布置后，再次切换至场地平面视图中，将方向由"正北"切换为"项目北"，如图 4 - 9 所示。

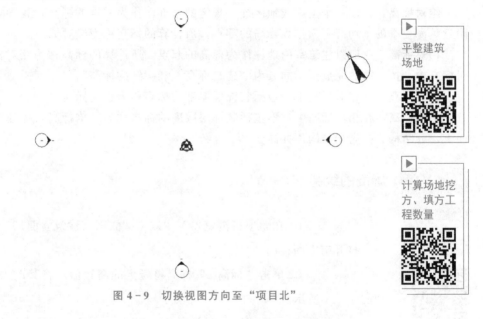

平整建筑场地

计算场地挖方、填方工程数量

图 4 - 9  切换视图方向至"项目北"

## 4.2  标高绘制

标高作为建筑绘图中不可或缺的一部分，在项目中起着至关重要的作用，使用"标高"工具，可定义垂直高度或建筑内的楼层标高，为每个已知楼层或其他必要的建筑参照创建标高，如图 4 - 10 所示。

在 Revit 中，一般先创建标高，再绘制轴网，这样可以保证之后绘制的轴网系统出现在每一个标高视图中。标高的绘制必须在剖面或立面视图中进行，每个标高都可以创建一个相关的平面视图和天花板视图。标高可以用作屋顶、楼板和天花板等以标高为主体的图元的参照。

图 4 - 10　项目标高

## 4.2.1　标高的分类

标高按基准面选取的不同分为"绝对标高"和"相对标高"。

**绝对标高**：是以一个国家或地区统一规定的基准面作为零点的标高，我国规定以青岛附近黄海夏季的平均海平面作为标高的零点，所计算的标高称为绝对标高。

**相对标高**：一般以建筑室内地坪作为标高的起点，所计算的标高称为相对标高。在相对标高中，按选取的完成面不同分为"建筑标高"和"结构标高"。

**建筑标高**：在相对标高中，包括装饰层厚度的标高称为建筑标高。

**结构标高**：在相对标高中，不包括装饰层厚度的标高称为结构标高，标注在结构完成面上，分结构底标高和结构顶标高。

## 4.2.2　标高的绘制

标高的绘制
（上）

**≫Step 01** 在"项目浏览器"中双击"立面（建筑立面）"→"南"按钮，打开南立面视图。

**≫Step 02** 单击"标高 2"标高符号上的高程值，将其改为"4.200"，如图 4 - 11 所示。

**≫Step 03** 在功能区上，单击 ✛（标高）工具，或输入快捷键 L＋L，依次绘制"标高 3""标高 4"，高程分别为 8.400 m、12.600 m，如图 4 - 12 所示。

标高的绘制
（下）

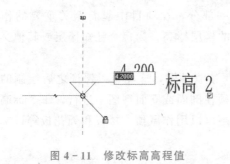

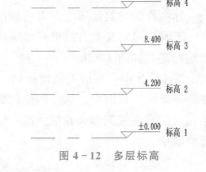

图 4 - 11　修改标高高程值　　　　　　　　图 4 - 12　多层标高

>> Step 04 依照同样的方法，绘制室外地面标高（－0.450），绘制室外标高时，由于高程低于±0.000，故将标高的样式改为"标高-下标头"。将绘制的标高标头名称修改为"室外"，在弹出的"是否希望重命名相应视图"的对话框中，选择"是"按钮，项目浏览器中的－0.450的视图名称将跟着变化，如图 4-13 所示。

图 4-13　重命名标高视图

>> Step 05 同理，将"标高1"至"标高4"名称改为"1F"至"RF"，如图 4-14 所示。

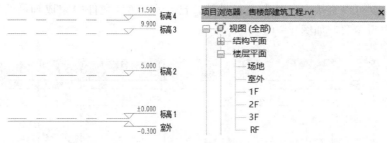

图 4-14　教学楼建筑标高

在绘制项目标高过程中，如果采用复制或阵列等批量创建标高的方式，在项目浏览器中就不会自动创建对应的平面视图。如果需要给对应标高添加楼层平面视图，可直接在视图命令中添加，单击"视图"选项卡→"创建"面板→"平面视图"下拉列表→（楼层平面）工具，在弹出的窗口中选择需要创建的标高，项目浏览器中就能添加相应的平面视图，如图 4-15 所示。

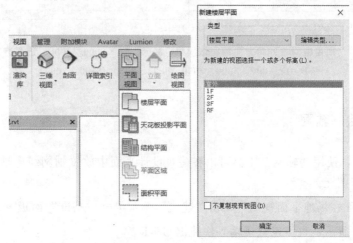

图 4-15　创建项目平面视图

轴网绘制
（上）

轴网绘制
（下）

# 4.3 轴网绘制

建筑平面定位轴网是用于确定建筑物承重构件（墙体、柱、梁）的位置线。各承重构件均需标注纵横两个方向的定位轴线，非承重或次要构件应标注附加轴线。

定位轴线横向轴号用阿拉伯数字，从左向右编写；纵向轴号应用大写英文字母，从下往上顺序编号。

 特别提示

英文字母的 I、O、Z 不得用作轴线编号。

轴网的绘制可以直接在项目中进行设计，已经在 CAD 文件中完成轴网绘制的也可以导入项目中作为参照，如图 4-16 所示。

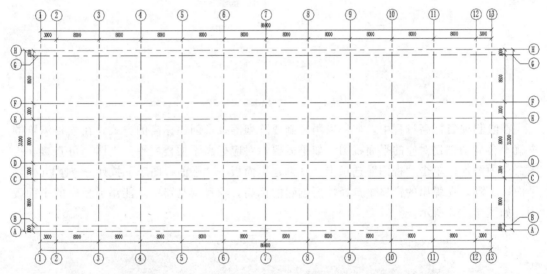

图 4-16 项目轴网（开间方向间距依次为：3000、10×8000、3000；进深方向间距
依次为：1000、8600、3000、8000、3000、8600、1000）

## 4.3.1 绘制轴网

在 Revit 中，使用"轴网"工具可以在建筑设计平面中放置轴网线。轴网属于可帮助平面定位的注释图元。

▶▶Step 01 在场地平面视图中单击"建筑"选项卡→"基准"面板→ （轴网）工具，如图 4-17 所示，也可以直接输入快捷键 G+R。

图 4 - 17　绘制轴网

>> Step 02 在出现的"**修改|放置轴网**"选项卡→"**绘制**"面板中，选择一种绘图方式进行绘制。用绘制直线方式绘制轴网：在轴线起始点单击鼠标左键确定第一点，移动鼠标至轴线终点再次单击鼠标左键，即可绘制出一条直轴网线，如图 4 - 18 所示。

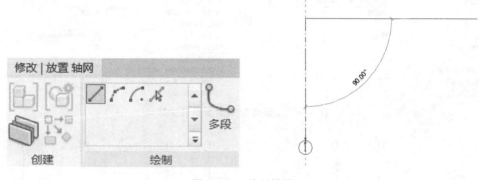

图 4 - 18　绘制轴网

>> Step 03 依次绘制完①～⑬轴线后，自南向北方向绘制Ⓐ～Ⓗ轴线。默认情况下，不论是绘制水平轴线还是竖向轴线，第一个轴线系统都会自动命名为①轴。故绘制Ⓐ轴时，当移动鼠标到标头位置时，会出现提示"编辑参数"，单击标头，将轴号改为Ⓐ，如图 4 - 19 所示，接着继续绘制Ⓑ～Ⓗ轴线。

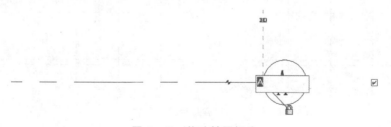

图 4 - 19　修改轴网标头

## 4.3.2　调整轴网

在绘制轴网过程中选择的默认轴网类型为"6.5 mm 编号间隙"的样式，这种样式的轴网中段是断开不显示的，故需调整轴网的类型属性，修改轴网的颜色、线型等参数。调整轴网的步骤如下。

>> Step 01 框选所有的轴网，先将轴网类型改为"6.5 mm 编号自定义间隙"。

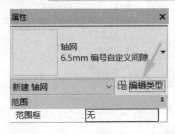

图 4 - 20 编辑轴网类型

>> Step 02 在属性面板中单击"编辑类型"，如图 4 - 20 所示。

>> Step 03 在"类型参数"对话框中，根据实际需要调整参数，如图 4 - 21 所示。

>> Step 04 调整后的项目轴网样式如图 4 - 22 所示。

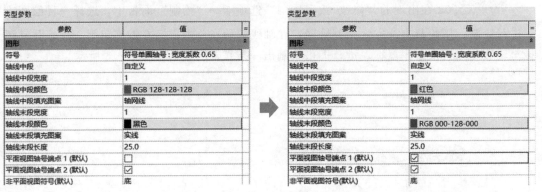

图 4 - 21 调整轴网类型属性参数

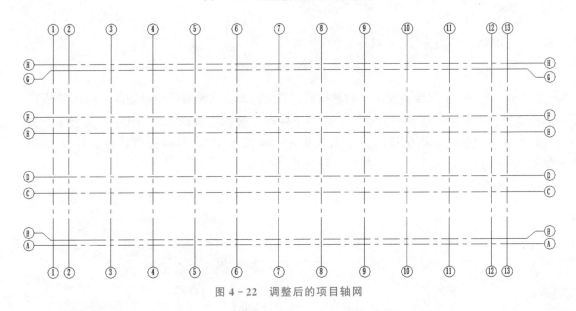

图 4 - 22 调整后的项目轴网

## 4.3.3 移动项目基点

在 Revit 中，项目坐标系的原点即项目基点 ⊗。项目基点会建立一个参照，用于测量距离并对模型进行对象定位。一般使用项目基点作为参考点在场地中进行测量，将其放置在建筑的边角或模型中的其他位置以简化现场测量。

>> Step 01 在本书案例中，选择Ⓐ轴与①轴的交点作为项目基点，将轴网交点移动至项目基点。

>>Step 02 打开"楼层平面–场地"视图，选择所有的轴网，单击"修改 | 选择多个"选项卡→"过滤器"面板 →▽（过滤器）工具，在弹出的"过滤器"对话框中只选中"轴网"，如图 4 – 23 所示。

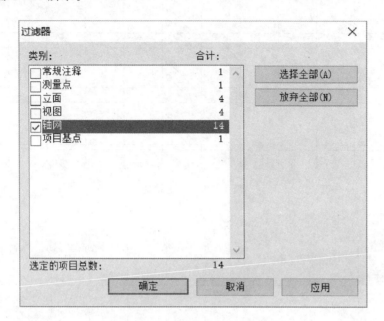

图 4 – 23 使用过滤器选择轴网

>>Step 03 在选中所有轴线的情况下，使用✥（移动）工具，将轴网Ⓐ轴与①轴的交点移动至⊗（项目基点）的位置，如图 4 – 24 所示。

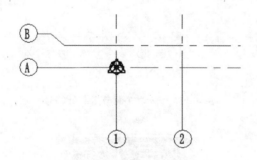

图 4 – 24 移动轴网至项目基点

>>Step 04 在选中所有轴网的情况下，单击"修改"选项卡→"修改"面板→🔲（锁定）工具。将轴网进行锁定，以免误移动导致建筑构件定位错误，如图 4 – 25 所示。

>>Step 05 将立面符号与指北针符号分别拖动至建筑轴网范围以外，如图 4 – 26 所示，即完成该任务操作。

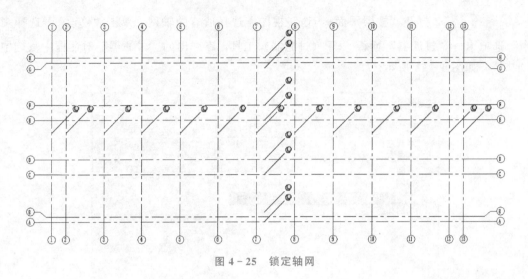

图 4 - 25　锁定轴网

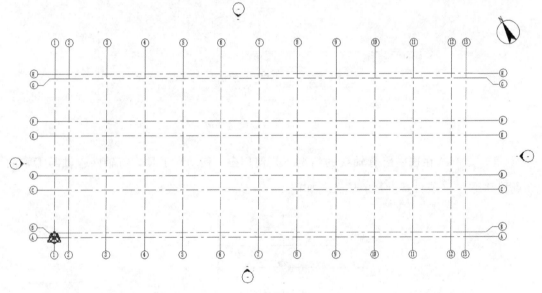

图 4 - 26　移动立面与指北针符号

## 项 目 小 结

　　1. 项目建筑专业可选择 Revit 自带的"建筑样板"创建项目。

　　2. 完整的项目包含项目基本信息（如工程名称、建设单位、设计单位、日期等信息）、地理位置、建筑方向等内容。

　　3. 需注意轴网与项目基点的相对关系，这直接影响该建筑施工现场放样与设计位置的一致性。

　　4. 实际项目中遵循先绘制标高后建立轴网模型，并锁定这些项目的基准图元。

## 复习思考

1. 创建教学楼 Revit 项目工程。
2. 为 Revit 项目进行项目设置、项目信息设置、项目位置设置。
3. 创建教学楼标高与轴网。
4. 如何显示或隐藏项目基点与测量点？

项目4
在线答题

# 项目5
# 墙体设计

墙体设计

　　墙体是建筑非常重要的组成部分，不仅可用于划分建筑空间，也是许多建筑构件的承载主体，如门窗、灯具、装饰线条、室内挂件等。墙体构造及材质的设置不仅在建筑设计当中是需要重点考虑的因素（墙体外观对于整个建筑造型有着极大的影响），而且在建筑施工中也是重要的一环。

　　在 Revit 当中，墙体是预定义系统族类型的实例，用以表示墙功能、组合和厚度的标准变化形式。Revit 中墙体分类包括"基本墙""叠层墙""幕墙"三种。绘制墙体可以通过拾取现有线、边或面来定义墙的线性范围；还可以利用内建模型来创建异形墙体，或利用幕墙系统创建异形幕墙等方式。

 特别提示

 墙体的分类与构造要求

　　学习本项目内容前，需先了解建筑墙体的分类与构造。具体内容详见左侧二维码。

## 学习目标

| 能力目标 | 知识要点 |
| --- | --- |
| 了解 Revit 中墙体的分类 | 基本墙、叠层墙与幕墙 |
| 掌握基本墙的使用方法 | 基本墙的墙体结构层 |
| | 内墙与外墙 |
| 掌握叠层墙的使用方法 | 定义叠层墙 |
| | 绘制叠层墙 |
| 掌握 Revit 墙面装饰做法 | 墙饰条 |
| | 分隔条 |

# 5.1 Revit 中墙体的分类

Revit 中提供了墙命令，通过单击"墙"工具，选择所需的墙类型，并将该类型的实例放置在平面视图或三维视图中，可以将墙添加到建筑模型中，如图 5-1 所示。通过调整墙体的类型属性和实例属性，可以在模型中根据需求添加各种不同种类和形状的墙体。

在 Revit 墙命令中，单击三角形下拉列表出现五个子命令，"墙：建筑""墙：结构""面墙"（用于创建墙主体），"墙：饰条""墙：分隔条"（用于在墙体上添加装饰构件）。

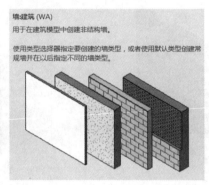

图 5-1　Revit 墙体工具

在 Revit 当中，建筑墙体（"墙：建筑"）可以绘制三种类型的墙体：基本墙、叠层墙和幕墙。项目中所有的墙体都是通过系统族设置不同的类型与参数来创建的。在创建墙体之前，需要先设定好墙体的类型属性——命名、厚度、材料、做法、功能等，再确定墙体的实例属性——平面位置、高度、结构用途等参数。

## 1. 基本墙

基本墙是在"系统族：基本墙"的基础上进行编辑的，基本墙可以用来创建单一材料的实体墙，也可以用于创建多种材料的组合墙，在基本墙中可以为墙体添加不同功能层，如结构层、保温层、涂膜层等，如图 5-2 所示，可以通过添加、删除或修改各个功能层和功能层的材料及厚度来创建实际项目所需的墙体类型。

| | 功能 | 材质 | 厚度 | 包络 | 结构材质 | |
|---|---|---|---|---|---|---|
| | | | 外部边 | | | |
| 1 | 面层 2 [5] | <按类别> | 5.0 | ☑ | ☐ | |
| 2 | 保温层/空气层 [3] | <按类别> | 30.0 | ☑ | ☐ | |
| 3 | 衬底 [2] | <按类别> | 20.0 | ☑ | ☐ | |
| 4 | 核心边界 | 包络上层 | 0.0 | | | |
| 5 | 结构 [1] | <按类别> | 200.0 | ☐ | ☑ | |
| 6 | 核心边界 | 包络下层 | 0.0 | | | |
| 7 | 衬底 [2] | <按类别> | 20.0 | ☑ | ☐ | |
| 8 | 面层 2 [5] | <按类别> | 5.0 | ☑ | ☐ | |
| | | | 内部边 | | | |

| 插入(I) | 删除(D) | 向上(U) | 向下(O) |
|---|---|---|---|

图 5-2　基本墙

### 2. 叠层墙

叠层墙是在"系统族：叠层墙"的基础上进行编辑的，这些墙包含一面接一面叠放在一起的两面或多面子墙，子墙在不同的高度可以具有不同的墙厚度。可以认为叠层墙是由两种或两种以上不同类型的普通墙在高度方向上叠加而成的墙体类型，如图 5-3 所示。

### 3. 幕墙

幕墙是在"系统族：幕墙"的基础上进行编辑的。Revit 提供了三种默认幕墙，分别是幕墙、外墙玻璃、店面，如图 5-4 所示。由于相对于基本墙和叠层墙，幕墙类型属性差别较大，知识点较多，故在本章节中不对幕墙做深入讲解，知识点详见项目 8。

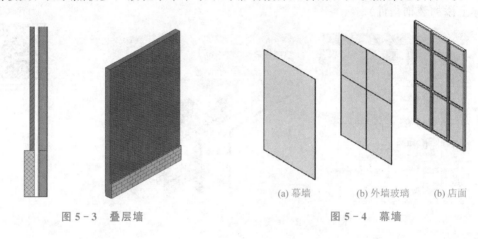

图 5-3　叠层墙

(a) 幕墙　　　(b) 外墙玻璃　　　(b) 店面

图 5-4　幕墙

## 5.2　基　本　墙

Revit 的墙体模型不仅显示墙形状，还记录墙的详细做法和参数。通过对类型属性编辑窗口中各结构层的定义，可以反映墙体的真实做法。

### 5.2.1　关于墙体结构

基本墙

实际工程中墙体在不同环境中的做法各不相同，如在我国的南方地区墙体一般无须添加保温层，而在北方建筑中则需要设置保温层。在 Revit 中可以灵活创建不同功能层类型的墙体以适应实际项目需求。

激活"墙"工具后，在"属性"选项板上，单击（编辑类型）工具，选择"结构"，打开"编辑部件"窗口，如图 5-5 所示。

在编辑部件窗口的功能中提供了六种墙体功能，包括"结构[1]""衬底[2]""保温层/空气层[3]""面层 1[4]""面层 2[5]""涂膜层"（通常用于防水涂层，厚度为 0），如图 5-5 所示，这些功能将定义其在墙体中所起的作用。功能名称后缀的数字表示墙与墙之间连接时，墙各层之间的优先级别，数字越小，优先级别越大。

如图 5-6 所示，墙❶的功能层包括："结构[1]""衬底[2]""保温层/空气层[3]"

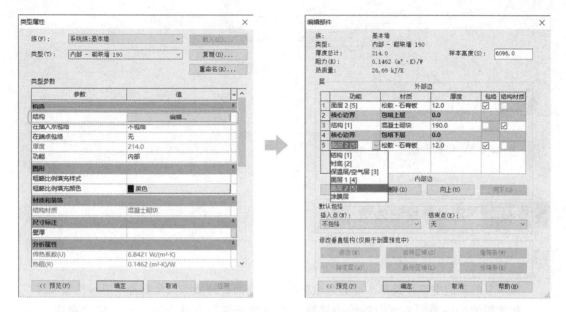

图 5-5 墙体编辑部件

"面层 1[4]""面层 2[5]",墙❷的功能层包括:"结构[1]"。当两面墙相接时,遵循墙体功能层的优先级顺序("结构[1]">"衬底[2]">"保温层/空气层[3]">"面层1[4]">"面层2[5]"),墙❷的"结构[1]"层会穿过墙❶各功能层,与相同优先级的墙❶中的"结构[1]"层相接。

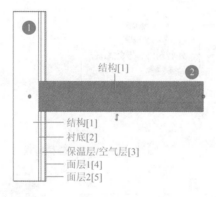

图 5-6 墙体功能层优先级顺序

在 Revit 墙体结构中,墙具有"核心结构"和"核心边界"面,所谓"核心结构"是指墙体的主体,一般为"结构"层,位置在两个"核心边界"之间,而放置在"核心边界"之外的功能层为"非核心结构",如装饰层、保温层等辅助结构。以系统自带墙类型"内部-砌块墙 190"为例,结构层-混凝土砌块位于"核心边界"之间,石膏板面层则位于"核心边界"两侧。

在编辑部件窗口中,除了材质厚度外,还有一列是包络。所谓"包络"是指墙体"非核心结构"层在断开点处的处理办法。例如,当墙体中插入门窗时,墙的包络层会将窗外侧进行包络,如图 5-7 所示。

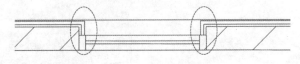

图 5 - 7　墙体包络

 特别提示

只有非结构层才能选中包络。

## 5.2.2　定义并绘制外墙

1. 定义外墙类型及参数

在本书的案例中，涉及基本墙的为涂料内墙、饰面砖外墙和文化石外墙三种类型墙体。

教学楼的外墙是隔离室内外的构筑物，外墙的一侧为室外空间，另一侧为室内空间，详细的构造做法如图 5 - 8～图 5 - 10 所示。其中图 5 - 8 为涂料内墙构造做法，图 5 - 9 为饰面砖外墙构造做法，图 5 - 10 为文化石外墙构造做法。

编辑（文化石外墙）墙体构造层

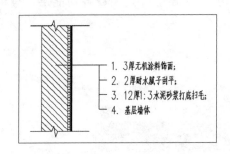

1. 3厚无机涂料饰面；
2. 2厚耐水腻子刮平；
3. 12厚1:3水泥砂浆打底扫毛；
4. 基层墙体

图 5 - 8　涂料内墙构造做法

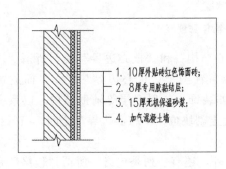

1. 10厚外贴砖红色饰面砖；
2. 8厚专用胶黏结层；
3. 15厚无机保温砂浆；
4. 加气混凝土墙

图 5 - 9　饰面砖外墙构造做法

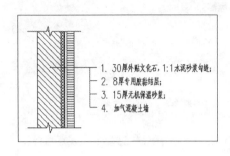

1. 30厚外贴文化石,1:1水泥砂浆勾缝;
2. 8厚专用胶黏结层;
3. 15厚无机保温砂浆;
4. 加气混凝土墙

图 5-10 文化石外墙构造做法

新建教学楼文化石外墙,将其命名为"教学楼-文化石外墙-200 mm"。

**Step 01** 进入"楼层平面"→"标高1"视图当中。

**Step 02** 单击"建筑"选项卡→"构建"面板→"墙"下拉列表→ ▢（墙：建筑）工具,系统切换到"修改|放置 墙"选项卡,也可输入快捷键 W+A 进入墙体绘制模式。

**Step 03** 在属性浏览器中,❶选择列表中的"基本墙"族中的"常规-200 mm"类型,以此类型为基础创建新的墙类型。

**Step 04** 单击属性面板中的"编辑类型"按钮,弹出"类型属性"窗口。❷单击窗口中的"复制",❸在弹出的"名称"窗口中输入"教学楼-文化石外墙-200 mm",单击"确定"按钮为基本墙创建一个新类型,如图 5-11 所示。

**Step 05** 在类型属性面板中,单击"结构"右侧的"编辑"按钮,弹出"编辑部件"窗口。单击窗口中的"插入"按钮,插入新的功能层,如图 5-12 所示。

**Step 06** 在编辑部件对话框"功能"列表中,从上到下表示从墙外侧到墙内侧。单击"向上"或"向下"将除结构层(加气混凝土砌块层)以外的构造层移动到"核心边界"外侧。

**Step 07** 分别为各构造层设置合理的功能,并赋予厚度值,如图 5-13 所示。

2. 定义外墙材质参数

**Step 01** 添加材质。单击第 5 层(即结构 [1])"材质"列中的 ⋯(浏览),弹出"材质浏览器"窗口,选中材质浏览器中的"混凝土砌块"材质,并确定。这样就将"混凝土砌块"的材质赋予墙体结构层。

**Step 02** 更改材质"图形"参数。选中"使用渲染外观",沿用外观材质中的颜色值;单击"截面填充图案",将截面填充图案由"砌体-混凝土砌块"改为"砌体-加气砼"的样式,如图 5-14 所示。"截面填充图案"将

▶
编辑(文化石外墙)墙体各构造层材质

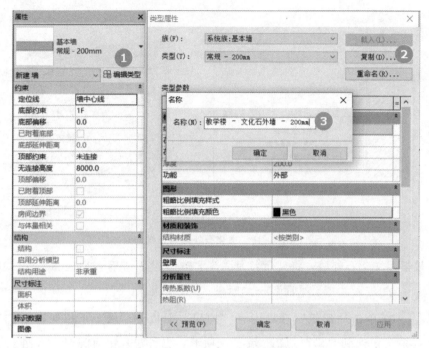

图 5 - 11  创建"教学楼-文化石外墙- 200 mm"墙类型

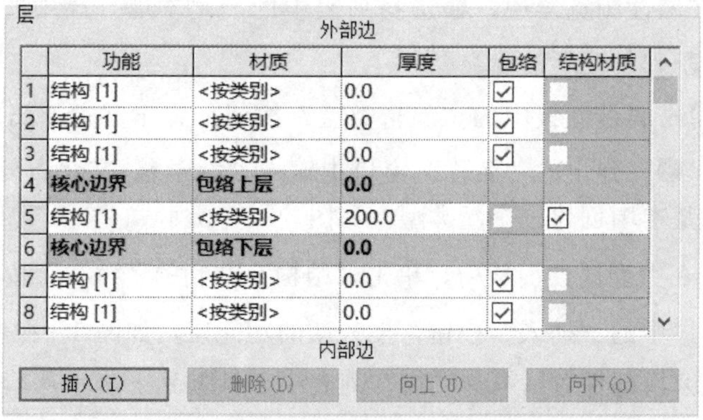

| | 功能 | 材质 | 厚度 | 包络 | 结构材质 |
|---|---|---|---|---|---|
| | | 外部边 | | | |
| 1 | 结构 [1] | <按类别> | 0.0 | ☑ | |
| 2 | 结构 [1] | <按类别> | 0.0 | ☑ | |
| 3 | 结构 [1] | <按类别> | 0.0 | ☑ | |
| 4 | **核心边界** | **包络上层** | **0.0** | | |
| 5 | 结构 [1] | <按类别> | 200.0 | | ☑ |
| 6 | **核心边界** | **包络下层** | **0.0** | | |
| 7 | 结构 [1] | <按类别> | 0.0 | ☑ | |
| 8 | 结构 [1] | <按类别> | 0.0 | ☑ | |
| | | 内部边 | | | |

插入(I)    删除(D)    向上(U)    向下(O)

图 5 - 12  插入功能层

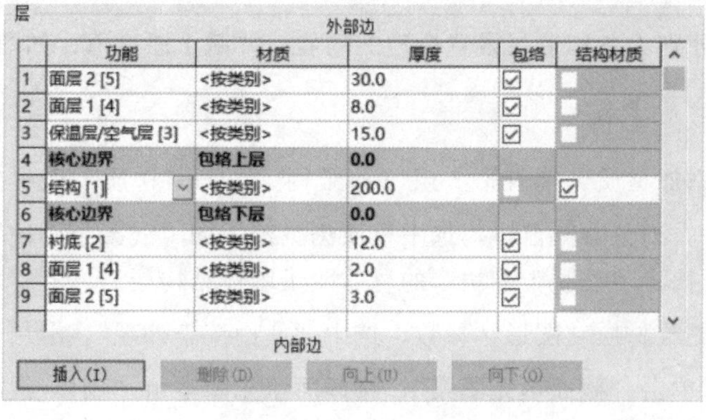

| | 功能 | 材质 | 厚度 | 包络 | 结构材质 |
|---|---|---|---|---|---|
| | | 外部边 | | | |
| 1 | 面层 2 [5] | <按类别> | 30.0 | ☑ | |
| 2 | 面层 1 [4] | <按类别> | 8.0 | ☑ | |
| 3 | 保温层/空气层 [3] | <按类别> | 15.0 | ☑ | |
| 4 | **核心边界** | **包络上层** | **0.0** | | |
| 5 | 结构 [1] | <按类别> | 200.0 | | ☑ |
| 6 | **核心边界** | **包络下层** | **0.0** | | |
| 7 | 衬底 [2] | <按类别> | 12.0 | ☑ | |
| 8 | 面层 1 [4] | <按类别> | 2.0 | ☑ | |
| 9 | 面层 2 [5] | <按类别> | 3.0 | ☑ | |
| | | 内部边 | | | |

插入(I)    删除(D)    向上(U)    向下(O)

图 5 - 13  更改功能与厚度

影响在平面、剖面的墙被剖切观看时显示该填充图案，"表面填充图案"将影响在三维或立面视图中模型表面的显示图案。

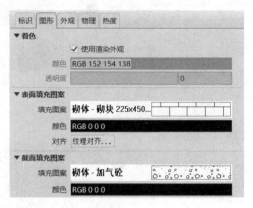

图 5-14 调整材质"图形"参数

>> Step 03 如果材质浏览器中没有匹配的材质，用户可以自行创建材质。单击第 1 层（即面层 2[5]）"材质"列中的 ⋯（浏览），弹出"材质浏览器窗口"。❶单击窗口下方的 ⊕ 下拉菜单→"新建材质"按钮，新建的材质默认命名为"默认为新材质"，右击"新建材质"；❷在下拉命令中选择"重命名"选项；❸将其命名为"教学楼-文化石"，如图 5-15所示。

图 5-15 新建"教学楼–文化石"材质

>> Step 04 在"材质浏览器"面板中，❶单击"外观"选项，编辑文化石的外观材质；❷展开"信息"选项，为名称添加"文化石"的描述；❸展开"常规"选项，单击"图像"按钮，在弹出的文件选择窗口中，选择本书配套素材中的"蘑菇石贴图.jpg"文件，如图 5-16 所示。

图 5-16 为"教学楼-文化石"添加材质贴图

>> Step 05 再次单击"图像"按钮，进入材质贴图的"纹理编辑器"中，适当调整材质贴图的满铺尺寸，将"样例尺寸"调整为"宽度 1000.00 mm""高度 1000.00 mm"的大小，如图 5-17 所示。

>> Step 06 完成材质的"外观"参数调整任务后，❶切换至"图形"选项，编辑文化石图形的外观（即模型的视觉样式为"着色"模式下的显示状态）；❷选中"使用渲染外观"参数；❸展开"表面填充图案"选项，单击填充图案，如图 5-18 所示。

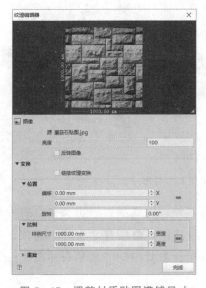

图 5-17 调整材质贴图满铺尺寸

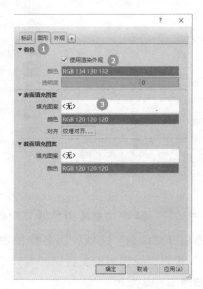

图 5-18 调整材质图形参数

>>Step **07** 在"表面填充图案"中，单击"填充图案"时，由于默认的填充图案中没有项目所需的文化石填充图案样式，故需手动添加填充图案。在"填充样式"窗口中，❶切换"填充图案类型"为"模型"类型，❷单击"新建"按钮，如图5-19所示。

在弹出的"添加表面填充图案"窗口中，❶选择"自定义"样式；❷添加"文化石"名称；❸单击 导入(I)... 按钮，导入随书课程素材的"文化石.pat"文件；❹在导入比例中输入合适的比例值，此处输入"100"；❺完成后单击"确定"按钮完成填充图案的赋予，如图5-20所示。

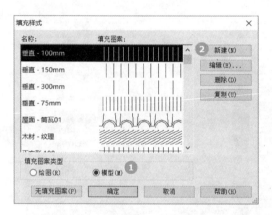

图5-19 新建"文化石"填充样式

图5-20 添加文化石表面填充图案

另外，可在"截面填充图案"窗口中，为文化石材质添加填充图案"石材-剖面纹理"，如图5-21所示。

图5-21 为文化石材质添加截面填充图案

## 特别提示

填充图案分"绘图"和"模型"两种类型。前者填充图案在Revit视图中不同视图比例下呈现的填充图案间距不同；后者的填充图案为实际大小填充图案，在不同视图比例下显示的填充图案间距保持不变。

>>Step **08** 按照同样的方法，为其他功能层添加材质。

单击窗口下方的"预览"按钮，可在左边弹出的窗口中预览墙体的构造详图，如图5-22所示。

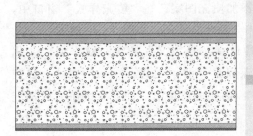

图 5 - 22　预览墙体各功能层

其中"教学楼-浅米色涂料"的材质参数如图 5 - 23 所示。

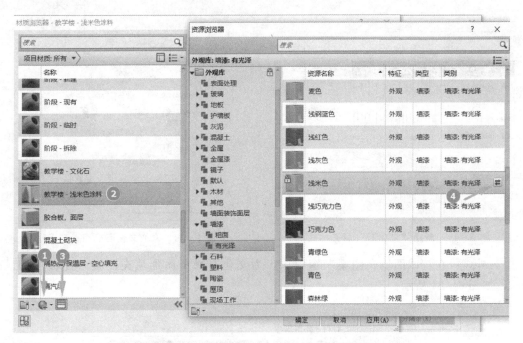

图 5 - 23　"教学楼-浅米色涂料"的材质参数

>> Step　09 修改包络。案例中的外墙为外保温形式，单击"插入点"下方的下拉窗口，选择"外部"选项，如图 5 - 24 所示。

图 5 - 24　修改墙体包络

>> Step　10 单击"确定"按钮，退出所有编辑窗口。到此"教学楼-文化石外墙"墙体的设置已经完成。

**做一做**

> 依照同样方法，新建名为"教学楼-饰面砖外墙-200 mm"的墙体类型及材质参数。

定义（饰面砖外墙）墙体构造层

### 2. 绘制教学楼外墙

**Step 01** 双击项目浏览器中的"1F"，进入第1层平面视图中。单击"墙：建筑"，选择墙体类型为"教学楼-涂料外墙-200 mm"，接着在选项栏中设置"高度"为"2F"，设置"定位线"为"核心层中心线"，并选中"链"复选框，如图5-25所示。

绘制教学楼一层文化石外墙

**Step 02** 参照"一层平面图"图纸中一层文化石外墙所在位置绘制外墙，绘制过程需要注意墙体的内外侧方向。建议墙体绘制顺序沿顺时针方向，以保证墙体内外侧定位在合理的位置上。单击各道墙体的起终点位置，依次绘制完一层平面上的文化石外墙，完成后如图5-26所示。

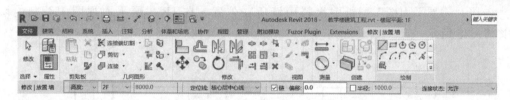

图 5-25 设置墙选项栏

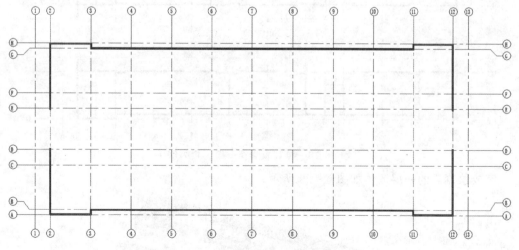

图 5-26 绘制教学楼一层文化石外墙

 **特别提示**

> 请注意文化石外墙与邻近轴网的位置关系，保持与本书配套图纸的平面定位一致。

定义并绘制教学楼（涂料）内墙

## 5.2.3 定义并绘制内墙

在本书案例中，内墙为 200 mm 厚的涂料抹面墙体，其构造做法详见图 5－8。相较于外墙，内墙无须设置保温层，内墙类型的定义方法不仅与外墙相同，还可以在外墙的基础上进行复制，创建名称为“教学楼-涂料内墙- 200 mm”的内墙类型，如图 5－27 所示。

层

外部边

| | 功能 | 材质 | 厚度 | 包络 | 结构 |
|---|---|---|---|---|---|
| 1 | 面层 2 [5] | 教学楼 - 浅米色涂料 | 3.0 | ☑ | ☐ |
| 2 | 面层 1 [4] | <按类别> | 2.0 | ☑ | ☐ |
| 3 | 衬底 [2] | <按类别> | 12.0 | ☑ | ☐ |
| 4 | 核心边界 | 包络上层 | 0.0 | | |
| 5 | 结构 [1] | 混凝土砌块 | 200.0 | ☐ | ☑ |
| 6 | 核心边界 | 包络下层 | 0.0 | | |
| 7 | 衬底 [2] | <按类别> | 12.0 | ☑ | ☐ |
| 8 | 面层 1 [4] | <按类别> | 2.0 | ☑ | ☐ |
| 9 | 面层 2 [5] | 教学楼 - 浅米色涂料 | 3.0 | ☑ | ☐ |

内部边

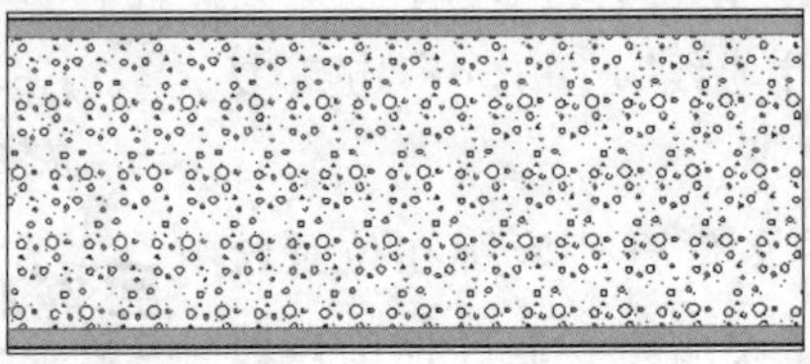

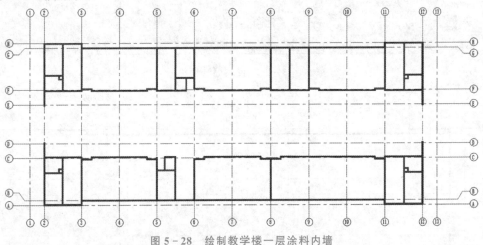

图 5－27 “教学楼-涂料内墙- 200 mm”墙体功能层

参照“一层平面图”图纸中涂料内墙所在位置，在 1F 楼层平面视图中绘制内墙，如图 5－28 所示。

图 5－28 绘制教学楼一层涂料内墙

完成绘制后的一层墙体如图 5－29 所示。

图5-29 三维模型

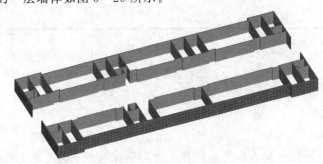

图 5－29 教学楼一层墙体

# 5.3 叠层墙

叠层墙

　　叠层墙是 Revit 墙中的一种类型。使用叠层墙可以在高度方向上定义不同厚度、构造、材质的墙体。组成叠层墙的各部分墙体称为子墙，是 Revit 墙中的"基本墙"类型。叠层墙由两种（包含两种）以上的子墙组成。

　　在实际生活中，叠层墙有着广泛的用途。例如，外墙底部使用勒脚进行防潮、防碰撞，卫生间等用水房间使用混凝土反坎防潮、防渗，围墙为了造型美观等要求上下采用不同材质进行砌筑，这些节点的处理固然可以使用装饰或分段的方式进行创建，但是使用叠层墙则可以更加快速便捷地完成设计工作。

　　上下墙体不一致表现得最为明显的为仿古建筑，其中出砖入石的闽南民居尤为典型，如图 5-30 所示，墙体最底部为石材砌筑的勒脚，往上是坚固的石材砌筑的墙裙，接着是红砖砌筑的墙身，最后檐口下的墙体会向内收分，做装饰线脚，在这段墙身中共有四段不同构造，相对于叠层墙使用分段制作或者装饰创建是一个比较烦琐的工作。在本节中，将以该墙体的创建演示叠层墙的具体操作和使用。

图 5-30　古民居四段式墙身

## 5.3.1　定义叠层墙族

　　如图 5-30 所示，传统民居的外墙包含了四段墙体，这四段墙体可视为叠层墙的四个子墙，分别是"石砌勒脚""石砌墙裙""砖砌墙身""墙头压顶"，这四个子墙都是简单的砌体墙，无装饰面层，在创建叠层墙之前，需要先创建这四种基本墙。

　　1. 创建子墙——四种基本墙

　　>> Step 01 复制创建基本墙类型。在项目浏览器中找到"族→墙→基本墙→常规-200 mm"，单击右键，在弹出的右键窗口中单击复制四次，复制四个墙体类型，如图 5-31 所示。

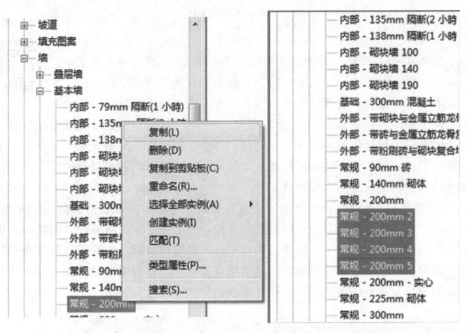

图 5-31　复制墙体类型

>> Step 02 编辑基本墙结构。双击复制的墙体类型"常规-200 mm 2"，进入类型属性窗口，单击"重命名"，更名为"石砌勒脚-500 mm"，同时单击结构的"编辑"按钮，将结构厚度更改为"500.0"，结构材质改为"花岗岩"，如图 5-32 所示。

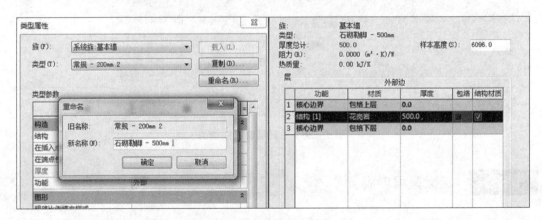

图 5-32　编辑墙体类型（一）

>> Step 03 重复 Step 02，依次将复制的墙体类型修改为"石砌墙裙-300 mm""砖砌墙身-200 mm""墙头压顶-250 mm"，其结构如图 5-33 所示。

其中这几种墙体中所运用的三种材质类型分别为"花岗岩""砌体-普通砖 75×225 mm""松散-石膏板"，其中"砌体-普通砖 75×225 mm"和"松散-石膏板"为样板自带材质，"花岗岩"为自定义材质，其材质样式如图 5-34 所示。

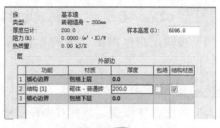

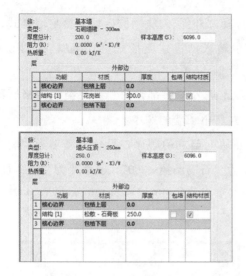

图 5 - 33　编辑墙体类型（二）

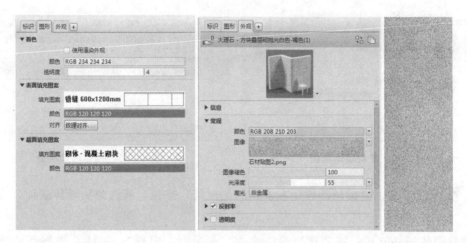

图 5 - 34　花岗岩材质

## 2. 创建叠层墙族类型

叠层墙的构造是使用已有的基本墙作为子墙进行编辑的，在完成子墙的创建后就可以进行叠层墙的编辑。

>>Step 01 在墙体"属性"面板中，单击"编辑类型"按钮，在弹出的"类型属性"窗口中，单击"族"选项卡，在下拉窗口中选择"系统族：叠层墙"选项，如图 5-35 所示。

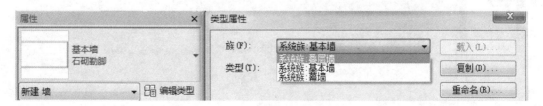

图 5 - 35　选择叠层墙系统族

>> Step **02** 在"叠层墙"系统族中默认选择"外部–砌块勒脚砖墙"叠层墙样式，单击"复制"按键，在弹出的"名称"对话框中输入"古建四段式叠层墙"，如图 5 - 36 所示。

>> Step **03** 单击"结构"的"编辑"选项，进入编辑部件窗口，在类型表格底部单击"插入"两次，使该叠层墙具有四段子墙，并调整子墙的顺序。

>> Step **04** 单击名称列中的单元格，按照从上至下的顺序，设置子墙 1 为"墙头压顶–250"，子墙 2 为"砖砌墙身–200"，子墙 3 为"石砌墙裙–300"，子墙 4 为"石砌勒脚–500"，并设置固定高度段子墙 1、3、4 的高度分别为 200 mm、1200 mm 和 300 mm。调整"砖砌墙身"的高度为可变，如图 5 - 37 所示。

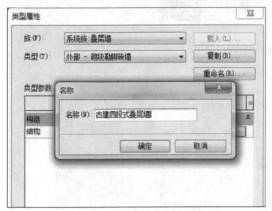

图 5 - 36　复制墙体类型

图 5 - 37　编辑墙体类型

>> Step **05** 单击"编辑部件"左下角的"预览"按钮，通过预览墙体断面，方便对叠层墙做进一步调整。

调整墙体偏移方式：将偏移选项切换为"面层面：内部"，墙体会根据新的规则进行对齐；此外，还可以调整表格中偏移列的数值，将叠层墙调至合理位置，如图 5 - 38 所示。

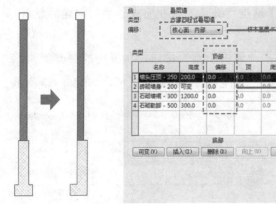
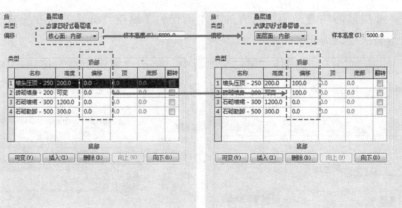

图 5 - 38　调整墙体竖向对齐

>> Step 06 当调整样本高度的数值时，可以在预览窗口中观察到可变段的"子墙2"高度发生了变化，如图5-39所示；在叠层墙中，只能有一段墙体高度为可变，且样本高度只在预览窗口中方便观察，不影响项目中所创建墙体的实际高度。

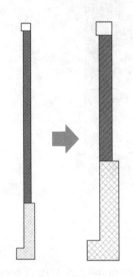

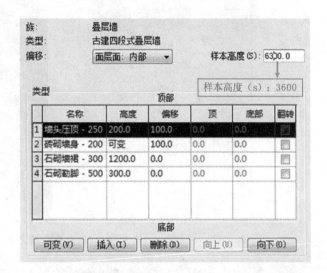

| 族： | 叠层墙 |
| 类型： | 古建四段式叠层墙 |
| 偏移： | 面层面：内部 ▼ |

样本高度(S): 6300.0

样本高度（s）：3600

| 类型 | | | | | 顶部 | | |
| --- | --- | --- | --- | --- | --- | --- | --- |
| | | 名称 | 高度 | 偏移 | 顶 | 底部 | 翻转 |
| 1 | 墙头压顶 - 250 | 200.0 | 100.0 | 0.0 | 0.0 | ☐ |
| 2 | 砖砌墙身 - 200 | 可变 | 100.0 | 0.0 | 0.0 | ☐ |
| 3 | 石砌墙裙 - 300 | 1200.0 | 0.0 | 0.0 | 0.0 | ☐ |
| 4 | 石砌勒脚 - 500 | 300.0 | 0.0 | 0.0 | 0.0 | ☐ |

底部

可变(V)　插入(I)　删除(D)　向上(U)　向下(O)

图5-39　调整墙体可变高度

>> Step 07 单击"确定"按钮，退出墙体类型编辑，叠层墙的构造到此完成编辑。

## 5.3.2　绘制叠层墙族

叠层墙的绘制与基本墙基本相似，在创建墙体之前同样需要在选项栏或"属性"面板中设置墙体的实例属性。

>> Step 01 输入快捷键W+A，进入墙体绘制模式，设置高度为"标高2"，定位线为"墙中心线"，在"标高1"平面上绘制一道叠层墙。

>> Step 02 切换到三维模式中，将视觉样式调为"真实"模式，观察叠层墙的三维效果，如图5-40所示。

>> Step 03 叠层墙绘制完成后，如果要编辑子墙的类型属性，需要编辑作为子墙的基本墙的类型属性。除此之外，也可以在三维视图中单击该叠层墙，利用Tab键进行切换，选取对应的子墙后，属性面板中的墙体类型选项卡是灰色的，表示不可以替换子墙类型，但可以在属性面板中单击"编辑类型"按钮，直接编辑该子墙，如图5-41所示。

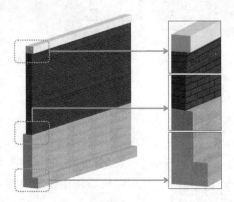

图5-40　叠层墙三维效果

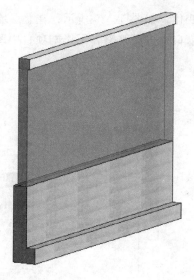

图 5-41　编辑叠层墙的子墙

>> Step 04 叠层墙可以被分解成子墙。右击叠层墙，在弹出的命令选项卡中选择断开，该叠层墙就会分解为基本墙，单击这两个基本墙，可以独自编辑这两个墙体的属性，如图 5-42 所示，该过程不可逆。

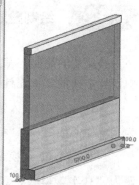

图 5-42　分解叠层墙

# 5.4　墙 体 装 饰

墙体装饰

　　建筑设计中的墙体主体绘制完成后，使用"墙饰条"和"墙分隔缝"命令可以向墙体中添加装饰，如踢脚线、腰线、散水、墙面分隔缝等。
　　墙饰条和墙分隔缝只能是水平或垂直的线条，可以理解为指定轮廓在墙面上的竖直或水平放样，绘制时要在三维视图或立面图中添加。

### 5.4.1 创建墙饰条——外墙面金属铝格栅

在建筑外墙中的金属铝格栅是建筑外墙中一种常见的装饰线条，其线条明快简洁、层次分明，体现了简约明了的现代风格，此外还具有安装拆卸简便的施工优势。在本节中，将以外墙面金属铝格栅为例，演示在 Revit 中定义和添加墙饰条的具体步骤，如图 5-43 所示。

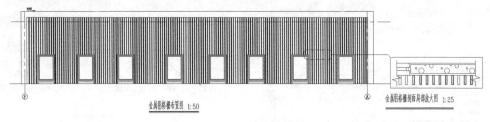

图 5-43  外墙面金属铝格栅

**特别提示**

由于本书配套的教学楼案例不采用金属铝格栅饰面，因此另准备了一个案例项目"金属铝格栅饰面墙体.rvt"，可直接打开该项目文件进行格栅布置工作。

铝格栅轮廓属于外部可载入族的一种，故在绘制墙饰条前，需要先载入铝格栅的轮廓族。

1. 创建墙饰条类型

>> Step 01 单击"插入"选项卡→"从库中载入"面板→ 📥（载入族）工具，载入随书案例的"铝制格栅轮廓.rfa"文件，如图 5-44 所示。

图 5-44  载入铝格栅轮廓族

>> Step 02 单击"视图"选项卡→ 📦（默认三维视图）工具，将视图切换至三维视图。

>> Step 03 单击"建筑"选项卡→"构建"面板→"墙"下拉列表→ 🔲（墙：饰条）工具，在属性面板中单击"编辑类型"按钮，打开"类型属性"窗口。

>> Step 04 在"类型属性"窗口中，单击"复制"按钮，在弹出的"名称"窗口中输入"金属铝格栅-220 * 50 mm"，在轮廓选项中选择"铝制格栅轮廓：220 * 50 mm"，并设置材质为"金属-深棕色"，如图 5-45 所示。

2. 添加墙饰条

>> Step 01 单击"修改|放置 墙饰条"→"放置"面板，并选择墙饰条的方向为

"垂直"，将光标放在需添加铝格栅的墙体表面，单击以放置墙饰条，如图5-46所示。

>> Step 02 若需在不同的位置继续添加墙饰条，可单击"修改|放置 墙饰条"选项卡→"放置"面板→▥（重新放置墙饰条）工具。将光标移到墙上所需的位置，单击鼠标以继续放置墙饰条。

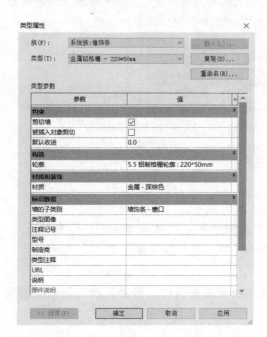

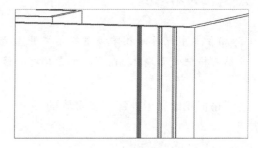

图5-45 创建"金属铝格栅-220＊50 mm"墙饰条　　　图5-46 放置墙饰条

>> Step 03 在视图浏览器中单击"楼层平面"中的"标高1"，回到平面视图当中，单击该墙饰条，在修改面板中单击"复制"或"阵列"进行批量布置铝格栅，金属铝格栅之间的净间距为150 mm。

>> Step 04 绘制完成后单击快速访问栏中的▧（默认三维视图）工具，切换到三维模式中。观察墙视图效果，在图5-47西立面墙体铝格栅中所示两道墙的墙底位置添加踢脚，墙饰条添加完成。

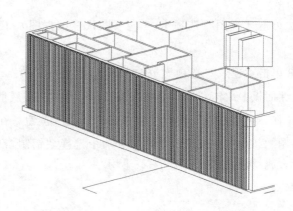

图5-47 西立面墙体铝格栅

>> Step 05 依照同样的方法，创建北立面的金属铝格栅，完成该项目外墙金属铝格栅绘制。

## 5.4.2 创建墙分隔条——外墙面分缝

外墙面分缝是在外墙面施工时，为了减少建筑物面层因温度、湿度、结构变形等因素产生的裂缝、空鼓等现象，而在建筑面层上留缝。此外，外墙分缝线条也能对外墙涂饰颜色均匀隔断区分，能改变外立面效果，具有一定的装饰作用。使用"分隔条"工具将装饰用水平或垂直剪切的方法添加到立面视图或三维视图中的墙上。

墙分隔条的定义和添加方法与墙饰条基本相同，区别在于一个是在墙面上添加凸出物，另一个则是在墙面做剪切，如图 5-48 所示。分隔条的添加及编辑方法与墙饰条十分类似。

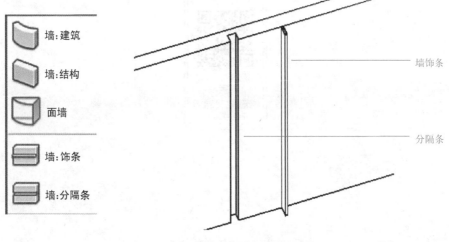

图 5-48　墙饰条与分隔条的区别

## 项目小结

1. 墙体按构造方式分为实体墙、空心墙、复合墙；按墙体受力情况分为承重墙、非承重墙；按墙体所处位置分为内墙、外墙；按墙体施工方法分为叠砌墙、板筑墙、装配式板材墙等。

2. Revit 中墙体分为基本墙、叠层墙与幕墙三类。

3. 基本墙构造层包括："结构[1]""衬底[2]""保温层/空气层[3]""面层 1[4]""面层 2[5]""涂膜层"（通常用于防水涂层，厚度为 0）。

4. 基本墙的设计流程一般为：新建墙体类型→设置墙体构造层→在平面视图中绘制墙体。

5. 在项目中基本墙一般用于普通墙体设计，叠层墙用于在高度方向上构造做法不同的墙体，幕墙用于外部围护幕墙的情况。

复习思考

1. 如何利用叠层墙创建踢脚线？
2. 如何利用墙饰条或分隔条制作建筑腰线？
3. 如何制作内保温墙体？
4. 练习绘制教学楼外墙、内墙。
5. 如何制作墙饰条轮廓？
6. "纹理编辑器"中其他参数的用法。
7. 如何创建不同的墙饰条和分隔条轮廓并应用到项目中？

项目5
在线答题

# 项目6
## 建筑柱设计

在建筑当中，提及柱子大部分人首先想到的是结构柱。结构柱作为结构体系中的垂直承重图元，不仅承受竖向的压力还承受横向的拉力，并从上往下传递荷载。相较于结构柱，建筑柱在建筑中的存在感越来越弱，尤其在现代建筑中，只有装饰而没有实际受力的柱子已逐渐淡出。

建筑柱

建筑柱和结构柱之间的关系是紧密相连的。在建筑设计方案阶段，建筑师需要先在建筑中设定柱子的定位，以免柱子的存在影响建筑功能的使用。而到了施工图阶段，柱子的截面尺寸则需要结构师进行模型演算后进一步确定。例如，柱截面尺寸过大将影响建筑使用功能，也可能会使得消防疏散通道间距小于规范要求，这时就需要进一步调整柱子的设置，使柱子的设置既符合结构受力需求，又符合建筑使用规范。

以本书案例为示范，讲解在实际项目中建筑柱的创建，编辑图元表示建筑柱的具体操作。

## 学习目标

| 能力目标 | 知识要点 |
|---|---|
| 了解 Revit 中建筑柱与结构柱的区别 | 属性差异<br>样式差异<br>绘制方式差异<br>连接方式差异 |
| 掌握创建与编辑建筑柱的方法 | 布置项目建筑柱<br>布置装饰柱 |

Revit中建筑柱与结构柱的区别

# 6.1 Revit 中建筑柱与结构柱的区别

建筑的设计阶段，柱子在平面上的定位情况、截面尺寸等因素往往是由结构设计师来完成的，结构设计师需要对柱子进行受力分析计算，以满足建筑物的使用要求。建筑柱更强调的是对整个建筑的装饰作用，并不承受荷载。

在 Revit 中，建筑柱和结构柱之间共享许多属性，但由于二者属于不同的类别，还是有很大差异。建筑柱和结构柱的差异主要体现在属性差异、样式差异、绘制方式差异、连接方式差异这四个方面。这些差异都是基于两种柱子在实际使用中的功能差异产生的。

## 1. 属性差异

在建筑中，建筑柱的作用主要在于装饰功能，而结构柱则有承受荷载的作用。针对这一差异，Revit 中的结构柱有一个可用于数据交换的分析模型，柱子两端自带两个分析节点，相比建筑柱多了一个分析属性，如图 6-1 所示。

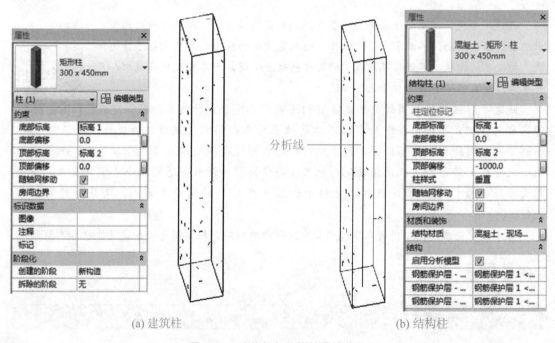

(a) 建筑柱          (b) 结构柱

图 6-1 建筑柱与结构柱属性差异

## 2. 样式差异

在 Revit 中，建筑柱只能垂直于平面放置，而结构柱由于在部分大型建筑结构中会使用部分斜柱，因此结构柱在样式上又分成两种，分别是"垂直柱"和"斜柱"，相比建筑柱多了一种斜柱的放置方式，如图 6-2 所示。

 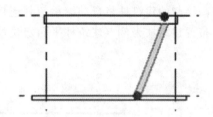

图 6-2 结构柱中的斜柱样式

3. 绘制方式差异

在 Revit 中，建筑柱的绘制需要一个个添加，而结构柱则可以基于轴网批量添加，或基于建筑柱放置。这是由于建筑柱作为装饰构件时和轴网之间不存在绑定关系，而结构柱的定位是通过轴网确定的，所以和轴网之间是对应的关系，并且可以设定结构柱随轴网移动。

此外，部分建筑中会使用建筑柱围绕结构柱创建柱框外围模型，因此，可以在建筑柱中添加结构柱（图 6-3），必须注意的是这一绘制方式不可逆，即无法在结构柱中添加建筑柱。

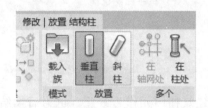 

图 6-3 在建筑柱中添加结构柱

4. 连接方式差异

在 Revit 中，由于建筑柱属于建筑图元，而结构柱属于结构图元，故他们各种连接的对象存在差异。

其中结构柱能够与结构图元相连接，如梁、板撑和独立基础，而建筑柱则不能；建筑柱作为建筑图元能够与建筑墙相连接。与之相连接的建筑墙体上的面层能够自动延伸到建筑柱上，形成包络。因此，建筑柱将继承连接到的其他图元的材质，而结构柱则保持独立。

# 6.2 创建及编辑建筑柱

创建及编辑
建筑柱（上）

创建及编辑
建筑柱（下）

在本书案例中，作为一个嘉庚风格的教学楼风格，很少有单纯为了装饰作用而设置的建筑柱。但是，在方案的设计和深化阶段，设计师会预先在建筑中设定柱子的定位，以防后续深化中柱子图元会影响建筑功能的使用。这些柱子可以使用建筑柱来表达，到了后期可以和结构柱进行结合或替换。另外，绘制的建筑柱将自动继承与其连接的墙体等其他构件的材质特性。本节将以教学楼项目布置建筑柱为例（建筑柱平面定位如图 6 - 4 所示），介绍创建及编辑建筑柱的方法。

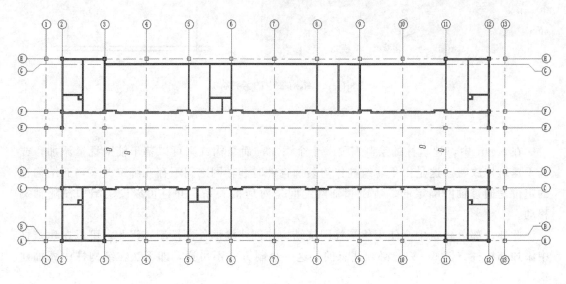

图 6 - 4　建筑柱平面定位图

## 6.2.1　布置项目建筑柱

在方案设计阶段，在模型中添加建筑柱图元作为参照，也为后期结构介入提供便利。此时添加的柱子截面尺寸只起到示意作用，具体尺寸大小需由结构设计师进行计算确定。在本书案例中，初步确定柱子的截面尺寸为"600×600 mm""400×1000 mm"两种类型。在 Revit 中这些柱子都属于"矩形柱"族的不同类型。

1. 布置一层建筑柱

>>Step 01 单击"建筑"选项卡→"构建"面板→"柱"下拉列表→ (柱：建筑) 工具，如图 6 - 5 所示。

>>Step 02 属性面板中出现的"矩形柱"族是项目文件中自带的建筑族文件，单击"编辑类型"按钮，在弹出的类型属性窗口中单击"复制"按钮，在弹出的名称窗口中输入"600×600 mm"，如图 6 - 6 所示。

>>Step 03 在类型参数表格中，"尺寸标注"选项组控制的是矩形柱族的截面尺寸。单击窗口左下角的"预览"按键，在窗口左边会弹出柱子的预览窗口。例如，对"深度"的值进行编辑时，预览窗口中就会显示所编辑的柱族的尺寸变化。

>>Step 04 在"尺寸标注"选项组中，将"深度"和"宽度"的值都修改为"600.0"，如图 6 - 7 所示。

>>Step 05 按照 Step 02～Step 04，创建"400×1000 mm"的矩形柱类型。

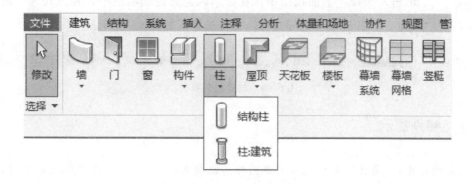

图 6 - 5　建筑柱

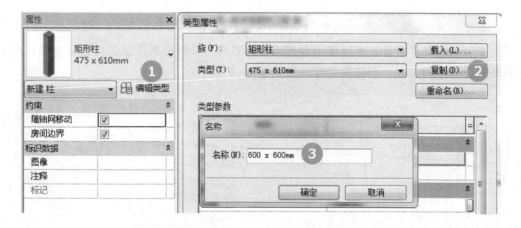

图 6 - 6　创建"600×600 mm"矩形柱类型

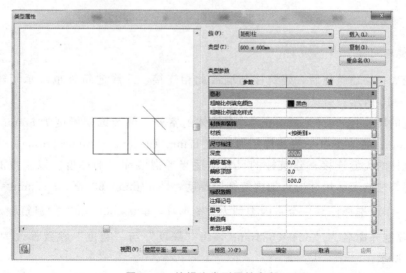

图 6 - 7　编辑族类型属性参数

>> Step 06 进入"1F"平面视图中，在绘图区上方的选项栏中设置方式为"高度"，顶部标高为"标高2"，并选中"房间边界"的复选框，如图6-8所示。

| 修改\|放置柱 | ☐放置后旋转 | 标高: 标高1 ▼ | 高度: ▼ | 标高2 ▼ | 4000.0 | ☑房间边界 |
|---|---|---|---|---|---|---|

图6-8　放置柱选项栏

### 特别提示

在选项栏中，"高度"表示从当前视图标高线向上绘制柱子，"深度"表示从当前视图标高线向下绘制柱子，而房间边界选中后，添加房间时，建筑柱就能作为房间边界被识别，一般保持选中即可。

>> Step 07 参照"一层平面图"中柱子的位置，依次单击放置项目建筑柱。对于建筑柱在平面上的具体定位，可以使用对齐或移动工具，将柱平面位置进行移动调整，保证建筑柱位于合理的位置。添加完的建筑柱如图6-9所示。

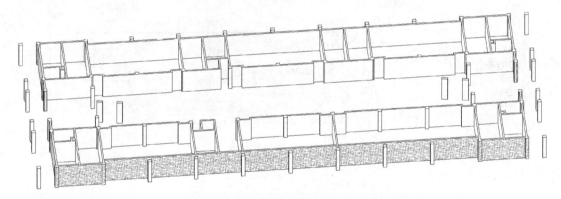

图6-9　创建案例建筑柱

#### 2. 调整墙与建筑柱的包络

布置完成一层建筑柱后，建筑柱与墙彼此相连接，造成建筑柱也继承了建筑墙的属性，如图6-10所示。

建筑柱的尺寸为"600×600mm"，而墙体的室外一侧装饰层厚度为53mm（15mm＋8mm＋30mm）；墙体室内一侧装饰层厚度为17mm（12mm＋2mm＋3mm）。为了确保建筑墙与建筑柱的无缝连接，建筑柱的尺寸应适当考虑装饰层的厚度。以室内的建筑柱为例，室内建筑柱的实际尺寸应添加内装饰层厚度，即17mm＋600mm＋17mm＝634mm。

>> Step 01 选择任意一个室内类型为"矩形柱：600×600mm"的建筑柱，单击"编辑类型"，复制并命名为"634×634mm"，将"深度"与"宽度"参数都改为"634.0"，如图6-11所示。

>> Step 02 依次选择其余的"矩形柱：600×600mm"的建筑柱，将选中的室内建筑

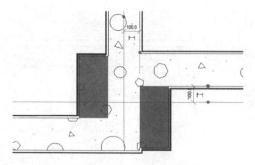

图 6-10 墙与建筑柱的连接关系

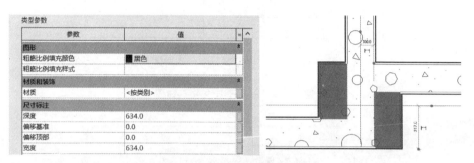

图 6-11 修改建筑柱实际尺寸

柱全部替换为"矩形柱：634×634mm"的类型。

&gt;&gt; Step 03 对于室外的建筑柱，读者也可通过计算室内外墙体装饰层的厚度，创建新的建筑柱类型，并依次进行替换。本书中略去此步骤，请读者自行完成。

## 6.2.2 布置柱子装饰层

在本书案例中，建筑柱外层还需要布置柱子的装饰层，可以起到美化的作用，和墙面、屋顶及室内外其他设计构成一个整体。

一层柱子的外装饰为干挂文化石饰面，其材质与墙体饰面文化石材质一致，只是安装方式上有所差异，如图 6-12 所示。

教学楼一层干挂文化石饰面厚度为 30mm，在 Revit 中没有专门的干挂石材工具，因此可以在实际项目中使用"墙：建筑"工具绘制石材装饰层。

&gt;&gt; Step 01 打开教学楼项目楼层平面视图 1F。

&gt;&gt; Step 02 单击"建筑"选项卡→"构建"面板→"墙"下拉列表→ (墙：建筑)工具，选择类型为"教学楼-文化石外墙-200 mm"的墙体类型，单击"编辑类型"按钮，在弹出的类型属性窗口中单击"复制"按钮，输入名称为"教学楼-干挂石材-30 mm"，如图 6-13 所示。

&gt;&gt; Step 03 在类型属性窗口的构造参数中单击"编辑"按钮，将"结构 [1]"厚度修改为"30.0"，并将墙体赋予"教学楼-文化石"的材质，如图 6-14 所示。

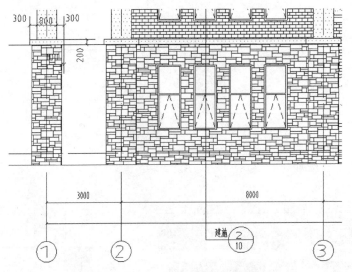

图 6-12　一层干挂文化石饰面

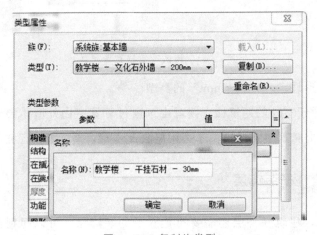

图 6-13　复制族类型

>> Step 04 为教学楼建筑柱布置干挂石材装饰层，例如其中的①轴与Ⓐ轴交点处的建筑柱，使用"教学楼-干挂石材-30 mm"在建筑柱外绘制一圈墙体，如图 6-15 所示。

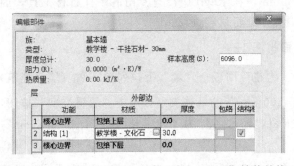

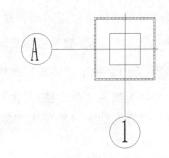

图 6-14　编辑"教学楼-干挂石材-30 mm"墙体结构　　图 6-15　布置建筑柱干挂石材装饰层

🏰 特别提示

　　当干挂石材与墙体有交接的位置时，需要将干挂石材的端部取消与墙体连接。例如为②轴与Ⓐ轴交点处的建筑柱添加外部干挂石材饰面时，右击干挂石材端点，选择"不允许连接"，如图6－16所示。最后将墙端延伸至外墙边缘。

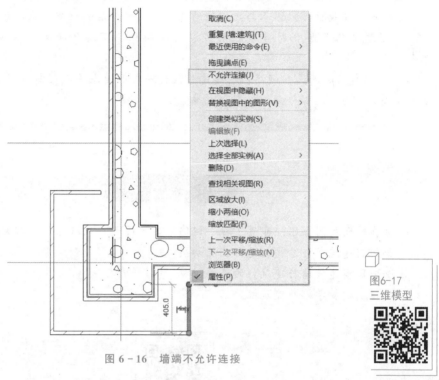

图6－16　墙端不允许连接

图6-17
三维模型

**Step 05** 为所有室外建筑柱添加干挂石材装饰层，绘制完成的一层含柱子装饰层三维模型，如图6－17所示。

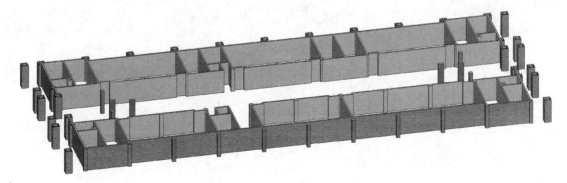

图6－17　含柱子装饰层三维模型

## 项目小结

1. 可见性/图形替换中，"柱"特指建筑柱，"结构柱"特指承受荷载的结构柱。

2. Revit 结构柱具有分析模型，主要用于与第三方结构分析计算软件交互使用。

3. Revit 结构柱可绘制斜柱，建筑柱则无法绘制。

4. Revit 结构柱除了可在任意位置布置外，还可以布置在建筑柱上。

5. Revit 建筑柱可以继承与之相连的建筑墙体装饰层的材质，结构柱无此功能。

6. 建筑墙体面层会对建筑柱形成包络的特性，可以用来创建墙体中凸出的造型柱。

7. 建议建筑柱的绘制顺序：创建建筑柱族→在平面图中布置建筑柱→设置建筑柱的顶部与底部限制条件→添加建筑柱装饰层。

## 复习思考

1. 若在平面视图上已经布置了柱，但仍不显示柱子，此时应该如何调整？

2. 如何将建筑柱与结构柱进行互相切换？

3. 如何取消建筑墙与建筑柱的连接？

4. 练习创建教学楼的建筑柱。

项目6
在线答题

# 项目 7
# 楼板设计

楼板层与地面是分隔建筑竖向空间的水平承重构件。它们的作用是将自重和上部荷载传递给梁、承重墙、结构柱及基础。楼板的构造做法受建筑的所处位置、受力情况不同而有所差异。

本项目内容中，将以本书案例为主线，在理解楼板的概念和相关知识要点后，主要讲解在建筑中绘制楼板、编辑楼板、为楼板添加边缘构件的方法。

楼板设计

## 特别提示

学习本项目内容前，需先了解楼板的类型及构造。具体内容详见右侧二维码。

楼板的类型及构造

## 学习目标

| 能力目标 | 知识要点 |
| --- | --- |
| 掌握 Revit 中楼板的绘制和编辑方法 | 新建楼板类型<br>绘制并编辑楼板轮廓形状 |
| 掌握场地设计方法 | 导入建筑总平面图<br>创建及编辑 Revit 地形<br>绘制地坪层 |
| 掌握楼板边缘用法 | 外部载入轮廓族<br>楼板边缘类型<br>添加与编辑楼板边缘 |

# 7.1　Revit 中楼板的绘制和编辑

Revit楼板
分类

在 Revit 中，楼板与墙都属于系统族，使用 Revit 中的楼板工具，可以在视图中添加楼板并编辑楼板的形状和属性。

Revit 提供了三种楼板命令，分别是："楼板：建筑""楼板：结构"和"面楼板"，其中"楼板：建筑"主要用于创建非承载的楼板；"楼板：结构"主要用于创建承受荷载并传递荷载的楼板；"面楼板"是用于将概念体量模型中的楼层面转换为楼板模型图元，该方式适合从体量创建楼板。在建筑模型设计中，一般使用"楼板：建筑"命令创建楼板。

Revit中楼板
的绘制和
编辑

## 7.1.1　新建楼板类型

在本书案例中，室内楼面板有两种形式，一种是有防水的楼面，用于观赏平台、公共卫生间、设备平台区域；另一种是无防水楼面，用于门厅、室内房间、走廊、中庭交流活动区域，其构造详图如图 7 - 1 所示。

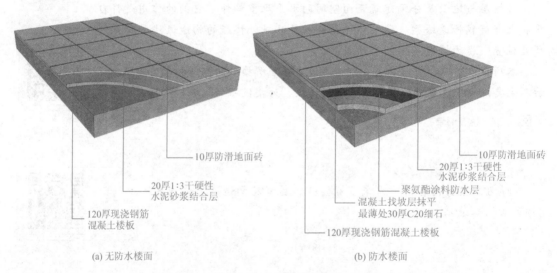

（a）无防水楼面　　　　　　　　　　　　（b）防水楼面

图 7 - 1　室内楼板层构造

楼板的绘制方式与墙相似，在绘制前可预先定义好需要的楼板类型，根据图 7 - 1 所示的两种楼面层的构造示意图，在 Revit 项目中先定义好楼板类型。

>> Step 01 打开配套课程文件中的"7.1 - 2 教学楼建筑工程 . rvt"项目文件，进入"楼层平面"→"标高 2"平面视图中。

>> Step 02 单击"建筑"选项卡→"构建"面板→"楼板"下拉列表→🗔（楼板：建筑）工具，打开"修改/创建楼层边界"上下文选项卡，进入楼板编辑命令，如图 7 - 2 所示。

>> Step 03 在属性面板中，楼板类型默认为"常规 - 150 mm"，单击❶"编辑类型"

图 7-2 进入楼板编辑命令

按钮，弹出"类型属性"窗口，观察楼板的类型属性窗口，窗口中的参数编辑方法与墙类型基本相似，单击❷"复制"按钮并命名为❸"教学楼-防滑楼面-120 mm"，如图 7-3 所示。

图 7-3 创建"教学楼-防滑楼面-120 mm"楼板类型

>>Step 04 添加楼板构造层。单击"结构"参数值中的"编辑"按钮，弹出"编辑部件"窗口，单击"插入"按钮可插入若干个功能层。相比墙体而言，楼板中多了"压型板"构造层，为的是创建压型钢板组合楼板。

>>Step 05 根据楼板构造示意图分别为各功能层指定功能、材质与厚度，如图 7-4 所示。

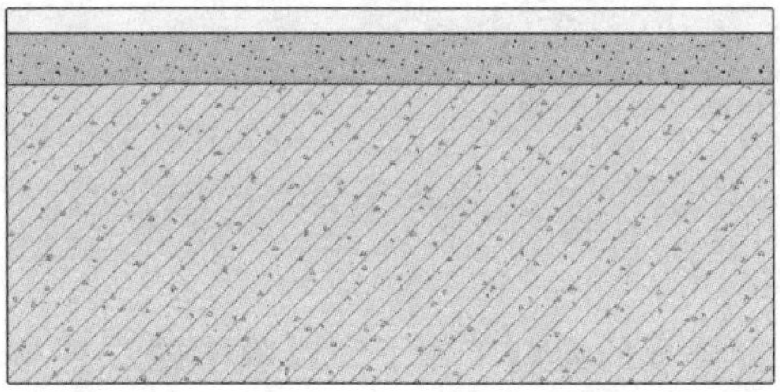

| | 功能 | 材质 | 厚度 | 包络 | 结构材质 | 可变 |
|---|---|---|---|---|---|---|
| 1 | 面层 2 [5] | 教学楼 - 花岗岩地砖 | 10.0 | | | |
| 2 | 衬底 [2] | 水泥砂浆 | 20.0 | | | |
| 3 | 核心边界 | 包络上层 | 0.0 | | | |
| 4 | 结构 [1] | 教学楼 - 钢筋混凝土 | 120.0 | | ✓ | |
| 5 | 核心边界 | 包络下层 | 0.0 | | | |

图 7-4 编辑楼板部件

>>Step 06 为楼板功能层添加材质。以"教学楼-花岗岩地砖"为例，需要为其添加图形材质及外观材质，如图 7-5 所示。

由于默认的填充图案中无"正方形-500 mm"类型，故需要在 Revit 中自定义该填充

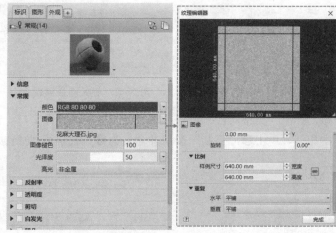

(a) 图形材质　　　　　　　　　　　　　(b) 外观材质

图 7-5　"教学楼-花岗岩地砖"材质

图案。Revit 填充图案可以通过载入外部填充图案文件（.pat 文件）完成，对于较为规则的填充图案亦可在 Revit 中直接新建。

>> Step **07** 单击"填充图案"进入"填充样式"对话框，将填充图案类型设置为❶"模型"，单击❷"新建"按钮创建模型填充图案类型，在弹出的"添加表面填充图案"对话框中，按图 7-6 所示设置❸"正方形-500 mm"的填充图案。

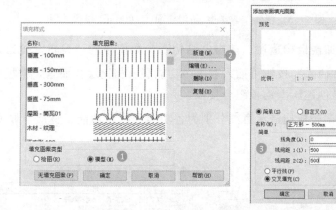

图 7-6　设置"正方形-500 mm"填充图案

## 7.1.2　绘制楼板

绘制楼板
（上）

完成楼板构造定义后，就可以进行楼板的绘制工作了。以教学楼二层楼板为例，在教学楼二层的楼板中，除卫生间存在-50 mm 的降板外，其余楼板高度均在 4.2 m 的标高处，故二层楼板应分开绘制。绘制二层的楼板之前，可以先参照教学楼图纸中二层平面图布置二层的墙和柱。

1. 绘制二层墙体

鉴于二层墙体很大一部分与一层墙体布置位置及类型一致，故可以将一层墙体批量复制至二层所在位置。

>> Step **01** 在三维视图中框选一层所有模型对象，如图7-7所示。

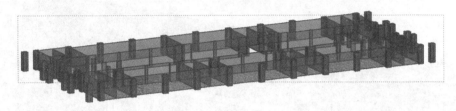

图7-7　框选一层模型对象

>> Step **02** 单击"修改|选择多个"选项卡→"过滤器"面板→▽（过滤器）工具，在弹出的"过滤器"对话框中，取消"墙"模型对象的选择，只需选择"柱"对象即可，如图7-8所示。

>> Step **03** 单击"修改＜图元＞"选项卡→"剪贴板"面板→（复制）工具，将一层的墙体复制到剪切板，此时将激活粘贴的工具，接着单击（从剪贴板中粘贴）下拉列表工具，在下拉列表中选择❶"与选定的标高对齐"，在弹出的对话框中选择❷"2F"，如图7-9所示。这样就能将一层柱批量复制并粘贴到二层所在位置，如图7-10所示。

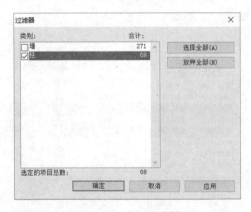

图7-8　选择过滤器

图7-9　复制并粘贴二层墙体

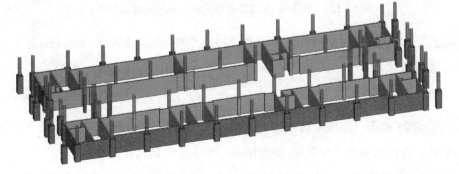

图7-10　二层柱

>> Step **04** 重复 Step01～Step03，将一层墙体、柱的外饰面石材批量复制到二层。为了满足教学楼功能的需要，需根据"二层平面图"中墙体的布置情况，调整局部二层墙体。调整后的二层墙柱模型如图 7-11 所示。

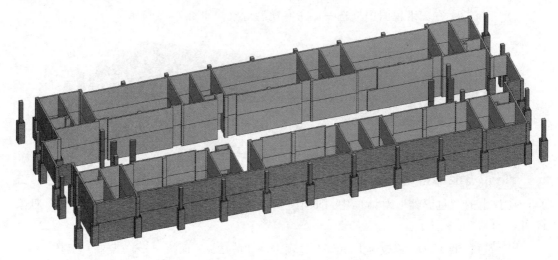

图 7-11 调整后的二层墙柱模型

>> Step **05** 二层外墙为砖红色砖饰面，因此需进一步调整二层的外墙类型。任意选择一堵二层外墙，在属性面板中单击"编辑类型"，复制创建名称为"教学楼-饰面砖外墙-200 mm"。编辑墙体的结构层，具体的参数如图 7-12 所示。

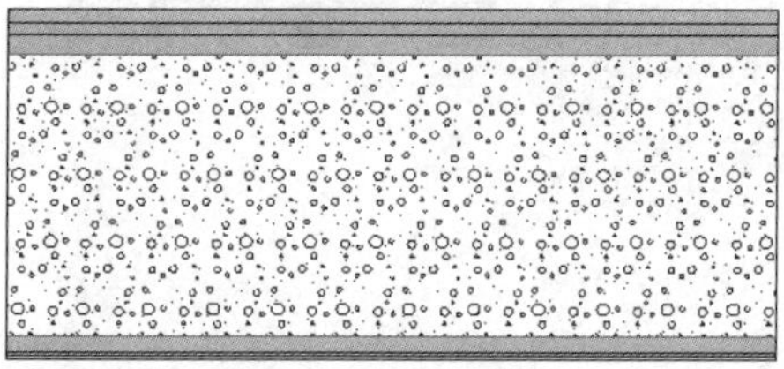

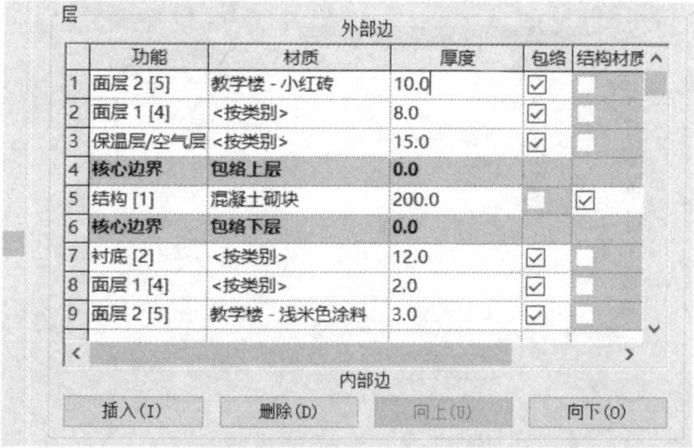

| | 功能 | 材质 | 厚度 | 包络 | 结构材质 |
|---|---|---|---|---|---|
| | | 外部边 | | | |
| 1 | 面层 2 [5] | 教学楼-小红砖 | 10.0 | ☑ | ☐ |
| 2 | 面层 1 [4] | <按类别> | 8.0 | ☑ | ☐ |
| 3 | 保温层/空气层 | <按类别> | 15.0 | ☑ | ☐ |
| 4 | 核心边界 | 包络上层 | 0.0 | | |
| 5 | 结构 [1] | 混凝土砌块 | 200.0 | ☐ | ☑ |
| 6 | 核心边界 | 包络下层 | 0.0 | | |
| 7 | 衬底 [2] | <按类别> | 12.0 | ☑ | ☐ |
| 8 | 面层 1 [4] | <按类别> | 2.0 | ☑ | ☐ |
| 9 | 面层 2 [5] | 教学楼-浅米色涂料 | 3.0 | ☑ | ☐ |
| | | 内部边 | | | |

插入(I)　　删除(D)　　向上(U)　　向下(O)

图 7-12 "教学楼-饰面砖外墙-200 mm"墙体类型参数

>> Step **06** 依次将二层所有的外墙改为"教学楼-饰面砖外墙-200 mm"类型墙体，如图 7-13 所示。

2. 绘制二层楼板

>> Step **01** 单击"建筑"选项卡→"构建"面板→"楼板"下拉列表→ ▱ （楼板：建筑）工具，选择名称为"教学楼-防滑楼面-120 mm"的楼板类型。

>> Step **02** 在绘制面板中选择"边界线"→ ▱ （拾取墙）工具的方式绘制二层楼板

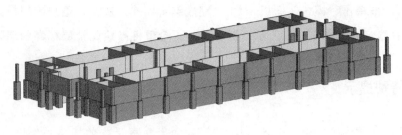

图 7 - 13  调整后的二层墙体

边界线，绘制前设置选项栏中的"偏移"为"0.0"，并选中"延伸到墙中（至核心层）"
选项，如图 7 - 14 所示。

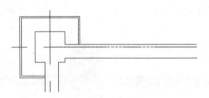

图 7 - 14  "拾取墙"选项栏

>> Step 03 在拾取墙体时，由于墙体的核心边界有两个（分别靠近室外一侧与室内
一侧），在拾取墙体绘制楼板边界线时，默认拾取靠近室外一侧的核心边界，如图 7 - 15
所示。若需要切换至靠近室内一侧墙体的核心层边界，可通过选中轮廓边界线后单击 ↕
（翻转）控件，达到切换位置的目的。

图 7 - 15  拾取墙体绘制楼板轮廓线

>> Step 04 楼板的边界轮廓线必须处于闭合的环内，不允许有交叉的轮廓线。在绘
制楼板边界线时需要补充拾取不到墙体部分的楼板边界线，并配合 ╬（修剪）、╬（延伸）
等编辑工具，将楼板边界线修改为闭合的环，如图 7 - 16 所示。

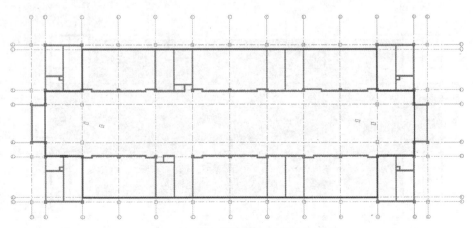

图 7 - 16  绘制教学楼二层楼板轮廓线

**Step 05** 单击"模式"面板→ ✔ （完成编辑模式）按钮，退出编辑模式，此时会弹出一个选择窗口，如图7-17所示，提示"是否希望将高达此楼层标高的墙附着到此楼层的底部？"本项目此处选择"否"。

**特别提示**

在图7-17所示的对话框中若选择"是"，会将楼板下方的墙体顶部附着到楼板下表面。

**Step 06** 在弹出的图7-18所示的对话框中，提示"楼板/屋顶与高亮显示的墙重叠。是否希望连接几何图形并从墙中剪切重叠的体积？"单击"是"将墙体与楼板重叠的部分扣减，如图7-19所示。

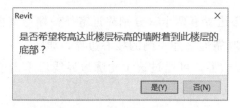

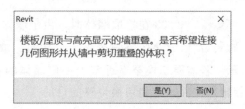

图7-17 墙体是否附着到楼板底部　　　图7-18 楼板是否剪切与墙体相交部分体积

是(Y)　　　　　　　　　否(N)

图7-19 是否剪切重叠的体积

完成后的教学楼二层楼板如图7-20所示。

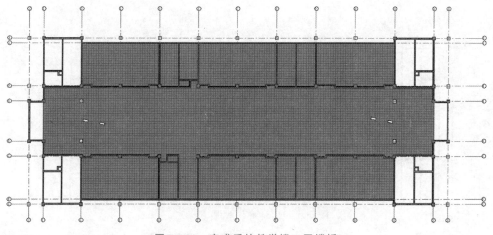

图7-20 完成后的教学楼二层楼板

### 3. 绘制卫生间楼板

相较于教室、走廊等公共空间处的楼板而言，卫生间与观景平台的楼板需要考虑防水的功能，这些特殊功能区域需适当降低楼板面标高。另外，防水楼板面的构造做法与普通楼板面不同，因此这些特殊功能区域的楼板需单独绘制。

绘制楼板（下）

>> Step **01** 根据卫生间楼板的构造示意图创建"教学楼-防水楼板面-120 mm"楼板类型，如图7-21所示，具体创建方法参考"教学楼-防滑楼板面-120 mm"楼板的创建方法。

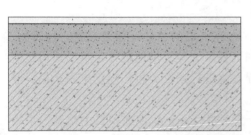

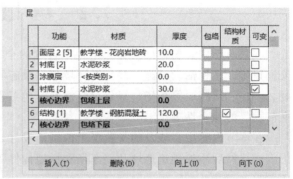

图 7-21 "教学楼-防水楼板面-120 mm"楼板类型

>> Step **02** 依次为卫生间、观景平台区域绘制楼板，如图7-22所示。

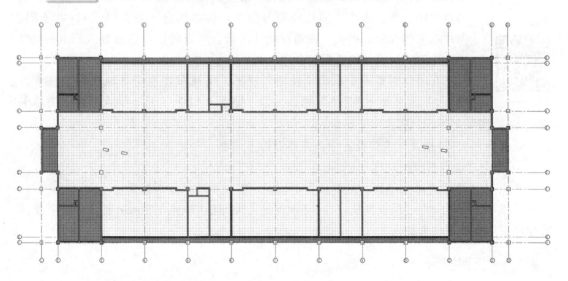

图 7-22 卫生间、观景平台区域楼板

>> Step **03** 选择防水楼板面，在属性面板中将"自标高的高度偏移"参数改为"-20.0"，如图7-23所示，卫生间与观景平台的楼板面标高相较于教室与走廊的楼面板低20 mm（即结构层降板50 mm）。

图 7-23　调整防水楼板面的标高

# 7.2　场 地 设 计

在建筑学中，场地广义上指基地中包含的全部内容组成的整体，如建筑物、构筑物、交通设施、室外活动设施、绿化及环境景观设施和工程系统等。场地设计是将场地内建筑物、广场、道路、停车场、绿化、管线及其他工程设施进行系统分析，确定空间布局、竖向高程等的综合性工作。

在本节内容中，涉及的是狭义上的场地设计，即使用 Revit 软件在项目中绘制一个地形表面，然后添加建筑地坪及停车场和场地构件等内容的设计工作。

## 7.2.1　导入建筑总平面图

导入建筑总平图

在项目开始阶段，项目委托方一般会向设计师提供一些相关资料，例如项目地块位置、大小、周边环境等信息，这些信息一般会以 CAD 电子图、图片或文档等形式提供。在项目设计阶段，可以将这些信息导入到 Revit 当中，作为项目设计的依据和参照。

在项目浏览器中双击"场地"视图，将视图切换至场地视图中。单击"插入"选项卡→"导入"面板→ （导入 CAD）工具。导入"教学楼总平面 . dwg"图纸文件，如图 7-24 所示。

在"导入 CAD 格式"窗口设置中，需要做以下调整。

① 选中"仅当前视图（U）"选项。

② 导入单位为毫米（不同图纸单位各不相同，需先明确单位再选择）。

③ 定位为"自动 - 原点到原点"（必须保证 CAD 图中原点与 Revit 项目基点位置一致才可采用这种定位方式）。

　特别提示

　如果导入的 CAD 图纸包含等高线信息，设计师想通过拾取 CAD 图中的等高线创建地形，这时不能选中"仅当前视图（U）"选项，否则将无法通过直接拾取导入 CAD 图纸中的等高线来创建地形。

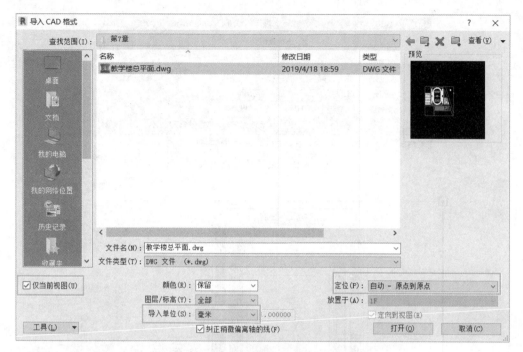

图 7-24　导入"教学楼总平面.dwg"文件

本书案例中的教学楼场地为平整过的场地，地形表面相对室内标高为−0.45m。

## 7.2.2　建立 Revit 地形

1. 建立地形表面

Revit 中地形表面可通过"放置点""通过导入创建"两种方式，前者是直接在 Revit 中单击放置地形控制点并输入高程值的方式创建地形；后者是通过选择导入的 DWG 等高线图纸或 CSV 点文件来创建地形。鉴于本项目场地为平整后的场地，故而使用"放置点"放置直接创建地形。

建立Revit
地形

**>> Step　01** 单击"体量和场地"选项卡→"模型场地"面板→🔊（地形表面）工具，选择"放置点"选项进入绘制模式。

**>> Step　02** 在修改栏中设置放置点的高程为"−450.0"，选择"相对高程"选项，如图 7-25所示。

**>> Step　03** 依次单击导入的 CAD 图纸中场地边界的四个角点，如图 7-26 所示。完成后在功能栏中单击✔（完成表面）选项。

2. 建立园区道路

建立完地形后，在场地平面视图中无法观察到绘制完成的地形表面，这是因为所绘制的地形表面不在当前平面视图范围（相关知识点可回顾 3.3.2 节中"1. 平面视图"）内。在属

图 7 - 25　设置放置点高程

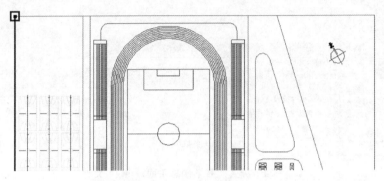

图 7 - 26　使用"放置点"创建地形表面

性面板中找到视图范围，单击"编辑"按钮，分别更改主要范围与视图深度的参数，如图 7 - 27所示。

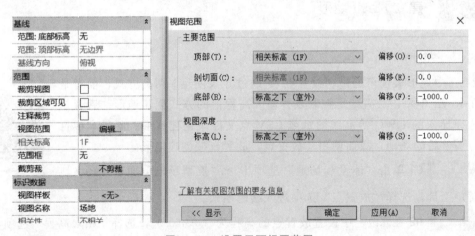

图 7 - 27　设置平面视图范围

更改视图范围后，即可在平面视图中再次观察到地形表面。接着根据导入进来的CAD图纸中道路的布置情况，使用 Revit"子面域"工具创建道路。

>> Step 01 单击"体量和场地"选项卡 → "修改场地"面板→▣（子面域）工具，进入草图编辑模式。

>> Step 02 单击（拾取线）工具，依次拾取道路的边界线，直至子面域的边界线

形成闭合的轮廓线，如图 7 - 28 所示。

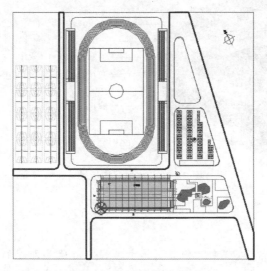

图 7 - 28　绘制"子面域"轮廓线

>>Step 03 单击✔完成子面域的创建。

>>Step 04 切换至三维视图，选择道路子面域，在"属性"面板中为道路添加"沥青"材质（默认建筑样板已提供沥青材质，可直接调用），如图 7 - 29 所示。

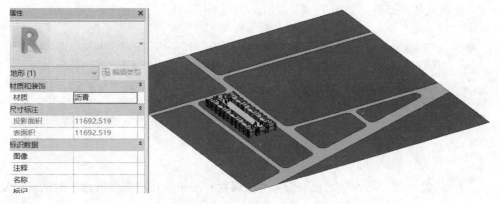

图 7 - 29　为道路添加"沥青"材质

## 7.2.3　绘制地坪层

　　在原始地基上面进行平整（挖土或填土）后，需要对原土层进行一定的处理，使填土达到一定密实度和强度。一般在采取碾压或夯实后，才能进行基层的施工。这一过程，在 Revit 中可通过在地形表面添加建筑地坪来实现。

　　建筑地坪需要根据建筑功能的不同、建筑规模的大小、地基的特性与环境特征，进行地坪层的构造做法设计，如图 7 - 30 所示。

绘制地坪层

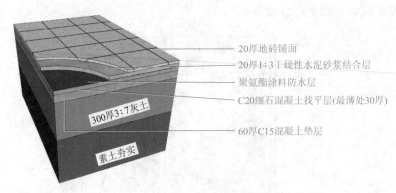

图 7 - 30　地坪层构造做法

 特别提示

　　"300 厚 3：7 灰土"与"素土夯实"属于工程中对地基处理的做法，不属于建筑物基础的一部分，故教学楼地坪层的功能层设计无需包含地基处理部分。请读者注意工程中地基与基础的区别和联系。

　　Revit 中地坪层设计的方法可参考楼板层的制作思路。

　　**Step 01** 在"平面视图-场地"中，单击"体量和场地"选项卡→"场地建模"面板→（建筑地坪）工具，如图 7 - 31 所示。

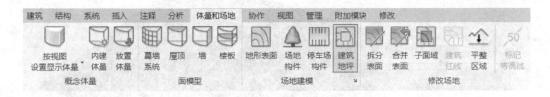

图 7 - 31　添加建筑地坪

　　**Step 02** 单击"属性"面板→（类型属性）按钮，在"类型属性"对话框中复制并命名新的地坪层为"教学楼-室内地坪"，如图 7 - 32 所示。

　　**Step 03** 单击　　编辑...　　按钮，进入"地坪层编辑部件"对话框，根据地坪层构造做法添加地坪功能层，并分别为其赋予材质与厚度值，如图 7 - 33 所示。

　　**Step 04** 在草图编辑模式中，切换至"1F"平面视图→单击"修改│创建建筑地坪边界"选项卡→"绘制"面板→（拾取墙）工具，在修改栏中选中"延伸到墙中（至核心层）"工具，依次选择一层外墙的内核心边界线，并将边界线调整为闭合的状态，如图 7 - 34 所示。

　　**Step 05** 单击✓完成建筑地坪的创建，如图 7 - 35 所示。

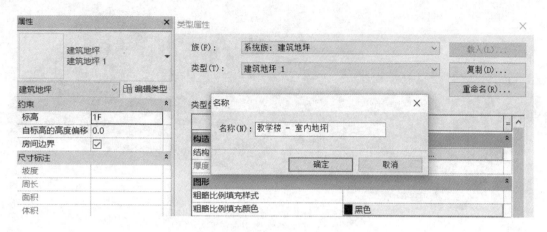

图 7 – 32　创建"教学楼-室内地坪"地坪层类型

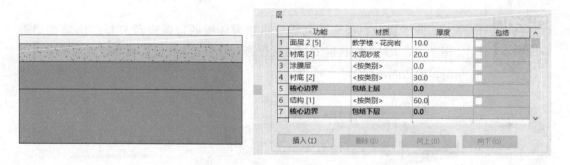

图 7 – 33　编辑"教学楼-室内地坪"部件

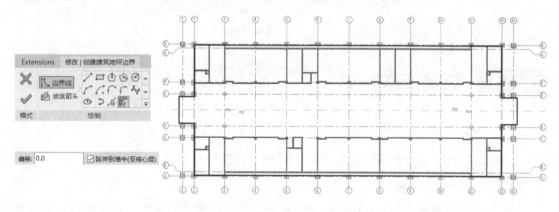

图 7 – 34　绘制建筑地坪边界线

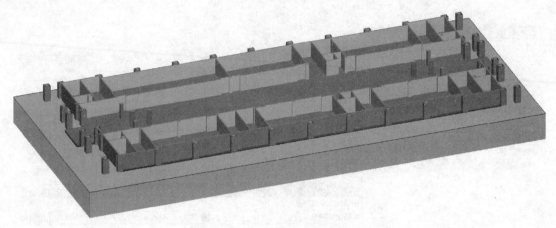

图 7-35　教学楼室内地坪

楼板边缘

# 7.3　楼 板 边 缘

　　实际工程中，经常遇到需要单独为楼板的边缘进行加厚、添加造型等处理工作。Revit 中提供了"楼板边缘"的工具，快速实现为楼板边缘做进一步编辑的功能，如图 7-36 所示。

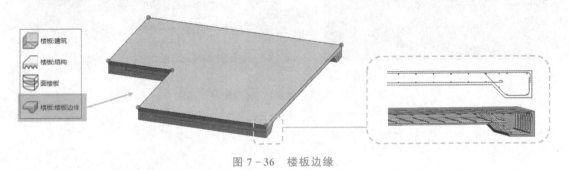

图 7-36　楼板边缘

## 7.3.1　认识楼板边缘工具

1. 添加楼板边缘

　　**Step 01** 单击"建筑"选项卡→"构建"面板→"楼板"下拉列表→ （楼板：楼板边缘）工具。

　　**Step 02** 将鼠标放置在楼板的边缘线上，此时将高亮显示楼板边缘线（楼板的板厚上边缘、下边缘都可拾取），单击鼠标即可放置楼板边缘。

　　**Step 03** 需要添加或删除线段时，单击"修改｜楼板边缘"选项卡 →"轮廓"面板 → （添加/删除线段）工具，如图 7-37 所示，选择需要添加或删除的边缘线段即可。

图 7 - 37 添加/删除线段

## 2. 编辑楼板边缘

当需要修改楼板边缘的定位时，可以通过编辑楼板边缘进行形状调整，方法如下。

**》Step 01** 翻转楼板边缘。选中需要编辑的楼板边缘模型，此时会在旁边显示翻转的符号，单击翻转符号即可将楼板边缘模型沿着水平或竖直方向进行翻转，如图 7 - 38 所示。

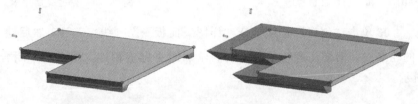

图 7 - 38 （水平）翻转楼板边缘

**》Step 02** 拖动楼板边缘范围。选中楼板边缘后，会显示实心原点表示楼板边缘的端点或转折点位置。将鼠标放置在需要拖动楼板的实心原点上单击不放，沿着楼板边缘的方向拖曳即可更改楼板边缘的起终点位置，如图 7 - 39 所示。

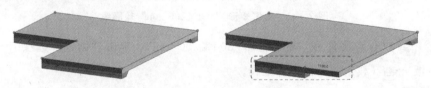

图 7 - 39 拖动楼板边缘范围

## 3. 编辑楼板边缘类型

楼板边缘与楼板同属于系统族，因此只能选择已有的楼板边缘类型，或复制以创建新的楼板边缘类型。对于楼板边缘指定的轮廓可使用可载入族，用户可以在族环境中创建二维轮廓族，并载入到项目中进行使用。

**》Step 01** 单击"建筑"选项卡→"构建"面板→"楼板"下拉列表→（楼板：楼板边缘）工具。

**》Step 02** 单击属性面板中的（编辑类型）按钮，在类型属性面板中复制创建新的楼板边缘类型，如"楼板边缘-矩形 300×200mm"，如图 7 - 40 所示。

**》Step 03** 由于此时项目中并没有矩形"300×200 mm"的轮廓族，故需要制作轮廓族。单击"文件"→"新建"→"族"文件夹。

**》Step 04** 在"新族-选择样板文件"对话框中，选择"公制轮廓.rft"，然后单击

"打开"按钮。

Step **05** 单击 ▤ （族类别和族参数）工具，在弹出的"族参数"对话框中设置"轮廓用途"为"楼板边缘"，如图7-41所示。

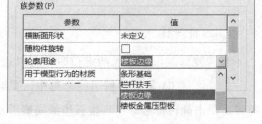

图7-40　创建楼板边缘　　　　　　　　　　　图7-41　修改轮廓用途

Step **06** 单击"创建"选项卡→"详图"面板→↿、（线）工具，然后绘制"300×200 mm"的轮廓线，需要注意的是所绘制的轮廓线首尾应相连，形成一个闭合的环，如图7-42所示。

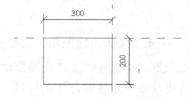

图7-42　绘制矩形"300×200 mm"轮廓线

Step **07** 保存文件为"矩形轮廓-300×200 mm"，单击"创建"选项卡 → "族编辑器"面板 →◁（载入到项目中）工具。

Step **08** 再次编辑"楼板边缘-矩形300×200 mm"楼板边缘类型属性，将"轮廓"改为载入进来的"矩形轮廓-300×200 mm"轮廓，如图7-43所示。

Step **09** 依次拾取需要添加楼板边缘的楼板边即可，如图7-44所示。

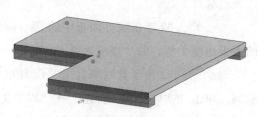

图7-43　设置楼板边缘轮廓　　　　　　　　　图7-44　添加楼板边缘

## 7.3.2　教学楼空调板围挡

教学楼空调
板围挡（上）

以 2F 的空调围挡为例，使用楼板边缘工具为其添加围护挡板。

1. 编辑楼板边界

>>Step **01** 在项目浏览器中双击"平面视图－2F"，进入二层平面视图中。

>>Step **02** 选中二层"教学楼－防水楼面－120 mm"的楼板，双击进入"修改｜编辑边界"的模式中。

教学楼空调
板围挡（下）

>>Step **03** 单击"修改"选项卡→"修改"面板→ ⊹ （拆分图元）工具，将需要添加空调板围挡的边界线依次拆分为多段形式，如图 7－45 所示。

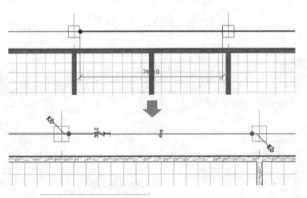

图 7－45　拆分楼板边缘

>>Step **04** 单击 ✔ 完成楼板边界编辑。

2. 布置空调板围挡楼板边缘

空调板围挡高度为 1100 mm，读者可将配套文件中的"空调板围挡.rfa"族加载至项目中即可使用。

>>Step **01** 单击"插入"选项卡 → "从库中载入"面板 → 🗂 （载入族）工具，将目标文件定位至本书配套文件中的"空调板围挡.rfa"族，如图 7－46 所示。

>>Step **02** 单击"建筑"选项卡 → "构建"面板 → "楼板"下拉列表 → ⌒ （楼板：楼板边缘）工具，单击"编辑类型"按钮，创建名称为"空调板围挡"的楼板边缘类型。

>>Step **03** 在类型参数栏中，将轮廓改为"空调板围挡：1100 mm"的类型，如图 7－47 所示。

>>Step **04** 在二层平面视图或三维视图中，依次选择需要添加空调板围挡的楼板边界线，如图 7－48 所示。

>>Step **05** 编辑"空调板围挡"的类型参数，为其添加"教学楼－小红砖"的材质。

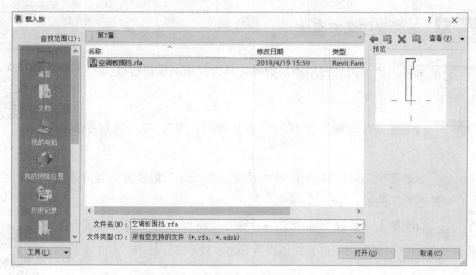

图 7-46　载入"空调板围挡.rfa"族

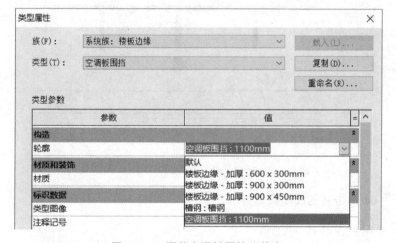

图 7-47　调整空调板围挡族轮廓

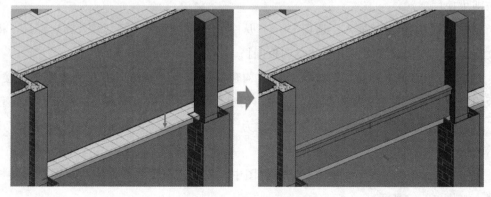

图 7-48　添加空调板围挡

在 2F 楼层平面视图中依次使用 Revit 的"复制""粘贴(与选定的标高对齐)"功能,批量创建三层的柱、墙体、楼板及楼板边缘对象。根据 CAD 施工图中的"三层平面图.dwg",调整三层与二层不一致的墙体,完成后如图 7-49 所示。

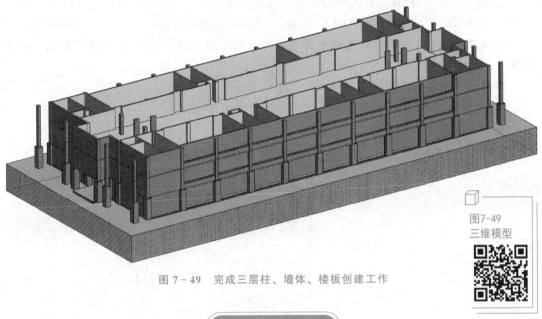

图7-49
三维模型

图 7-49 完成三层柱、墙体、楼板创建工作

## 项 目 小 结

1. 钢筋混凝土楼板是最常见的楼板,有现浇整体式、预制装配式和装配整体式三种类型。

2. 楼板层的基本构造主要由面层、结构层和顶棚层三部分组成,还要根据需求添加防水、隔声、保温等附加层。

3. 在 Revit 中绘制楼板的工具有"楼板:建筑""楼板:结构"和"面楼板",分别用于不同情况。

4. "楼板边缘"是很灵活的工具,不仅可用于绘制楼板边缘构造,在实际项目中亦可用于创建多种建筑构件。

5. 建议楼板工具绘制流程:复制创建新的楼板类型→设置楼板各功能层的功能类型、厚度与材质→绘制楼板轮廓→(创建局部楼板洞口→)添加楼板边缘构造。

6. Revit 楼板工具不仅可用于楼地层,也可用于如行车坡道、窗台板、平屋顶、室外散水等构造。

# 复习思考

1. 请思考建筑地坪是否可以添加楼板边缘？

2. 创建教学楼地形。

3. Revit 创建地形的方式有哪些？

4. 如何制作 CAD 等高线文件以模拟真实的环境？

5. 在 Revit 中"导入"CAD 与"链接"CAD 的区别是什么？

6. 使用导入的 CAD 等高线电子图创建地形时，若选中"仅当前视图"会造成什么后果？

7. 请思考一层的空调板围挡应如何创建？

8. 请思考楼板工具还可用于创建什么构件？

9. 如何为楼板内部开洞口？

项目7
在线答题

# 项目8
## 建筑幕墙设计

　　幕墙是建筑外墙的一种类型，悬挂于框架梁柱外侧起围护作用。幕墙通过与其连接的梁柱附着到建筑结构，且不承担建筑的楼板或屋顶荷载。使用幕墙作为外墙具有质量轻、设计灵活、抗震能力强、系统化施工、维修方便等优势。

建筑幕墙
设计

　　在一般应用中，幕墙常常被定义为薄的、带铝框的墙，包含填充的玻璃、金属嵌板或薄石，利用各种强劲、轻盈、美观的建筑材料取代传统的砖石或窗墙结合的外围护结构或装饰结构。

　　在 Revit 当中，幕墙是预定义系统族类型的实例，幕墙嵌板具备可自由定制的特性，其中嵌板样式同幕墙网格划分之间自动维持边界约束的特点，使幕墙具有很好的应用拓展。

 特别提示

　　学习本项目内容前，需先了解建筑幕墙的分类及构造，具体内容详见右方二维码。

幕墙的分
类及构造

学习目标

| 能力目标 | 知识要点 |
| --- | --- |
| 熟悉 Revit 幕墙构成要素与分类 | 了解幕墙嵌板、幕墙网格和幕墙竖梃的定义<br>学会 Revit 中幕墙的分类 |
| 掌握不同类型的幕墙绘制方法 | 绘制幕墙网格、定义幕墙竖梃、定义幕墙嵌板<br>创建幕墙系统<br>编辑幕墙系统形状 |

Revit幕墙
构成要素
及分类

# 8.1　Revit 幕墙构成要素及分类

在 Revit 中，幕墙由幕墙嵌板、幕墙网格、幕墙竖梃三部分组成，如图 8-1 所示。其中幕墙由一块或多块嵌板组成。幕墙嵌板的形状及尺寸由划分幕墙的幕墙网格决定。幕墙竖梃（幕墙龙骨）是沿幕墙网格生成的线性构件。

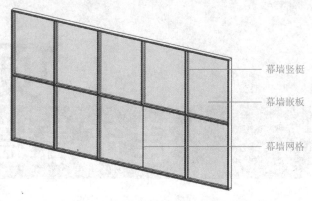

图 8-1　Revit 常规幕墙构成要素

## 8.1.1　Revit 创建幕墙的方式

Revit 创建幕墙的方式有两种。

① 通过单击"建筑"选项卡→"构建"面板→"墙"下拉列表→ ▢ （墙：建筑）工具，在"类型选择器"中选择幕墙族。

② 通过单击"建筑"选项卡→"构建"面板→ ▦ （幕墙系统）或 ▦ （幕墙网格）或 ▦ （竖梃）工具。

第一种方式主要用于创建常规的幕墙，第二种方式创建的幕墙为"幕墙系统"，可以通过拾取异形曲面达到创建异形幕墙的目的。

## 8.1.2　幕墙构成要素

### 1. 幕墙嵌板与幕墙网格

在幕墙中，幕墙嵌板可以被幕墙网格分割成多个嵌板，每个嵌板都可以被网格再细分为更小的嵌板单元，如图 8-2 所示。

幕墙嵌板的尺寸不能使用拖曳控制柄或编辑属性来编辑，只能通过调整幕墙网格的位置来改变幕墙嵌板的大小，如图 8-3 所示。

幕墙嵌板可任意替换。单个嵌板可以被替换成其他材质或者墙类型，也可以被替换成门窗的嵌板，如图 8-4 所示。

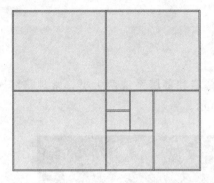

图 8 - 2　网格划分嵌板

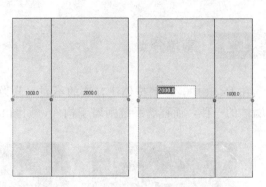

图 8 - 3　网格控制嵌板大小

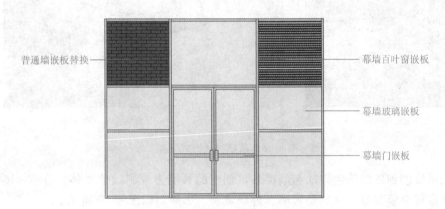

普通墙嵌板替换

幕墙百叶窗嵌板

幕墙玻璃嵌板

幕墙门嵌板

图 8 - 4　嵌板单元可以被替换

## 2. 幕墙竖梃

竖梃是分割相邻嵌板单元的结构图元。在幕墙中，网格线定义放置竖梃的位置，必须在创建幕墙网格后，才能进一步在网格线上放置竖梃。

按竖梃所处位置分类可以分为边界竖梃、内部竖梃和转角竖梃，如图 8 - 5 所示。

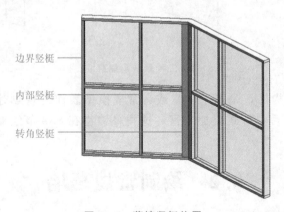

边界竖梃

内部竖梃

转角竖梃

图 8 - 5　幕墙竖梃位置

按竖梃的截面形状分类，可以分为圆形、矩形、梯形角、四边形角、L 形和 V 角这五种类型，其中圆形和矩形的轮廓可自定义，梯形角、四边形角、L 形和 V 角属于角竖梃，轮廓不可自定义形状，只能修改厚度尺寸。

### 8.1.3　幕墙分类

在 Revit 中，幕墙按创建方法的不同，分为常规幕墙和幕墙系统两大类，常规幕墙属于墙体的一种，而幕墙系统则属于构件，如图 8-6 所示。

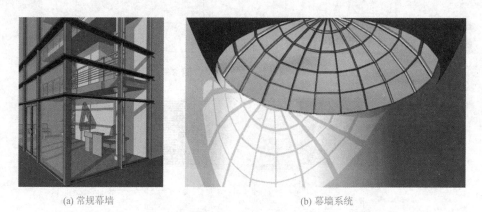

(a) 常规幕墙　　　　　　　　　　　　　　　　　　(b) 幕墙系统

图 8-6　幕墙创建方式分类

常规幕墙的创建和编辑方法与墙类似，创建的幕墙为规则线性墙体，在 Revit 中提供三种默认常规幕墙类型，分别是幕墙、外部玻璃、店面，如图 8-7 所示。

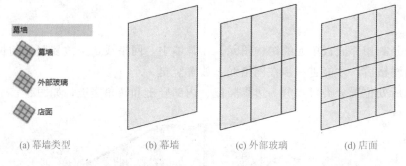

(a) 幕墙类型　　　　　(b) 幕墙　　　　　(c) 外部玻璃　　　　　(d) 店面

图 8-7　三种默认常规幕墙类型

幕墙系统是一种构件，是基于体量或者常规模型表面进行创建的构件，由幕墙系统制作的幕墙更为灵活，形式更加丰富，这类幕墙将在 8.3 节绘制异形幕墙中进一步介绍。

## 8.2　绘制常规幕墙

在本书案例中，为了采光及获取更大的观景面，建筑立面在多处布置了面积较大的玻璃窗，并且在建筑内部交流活动区域布置了门联窗，如图 8-8 所示。对于较大尺寸的玻璃窗、门联窗在建筑中有两种做法。

方法一：使用 Revit 制作窗族、门联窗族，将族载入项目中布置。

方法二：使用 Revit 幕墙工具直接布置。

绘制常规
幕墙

两种方式各有优缺点。前者的优点在于制作完成的族可在多个项目中反复使用，缺点在于制作族的过程较为烦琐，需要花费大量时间；后者优点在于制作过程快，无需单独建族，缺点在于只能在当前项目中使用，无法再次应用于其他项目。在本节中，以其中的 LC3 为例，演示在 Revit 中常规幕墙的制作方法。

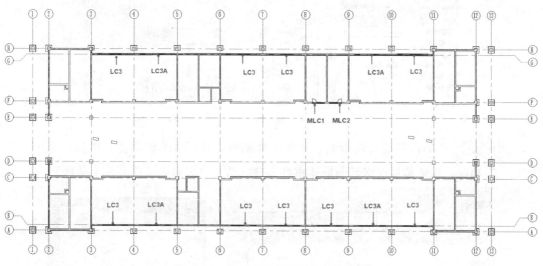

图 8-8　教学楼幕墙平面布置示意图

## 8.2.1　绘制玻璃幕墙

在本书案例中有 4 种门窗类型需用到幕墙功能进行绘制，分别为 LC3、LC3A、MLC1 和 MLC2，它们之间的纵向、横向网格的间距不尽相同。图 8-9 所示为 LC3 幕墙尺寸。

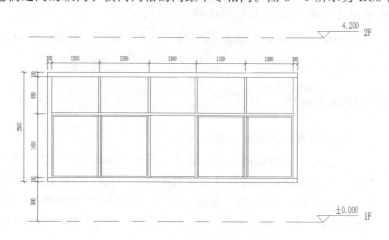

图 8-9　LC3 幕墙尺寸

≫Step 01 单击"浏览器"面板→"楼层平面"→"1F"选项，进入一层平面视图中。

**135**

>> Step 02 单击"建筑"选项卡→"构建"面板→"墙"下拉列表→▢（墙：建筑）工具，在类型选项的下拉列表中找到"幕墙"。单击属性面板中的▦（编辑类型）按钮，在弹出的窗口中单击"复制"按钮，在弹出的名称窗口中输入"教学楼-MQ"，如图8-10所示。

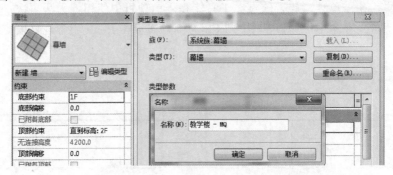

图 8 - 10  创建"教学楼-MQ"类型幕墙

>> Step 03 编辑幕墙属性参数。单击属性面板中的▦（编辑类型）按钮，选中"自动嵌入"功能，保证幕墙能将其与墙体重叠部分自动开出洞口，如图8-11所示。

图 8 - 11  幕墙"自动嵌入"

>> Step 04 沿着Ⓑ轴位置的墙体，绘制③、④轴之间的 LC3 幕墙。

>> Step 05 幕墙长度与高度的编辑方法同墙体长度、高度的编辑方法。依据图 8 - 9 所示的 LC3 幕墙尺寸编辑 LC3 的长度与高度。

>> Step 06 同理，依次绘制配套图纸中的 LC3A、MLC1 和 MLC2 示意图的所有门窗类型。

### 8.2.2　添加幕墙网格

添加幕墙网格

　　幕墙网格的添加方法有两种。

　　方法一：在幕墙的"类型属性"面板中编辑垂直网格和水平网格的布局尺寸，这种方法添加的网格是规则图案，适用于均匀划分幕墙网格的情况。单击幕墙属性面板中的"编辑类型"，在弹出的"类型属性"窗口中找到"垂直网格"和"水平网格"选项组，给"布局"和"间距"指定值就可以添加幕墙网格，如图8-12所示。

　　方法二：使用幕墙网格工具手动添加，这种方式添加的网格更为灵活，布置不规则网格时多采用这种方式。由于本书案例中的幕墙中设有门窗嵌板，且幕墙网格

图 8-12 在幕墙类型属性中定义网格

非均匀等距分布，因此需要使用"幕墙网格"工具进行手动划分。下面以 LC3 为例说明如何添加网格。

**≫ Step 01** 隔离 LC3。在浏览器面板中，单击"立面"→"南立面"切换到南立面视图当中，为了便于绘制幕墙网格，需要将 LC3 先隔离出来。选中 LC3 及"1F""2F"的标高线，在视图控制栏上，单击 ✎ (临时隐藏/隔离) 工具，然后选中"隔离图元"选项，结果如图 8-13 所示。

图 8-13 隔离 LC3

**≫ Step 02** 为 LC3 添加竖向网格。单击"建筑"选项卡→"构建"面板→⊞ (幕墙网格) 工具，在"修改｜放置 幕墙网格"面板中选择"全部分段"选项，沿着墙体边缘放置光标，会出现一条临时网格线以及临时尺寸标注，单击以放置网格线并在临时尺寸标注上修改网格间距，如图 8-14 所示。

**≫ Step 03** 为 LC3 添加水平网格。单击"建筑"选项卡→"构建"面板→⊞ (幕墙网格) 工具，在"修改｜放置 幕墙网格"面板中选择"全部分段"选项，在 LC3 中添加水平网格，如图 8-15 所示。

**≫ Step 04** 删除多余的竖向网格。单击 LC3 上需要删除的竖向网格，绘图区上方的命令栏中出现"修改/幕墙网格"选项卡，单击"幕墙网格"面板→"添加/删除线段"按钮，依次单击需要删除的幕墙网格线，如图 8-16 所示。完成后按 Esc 键退出修改模式，显示中断的网格线已经被删除。

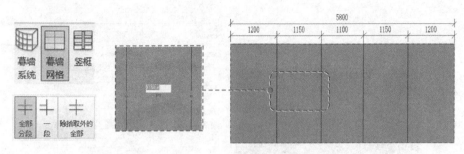

图 8 - 14 添加竖向网格

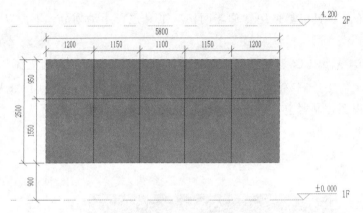

图 8 - 15 添加水平网格

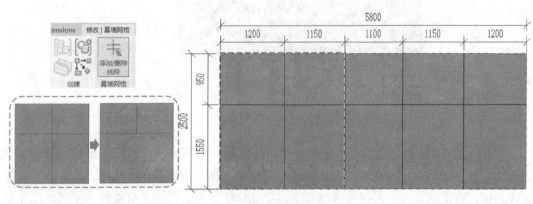

图 8 - 16 删除多余的竖向网格

>> Step 05 与创建 LC3 方法类似，依次根据 LC3A、MLC1 和 MLC2 的幕墙大样图创建幕墙网格。

8.2.3 添加幕墙竖梃

在 Revit 中幕墙竖梃为系统族，但是幕墙竖梃所应用的轮廓为可载入族，这点与前文中的墙饰条、楼板边缘十分类似。幕墙竖梃添加的方法有两种。

方法一：在"修改｜放置竖梃"选项卡→"放置"面板上，选择其中一种放置竖梃的方式，然后依次在网格线上单击，放置幕墙竖梃，如图 8-17 所示。

方法二：选择任意一个幕墙，本书案例中幕墙为同一种类型，则选择同一种类型的幕墙，单击"编辑类型"按钮，通过编辑类型面板分别为"垂直竖梃""水平竖梃"添加竖梃类型，为同一类型的幕墙批量添加竖梃，如图 8-18 所示。

添加幕墙
竖梃

图 8-17 方法一

图 8-18 方法二

本书教学楼案例中 LC3 外框竖梃类型为"矩形竖梃：100×150 mm"类型，其余内部竖梃类型均为"矩形竖梃：50×150 mm"。Revit 建筑样板中自带的竖梃类型只包含"矩形竖梃：50×150 mm"，因此需要新建尺寸合适的竖梃类型。

1. 新建"矩形竖梃：100×150 mm"的竖梃类型

**》Step 01** 单击功能区上的"建筑"选项卡→"构建"面板→▦（竖梃）工具，之后单击"属性"面板中的▦（编辑类型）按钮。

**》Step 02** 在弹出的对话框中选择"复制"按钮并命名为"教学楼-矩形竖梃-100×150 mm"，如图 8-19 所示。

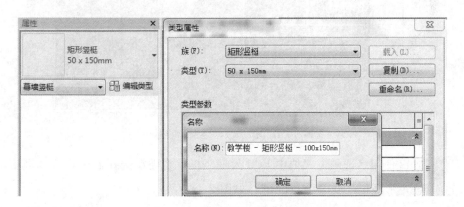

图 8-19 创建"教学楼-矩形竖梃"

**》Step 03** 调整竖梃尺寸参数。在类型参数面板中，将"边 1 上的宽度""边 2 上的宽度"都由 25 调整为 50 的大小，保证"边 1 上的宽度"＋"边 2 上的宽度"＝100 mm，如图 8-20 所示。

**》Step 04** 依照同样的方法创建"教学楼-矩形竖梃-50×150 mm"。

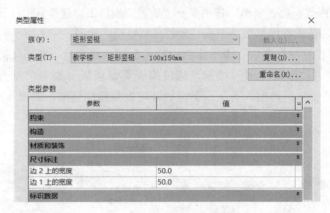

图 8-20  编辑竖梃类型参数

2. 添加教学楼幕墙竖梃

以幕墙 LC3 为例，由于本书案例中 LC3 幕墙竖梃类型不尽相同，因此采用上述方法一为 LC3 添加竖梃更便捷。

>> Step 01 单击功能区上的"建筑"选项卡→"构建"面板→▦（竖梃）工具，在类型选择器中选择"教学楼-矩形竖梃-50×150 mm"竖梃类型。

>> Step 02 采用"全部网格线"的方式放置竖梃，如图 8-21 所示，LC3 竖梃全部为"教学楼-矩形竖梃-50×150 mm"。

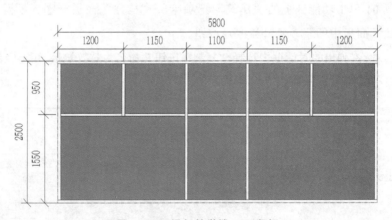

图 8-21  添加教学楼 LC3 竖梃

>> Step 03 使用多选的方式选中 LC3 外框竖梃，在类型选择器中将所选竖梃类型修改为"教学楼-矩形竖梃-100×150 mm"，如图 8-22 所示。

>> Step 04 调整竖梃间的连接方式。默认添加完的竖梃之间彼此连接可能存在许多不合理的地方，需要进一步调整。调整的方式有以下两种。

方法一：选中需要调整的竖梃，单击"切换竖梃连接"符号，即可更改竖梃间的连接方式，如图 8-23 所示。

方法二：通过编辑竖梃的"类型参数"面板中的"连接条件"，将其更改为"边界和

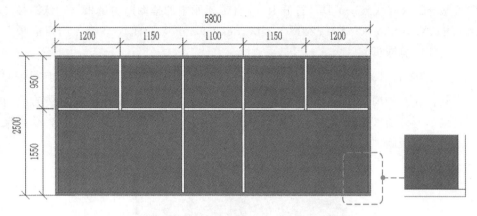

图 8-22　修改教学楼 LC3 竖梃类型

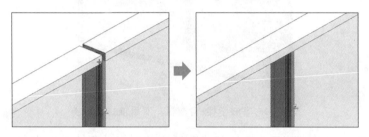

图 8-23　切换竖梃连接方式

垂直网格连续"或"边界和水平网格连续"即可，如图 8-24 所示。

图 8-24　更改竖梃"连接条件"

## 8.2.4　替换幕墙嵌板

替换幕墙嵌板

为了满足通风与采光的需要，教学楼中多数幕墙都设有可开启的门或窗，在 Revit 中只需将普通玻璃嵌板替换为"门嵌板"或"窗嵌板"，即可实现幕墙开门或开窗的目的。

>> Step 01 载入 Revit 自带族库中的幕墙门窗嵌板。单击"插入"选项卡→"从库中

载入"面板→🗐（载入族）工具，打开 Revit 自带族库中的幕墙门窗嵌板（默认路径"C：\ ProgramData \ Autodesk \ RVT2018 \ Libraries \ China \ 建筑 \ 幕墙 \ 门窗嵌板"），分别载入合适的门窗嵌板族。

**》Step 02** 若 Revit 自带族库的幕墙门窗嵌板无法满足使用要求，则需自行创建幕墙门窗嵌板族，载入到项目中进行使用。本案例中已经为读者准备好了教学楼的门窗嵌板族，可直接单击"插入"选项卡→"从库中载入"面板→🗐（载入族）工具，载入配套资源包中的门窗嵌板族"教学楼-窗嵌板：双扇推拉窗 . rfa"，如图 8 - 25 所示。

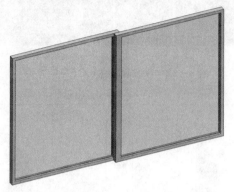

图 8 - 25 "教学楼-窗嵌板：双扇推拉窗"族

**》Step 03** 选择需要切换为幕墙门或幕墙窗的嵌板并更改对象类型，如 LC3。选择需要替换的嵌板，接着在属性面板中将嵌板类型修改为配套资源包中的"教学楼-窗嵌板-带窗扇框双扇推拉铝窗"，如图 8 - 26 所示。

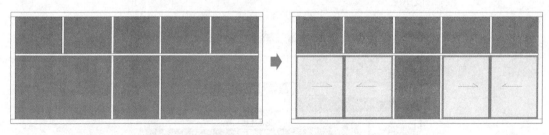

图 8 - 26 切换嵌板类型

与 LC3 类似，依次为 LC3A、MLC1 和 MLC2 添加网格线与竖梃，并替换门窗嵌板，如图 8 - 27～图 8 - 28 所示。

 特别提示

Revit 幕墙嵌板不仅可以使用幕墙嵌板族，也可以使用叠层墙、基本墙，甚至幕墙进行替代，如 MLC1、MLC2 都使用了"教学楼-涂料内墙- 200mm"普通墙类型作为嵌板。

至此，教学楼一层常规幕墙就制作完成了，切换到三维视图中，观察制作完成的完整幕墙，如图 8 - 29 所示。

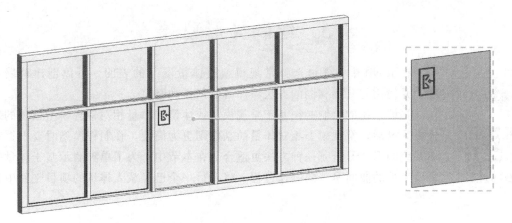

图 8 - 27    LC3A（外贴消防通道标志）

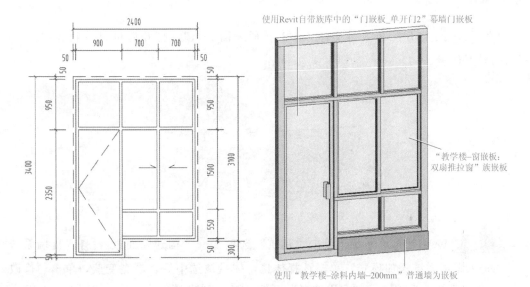

使用Revit自带族库中的"门嵌板_单开门J2"幕墙门嵌板

"教学楼-窗嵌板：
双扇推拉窗"族嵌板

使用"教学楼-涂料内墙-200mm"普通墙为嵌板

图 8 - 28    MLC1（MLC2）

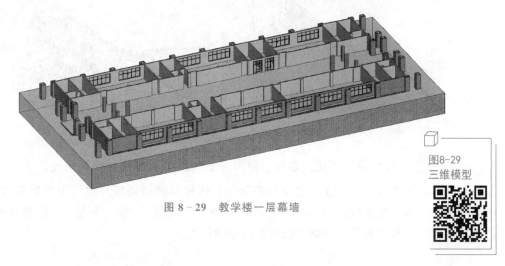

图8-29
三维模型

图 8 - 29    教学楼一层幕墙

# 8.3　绘制异形幕墙

绘制异形
幕墙

在 Revit 中，通过选择常规模型或体量图元的表面，可以创建幕墙系统，并使用与幕墙相同的方法添加幕墙网格和竖梃。

幕墙系统的绘制必须基于常规模型或体量，体量相对常规模型创建的形体更为灵活，常规模型相对体量的制作则更为简便，在制作模型时要根据幕墙系统的形状分析哪一种方法更适合。在本节中，为了单独演示基于体量的幕墙系统的曲面幕墙的制作过程，将在另一个已经载入体量的项目文件中独立操作。

## 8.3.1　创建幕墙系统

**>> Step** **01** 打开配套项目文件 "8.3 异形表面 .rvt"，打开后可以看到如图 8 - 30 所示的异形体量。

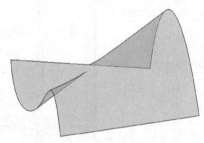

图 8 - 30　异形表面

**>> Step** **02** 创建幕墙系统。单击 "建筑" 选项卡→ "构建" 面板→ ▦ （幕墙系统）工具，进入幕墙系统添加模式，单击选择体量，体量被选中后，高亮变蓝，单击 "修改 | 放置 面幕墙系统" 选项卡→ "多重选择" 面板→ ▦ （创建系统）工具，如图 8 - 31 所示。

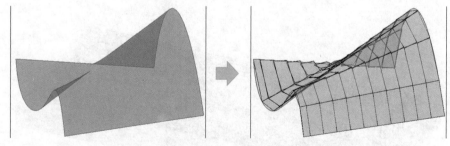

图 8 - 31　创建幕墙系统

**>> Step** **03** 编辑幕墙系统。幕墙系统的编辑包括类型属性和实例属性，类型属性的编辑与幕墙图元相似，主要在于定义网格间距、嵌板和竖梃类型。相较于常规幕墙而言，幕墙系统的实例属性参数内容较少，主要在于调整 "网格 1" 和 "网格 2" 的偏移度，通过调整 "对正" 和 "偏移" 的值可以调整网格的位置。

## 8.3.2 编辑幕墙系统形状

由于幕墙系统整个构件是通过拾取体量或常规模型的表面创建的，当要修改幕墙系统的形状和位置时，必须先修改所拾取表面的形状或位置，然后更新幕墙系统方能达到编辑幕墙系统的形状和位置的目的。

>> Step **01** 单击"异形幕墙体量"工具，在命令面板中出现"修改/体量"选项卡，单击"在位编辑"按钮可以进入体量族中编辑体量，根据实际需求对体量进行修改，案例中按图 8-32 所示修改体量，完成后单击"完成体量"按钮即可。

>> Step **02** 单击选中已有的幕墙系统，在"修改/幕墙系统"面板中，单击"面的更新"工具，幕墙系统将会按照体量表面的形状重新生成，如图 8-33 所示。

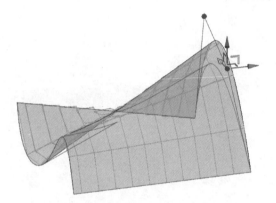
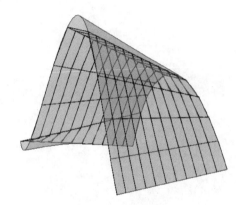

图 8-32 修改体量表面　　　　　　图 8-33 更新幕墙系统

>> Step **03** 当体量位置移动时，使用 Step 02 所示的更新命令也可以将幕墙系统构件一起移动。当移动幕墙系统构件不方便时，也可以利用移动体量来实现。

## 项目小结

1. 幕墙由幕墙嵌板、幕墙网格和幕墙竖梃三部分组成。

2. "墙→幕墙"用于绘制常规幕墙，"幕墙系统"则用于绘制异形幕墙，前者属于墙类别，后者属于构件类别。

3. 幕墙不仅可用于创建外立面玻璃幕墙，也可用于绘制室外干挂石材幕墙、室内地面石材地砖、室内装配式顶棚等，在实际项目中灵活应用幕墙或幕墙系统工具可达到意想不到的效果。

4. "幕墙系统"多用于与 Revit 体量配合使用。

5. 幕墙创建方法流程：创建新幕墙类型并设置类型参数→在平面图中定位幕墙→调整（或添加）幕墙网格→调整整体或局部幕墙嵌板→设置竖梃类型→调整局部竖梃类型或连接方式。

复习思考

1. 完成本课程案例中的幕墙绘制。
2. 请思考什么时候窗户可以用幕墙替代。
3. 除了使用本章所述的方法创建幕墙外，是否还有其他创建幕墙的方式？

项目8
在线答题

# 项目9
## 建筑门窗设计

建筑中，门窗作为重要的组成部分，是最常见的建筑构件之一。门的主要功能在于室内及室外的交通联系、疏散；窗户的功能则在于通风、采光。

在 Revit 中，门窗是基于主体的构件，可以添加到各种类型的墙体当中。门窗的插入在平面视图、剖面视图、立面视图或三维视图中都可以进行操作，门窗可以自动识别并剪切墙体。

在本章中，以教学楼门窗为例，讲解在建筑墙体中常规门窗的插入、编辑的具体操作，以及幕墙中门窗的处理方法。

建筑门窗设计

 特别提示

学习本项目内容前，需先了解建筑门窗的分类与设计要求，具体内容详见右方二维码。

 建筑门窗的分类与设计要求

学习目标

| 能力目标 | 知识要点 |
| --- | --- |
| 掌握 Revit 中门窗的布置方法 | 门的实例与类型属性参数<br>窗的实例与类型属性参数 |
| 掌握门窗标记 | 手动添加标记<br>自动添加标记 |

常规门窗插入与编辑（上）

# 9.1　常规门窗插入与编辑

在 Revit 中，门窗属于可载入族，是基于墙体的构件。在 Revit 中门窗的创建与编辑一般是在项目环境中载入已经做好的（带有参数驱动）门窗族，通过编辑门窗族的类型属性可以得到不同型号的门窗族。

## 9.1.1　门的属性

门的属性包括实例属性和类型属性，通过修改门的实例属性和类型属性，可以调整门的尺寸、造型和标记。只有详细了解门属性的定义，才能更好地编辑门图元。

### 1. 门的实例属性

在门的实例属性（图 9-1）中，对图元影响较大的为"约束"中的"底高度"。在建筑中，一般门的底高度默认为层标高，但存在局部位置需要留门槛或局部房间地面抬高或降低的情况，就需要调整门底部标高。

门的实例属性中"防火等级"参数也需要加以注意，一般不在此处添加"防火等级"相关信息。同一类型门的防火等级相同，故对于门的防火等级信息建议在门的类型属性中进行添加。

| 约束 | |
| --- | --- |
| 底高度 | 0.0 |
| 构造 | |
| 框架类型 | |
| 材质和装饰 | |
| 框架材质 | |
| 完成 | |
| 标识数据 | |
| 图像 | |
| 注释 | |
| 标记 | |
| 其他 | |
| 顶高度 | 1800.0 |
| 防火等级 | |

图 9-1　门的实例属性

### 2. 门的类型属性

在门的类型属性（图 9-2）中，对图元影响最大的为"尺寸标注"，高宽尺寸不同的门应单独设为一个类型。在标识数据中，需添加"类型标记"参数，通常反映门防火等级、宽、高三种信息。例如，"FHM（甲）1221"标记中"FHM（甲）"表示甲级防火门，"12"表示门宽度为 1200 mm，"21"表示门高度为 2100 mm，具体门窗尺寸应以门窗表为准。

| 参数 | 值 |
| --- | --- |
| 构造 | |
| 功能 | 内部 |
| 墙闭合 | 按主体 |
| 构造类型 | |
| 材质和装饰 | |
| 门材质 | 门 - 嵌板 |
| 框架材质 | 门 - 框架 |
| 尺寸标注 | |
| 厚度 | 51.0 |
| 高度 | 2100.0 |
| 贴面投影外部 | 25.0 |
| 贴面投影内部 | 25.0 |
| 贴面宽度 | 76.0 |
| 宽度 | 1200.0 |
| 粗略宽度 | |
| 粗略高度 | |

| 参数 | 值 |
| --- | --- |
| 标识数据 | |
| 注释记号 | |
| 型号 | |
| 制造商 | |
| 类型注释 | |
| URL | |
| 说明 | |
| 部件代码 | |
| 防火等级 | 甲级防火门 |
| 成本 | |
| 类型图像 | |
| 部件说明 | |
| 类型标记 | FHM(甲)1221 |
| OmniClass 编号 | 23.30.10.00 |
| OmniClass 标题 | Doors |
| 代码名称 | |

图 9-2　门的类型属性

其次，若需要添加更多的门信息，可以在"标识数据"中填写相关参数，如添加"注释记号""型号""制造商""类型注释""URL（制造商的网页链接）""说明"等相关参数。

## 9.1.2 插入与编辑常规门

在本书教学楼案例中，常规门的开启方式均为平开门。根据功能不同，分为普通门和防火门。普通门包括单扇门和双扇门，普通门族都使用本书案例配套的门族：M1、M2、M3、M4；另外，防火门为双扇门，使用本书案例门族 FM（丙）1。

**Step 01** 打开课程文件中的"教学楼建筑工程．rvt"项目文件，在项目浏览器中双击"楼层平面"→"1F"选项，进入项目一层平面视图。

**Step 02** 单击"插入"面板→（载入族）工具，定位到本书案例配套资源中的门窗族库文件夹，将"M1""M2""M3""M4"与"FM（丙）1"门族载入到项目中。

常规门窗插入与编辑（下）

**Step 03** 单击"建筑"选项卡→"构建"面板→（门）工具，或输入快捷键 D＋R，进入"修改｜放置 门"上下文选项卡，如图 9-3 所示。

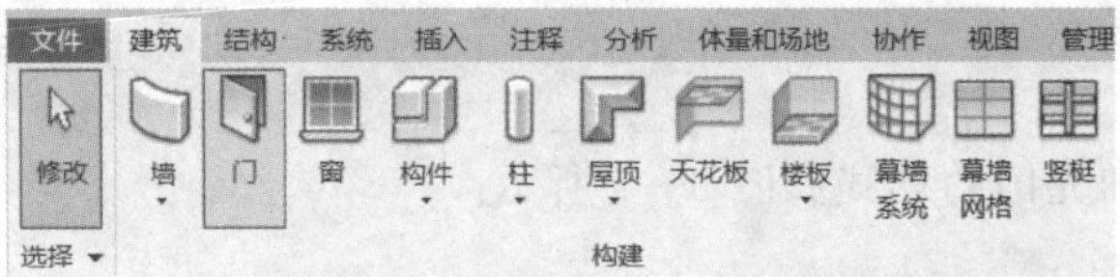

图 9-3 门工具

**Step 04** 创建符合项目要求的门类型。由于自带的门族不能满足使用要求，在 Step 02 中已经将所需的族载入到本项目中，因此无需再创建新的门窗类型。

若需要使用已经载入的门族，但是门的尺寸不符合要求，可在已有族的基础上创建新的门类型。下面以创建普通门 M1022 为例。

a. 在族类型选择器中选择任意一种门族，然后在属性面板中，单击"编辑类型"按钮，在弹出的"类型属性"对话框中单击"复制"，在名称中输入"普通门 1000×2200 mm"。

b. 接着在"尺寸标注"选项组中，将"宽度"的值改为"1000.0"，"高度"的值改为"2200.0"，再为各构件添加材质。

c. 在"标识数据"选项组中将"类型标记"的值改为"M1022"，如图 9-4 所示。

图 9-4 创建"普通门 1000×2200 mm"

**>> Step 05** 依照一层建筑平面图为项目添加门。在类型选择器中选择合适的门类型，在平面图中的墙体上放置门。若插入门时，门的开启方向有误，可以在平面图中单击 ⬍⬌（翻转控制柄）标志，或在选中门时按空格键也可以翻转门方向，如图 9-5 所示。若遇到楼板高程不一的位置，需注意调整门的底标高。

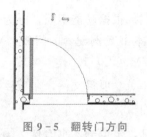

图 9-5 翻转门方向

图 9-6 放置时进行标记

 **特别提示**

为项目添加门或窗时，一般不激活 ① （在放置时进行标记）（图 9-6），以免干扰模型图元的显示。可以在门窗都添加完成后再进行门或窗标记，这部分内容将在 9.2 节添加门窗标记中介绍。

**>> Step 06** 添加完门的样式如图 9-7 所示。

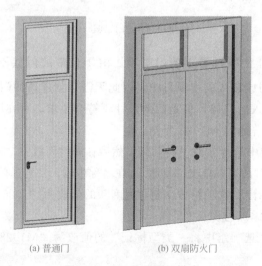

(a) 普通门　　　　(b) 双扇防火门

图 9-7 Revit 项目门样式

**>> Step 07** 为墙体添加洞口。在墙体上添加洞口的方式可以通过编辑墙体轮廓来实现，但是这种方式添加的洞口还需另外给洞口边做贴面处理，较为烦琐（图 9-8），为了避免出现这种情况，可以直接使用门洞族来添加洞口。

**>> Step 08** 添加门洞洞口。单击"插入"面板 → 🗂（载入族）工具，载入配套素材"DK1. rfa"族。将门洞口放置在交流活动区墙体上，并检查门洞口尺寸是否为 1500 mm×2400 mm，放置后的效果如图 9-9 所示。

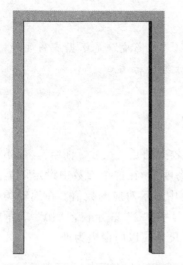

图 9-8 为墙体开洞

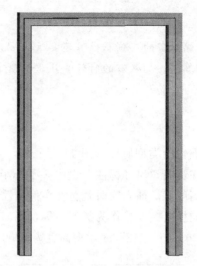

图 9-9 门洞口

## 9.1.3 窗的属性

窗的属性包括实例属性和类型属性，通过修改窗的实例属性和类型属性，可以调整窗的尺寸、造型和标记。窗图元的属性与门图元的有部分重合，但也存在差异。

### 1. 窗的实例属性

窗的实例属性（图 9-10）与门的实例属性类似，对图元影响较大的参数同样是"限制条件"中的"底高度"。在建筑中，除了落地窗外，底高度一般都不为零。默认同一个类型的窗有相同的底高度，但个别窗图元为了造型设计，可能与同类型的窗有不同的底高度，这时就需要在实例属性中调节。

图 9-10 窗的实例属性

**特别提示**

编辑窗的实例属性时还要注意"顶高度"的值，"顶高度"是根据底高度和窗高自动计算的，插入窗的时候应注意"顶高度"不能大于梁底标高。

### 2. 窗的类型属性

在窗的类型属性（图9-11）中，对图元影响比较大的是"尺寸标注组"，但不同于门的是在窗的"尺寸标注"组中多了一个"默认窗台高度"，在这个参数中设定该类型窗的窗台高度后，插入窗时就会在实例属性面板的底高度中显示对应的数值。在编辑类型属性时，同样以窗编号作为类型名称，例如"C1012"编号中"C"表示窗，"10"表示窗宽度为1000 mm，"12"表示窗高度为1200 mm，具体窗尺寸应以门窗表为准。

| 参数 | 值 | | 参数 | 值 | |
| --- | --- | --- | --- | --- | --- |
| **构造** | | | **标识数据** | | |
| 墙闭合 | 按主体 | | 注释记号 | | |
| 构造类型 | | | 型号 | | |
| **材质和装饰** | | | 制造商 | | |
| 框架外部材质 | <按类别> | | 类型注释 | | |
| 框架内部材质 | <按类别> | | URL | | |
| 玻璃嵌板材质 | 玻璃 | | 说明 | | |
| 窗扇 | <按类别> | | 部件代码 | | |
| **尺寸标注** | | | 成本 | | |
| 高度 | 1200.0 | | 类型图像 | | |
| 默认窗台高度 | 800.0 | | 部件说明 | | |
| 宽度 | 1000.0 | | 类型标记 | C1012 | |
| 窗嵌入 | 19.0 | | OmniClass 编号 | 23.30.20.17.11 | |
| 粗略宽度 | | | OmniClass 标题 | Fixed Windows | |
| 粗略高度 | | | 代码名称 | | |
| **分析属性** | | | **IFC 参数** | | |

图9-11　窗的类型属性

另外，在"标识数据"选项组中，也应该在"类型标记"中填写窗的类型名称来标记。

## 9.1.4　插入与编辑常规窗

在本书案例中，常规窗有三种类型，分别是固定窗、百叶窗和组合窗，其中组合窗由下悬窗、固定窗和推拉窗组合而成。

### 1. 固定窗

本书案例只有一种固定窗，载入配套资源包中的固定窗族文件"LC7A. rfa"。

**Step 01** 打开课程文件中的"1F-教学楼建筑工程 . rvt"项目文件，在项目浏览器中双击"楼层平面"→"1F"选项，进入项目一层平面视图。

**Step 02** 单击"建筑"选项卡→"构建"面板→▦（窗）工具，选择类型为"LC7A"的固定窗。

**》Step** **03** 设置固定窗底标高。在放置固定窗前设置"底高度"为 1500.00 mm。

**》Step** **04** 单击"编辑类型"按钮，在类型属性参数中为固定窗添加材质，本案例的固定窗族材质已经添加完成，若需要修改，可根据需要单击"编辑类型"按钮，自定义固定窗材质。

**》Step** **05** 为"类型标记"参数添加"LC7A"的标记值。

**》Step** **06** 为②轴交Ⓑ～Ⓒ轴处的墙体添加固定窗"LC7A"，如图 9-12 所示。

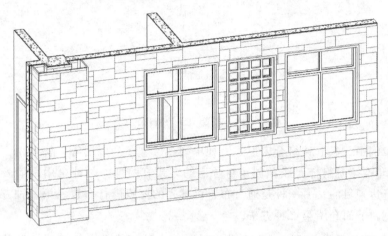

图 9-12　布置"固定窗 LC7A"

**2. 百叶窗**

载入配套资源包中的百叶窗族文件"BYC2.rfa"。以百叶窗 BYC2 为例介绍百叶窗的添加过程。

**》Step** **01** 在项目浏览器中双击"楼层平面"→"2F"选项，进入项目二层平面视图。

**》Step** **02** 单击"建筑"选项卡→"构建"面板→▦（窗）工具，选择类型为"BYC2"的百叶窗。

**》Step** **03** 设置百叶窗底标高。在放置百叶窗前设置"底高度"为"900.0"。

**》Step** **04** 单击"编辑类型"，在类型属性参数中为百叶窗添加材质，所载入的百叶窗族材质已调整好，此处无需调整。若需要修改，可根据需要单击"编辑类型"按钮，自定义百叶窗材质。

**》Step** **05** 为"类型标记"参数添加"BYC2"的标记值。

**》Step** **06** 为①轴交Ⓓ～Ⓔ轴处的墙体添加百叶窗"BYC2"，如图 9-13 所示。

**3. 组合窗**

在建筑中为了造型美观，需要设置较大面积的窗，但是为了开启方便，开启窗扇的尺寸是有限制的，因此大开窗常被窗樘划分成多个窗扇，横向为层，纵向为列，这一类窗称为组合窗。在组合窗中可以将不同开启方式的窗结合在一起，以满足通风、采光需求。

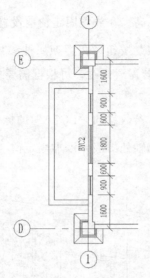

图 9 - 13　布置"百叶窗 BYC2"

在本书案例中，有五种组合窗形式，如单列多层、多列多层等，各自由下悬窗（开启扇）、固定窗和推拉窗组合而成。创建组合窗的方式有两种：一种是用幕墙表达，通过修改嵌板与竖梃达到目的；另一种是通过布置可载入的窗族进行布置。第一种方法在幕墙一章已经介绍过，下面介绍第二种方法。

>> Step 01 载入组合窗族。组合窗族的插入步骤与普通窗族相同，只是为了控制窗扇的高度，在尺寸标注组中的参数值更多。单击"插入"面板 → （载入族）工具，载入案例中的窗族文件"组合窗 LC1. rfa""组合窗 LC2. rfa""组合窗 LC4. rfa""组合窗 LC5. rfa""组合窗 LC6. rfa""组合窗 LC7. rfa""组合窗 LC8. rfa""组合窗 LC9. rfa"。

>> Step 02 调整相关参数。在属性栏中选择"LC7"选项，单击"编辑类型"按钮，在弹出的"类型属性"对话框中可以观察到，在"尺寸标注"选项组中，设置了各层窗扇高度的参数，如图 9 - 14 所示。

图 9 - 14　"组合窗 LC7"类型参数

>> Step 03 在"类型标记"的值中填写类型名称。分别调整窗的底部标高，移动光标到指定位置单击后就可以插入组合窗了。

到此，1F所有的门窗就添加完成了，切换到三维视图中观察效果，如图9-15所示。

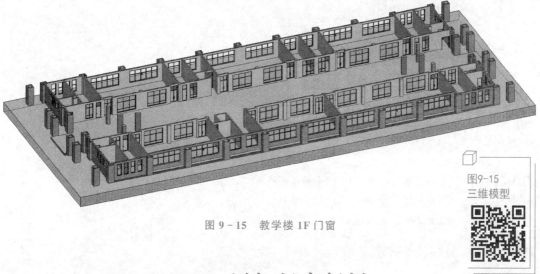

图9-15 教学楼1F门窗

图9-15
三维模型

# 9.2 添加门窗标记

在Revit中，门窗标记使用的是按类型标记，在编辑门窗族类型参数时，在"类型标记"的值中填写的数值，就是标记的内容。门窗标记有两种方式：一种是自动标记，一种是手动标记。自动标记更快捷，手动标记则对于单个标记的表达控制比较精确。在这一节中，将以本书案例为范本，演示一层平面中门窗的标记。

添加门窗
标记

## 9.2.1 手动标记

>> Step 01 载入标记族。在Revit中，各种图元都有对应的标记族，要标记对应的图元需要先载入对应的注释族。单击"插入"选项卡→"从库中载入"面板→"载入族"工具，在Revit默认的族库（路径为"C:\ProgramData\Autodesk\RVT 版本号\Libraries\China\注释\标记\建筑"）中选择"标记-门"和"标记-窗"，默认的建筑样板中已经载入，可以不必重复载入，如图9-16所示。

>> Step 02 手动标记门窗。单击"注释"选项卡→"标记"面板→ ⚏（按类别标记）工具，进入添加标记模式，在选项栏中设置标记方向为"水平"，不选中引线，移动光标到门上，在图元高亮显示时单击，即可为门添加标记，如图9-17所示。

>> Step 03 调整标记参数。若在添加标记后发现标记值与门的实际尺寸不符，可直接修改标记值，或选择标记的主体（如门、窗）修改其中的"类型标记"值，如图9-18所示。

图 9-16 载入标记族

图 9-17 手动添加标记

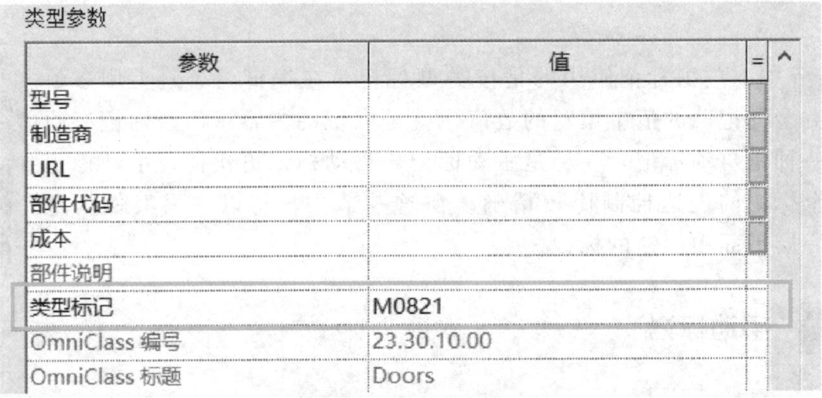

| 类型参数 | | |
|---|---|---|
| 参数 | 值 | = |
| 型号 | | |
| 制造商 | | |
| URL | | |
| 部件代码 | | |
| 成本 | | |
| 部件说明 | | |
| 类型标记 | M0821 | |
| OmniClass 编号 | 23.30.10.00 | |
| OmniClass 标题 | Doors | |

图 9-18 修改"类型标记"值

>> Step 04 调整标记方向与位置。标记添加完成后，单击"标记图元"按钮，在标记下方会显示移动图标 ✛，按住右键拖动图标可以调整标记的位置。标记方向可以在选项栏中选择"垂直"或"水平"进行切换，也可以按空格键切换。

### 9.2.2 自动标记

当需要标注的图元构件较多时，使用手动标记要耗费相对较长的时间，并且有可能出现疏漏，此时使用自动标记能够更加快捷。

≫Step 01 自动标记门窗。单击"注释"选项卡→"标记"面板→⚙ (全部标记) 工具，在弹出的窗口中，选择"当前视图中的所有对象"，并在类别窗口中选中"门标记"，并单击"确定"按钮，视图中的门窗便标记完成，如图 9-19 所示。

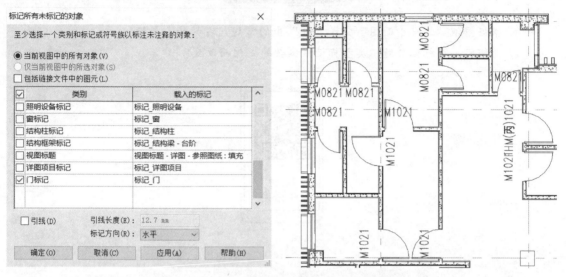

图 9-19 批量添加门标记

≫Step 02 调整标记。自动标记虽然能够快速完成所有门窗的标记，但只能指定一个标记方向，且有些标记位置与图元重叠，如不调整会导致图面混乱。此外，有些多余的标记需要删除，如前一节中涉及的门窗嵌板图元也属于门窗族，同样会被标记，这些多余的标记需要删除。

**特别提示**

由于门窗标记是以移动图标 ✛ 所在位置为中心点，因此当调整图纸比例后，标记的位置就会发生较大的偏差。建议在确定图纸比例之后再进行标记调整。

项 目 小 结

1. 创建门窗的基本流程：载入建筑所需的门窗族→选择需要布置的门窗类型→复制新类型门窗并命名→修改新类型门窗尺寸→在墙体上布置门窗构件。

2. 修改门窗的实例属性只对当前被选中的门窗有影响，而修改门窗类型属性参数将会对同一类型的门窗都产生影响。

3. 门、窗标记为类型属性参数中的"类型标记"的值。

## 复习思考

1. 根据图纸"二层平面图"完成"2F"中的常规门窗的插入与标记。
2. 为何门、窗标记会随"类型标记"参数的变化而改变？

项目9
在线答题

# 项目10
# 屋顶、女儿墙与天花板设计

在 Revit 中，屋顶、女儿墙和天花板与墙相似，都属于系统族，可以在项目内通过编辑轮廓和类型属性定义生成各种类型和形状的屋顶、女儿墙和天花板。

在本章中，将以教学楼建筑为例，在理解屋顶、女儿墙与天花板的概念和知识要点后，逐一掌握在建筑中屋顶、女儿墙和天花板的绘制方法。

屋顶、女儿墙与天花板设计

## 特别提示

学习本项目内容前，需先了解屋顶的形式与构造。具体内容详见右方二维码。

屋顶的形式与构造

## 学习目标

| 能力目标 | 知识要点 |
| --- | --- |
| 掌握 Revit 中屋顶的绘制与编辑方法 | 了解迹线屋顶、拉伸屋顶与面屋顶的绘制方式<br>定义屋顶类型<br>绘制项目屋顶<br>链接钢结构主体模型 |
| 掌握女儿墙绘制方法 | 屋面女儿墙构造 |
| 了解天花板分类与构造 | 直接式天花板<br>悬吊式天花板 |
| 掌握 Revit 中天花板的绘制与编辑方法 | 自动绘制天花板<br>手动绘制天花板 |

# 10.1 Revit 中屋顶的绘制和编辑

在 Revit 中，提供了三种绘制屋顶的方式：迹线屋顶、拉伸屋顶和面屋顶。绘制屋顶模型前，一方面应先根据屋顶形状选择合理的绘制工具，另一方面应设置合适的屋面类型以满足屋顶的功能需要。

## 10.1.1 Revit 屋顶绘制方式

Revit屋顶
绘制方式

### 1. 迹线屋顶

迹线屋顶是在平面图中绘制屋顶轮廓的二维闭合草图，绘制方法与楼板相似，不同的是屋顶在草图中可以定义坡度参数，控制屋面的坡度。迹线屋顶可以用于创建平屋顶、坡屋顶和玻璃斜窗。

迹线屋顶的创建步骤如下。

**Step 01** 在楼层平面视图中单击"建筑"选项卡→"构建"面板→"屋顶"下拉列表→ ▛（迹线屋顶）工具。

**Step 02** 选择屋顶的类型，如"保温屋顶-木材"。

**Step 03** 在"绘制"面板中选择一种绘制边界线的工具。

**Step 04** 为屋顶绘制一个闭合的环，以界定屋顶的边界范围。

**Step 05** 指定坡度定义线。带有坡度的边界线旁边会出现 ⤢ 符号，选择需要编辑坡度的边界线，在"属性"面板中修改坡度值，若不需要设置坡度，将"定义屋顶坡度"复选框取消即可，如图 10-1 所示。

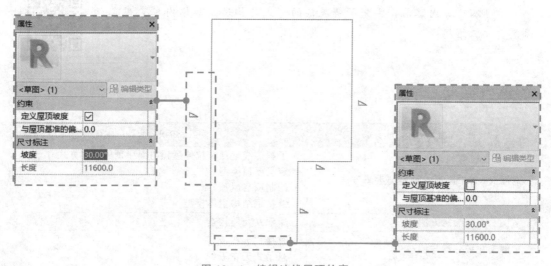

图 10-1 编辑迹线屋顶轮廓

>>Step 06 单击 ✔（完成编辑模式）按钮，切换至三维视图，如图 10 - 2 所示。

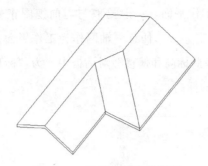

图 10 - 2　迹线屋顶三维视图

当编辑迹线屋顶时，将所有边界的坡度均取消即可创建平屋顶；当将屋顶的类型改为"玻璃斜窗"时，即可将屋顶改为玻璃顶棚，也可为之添加网格及竖梃，如图 10 - 3 所示。

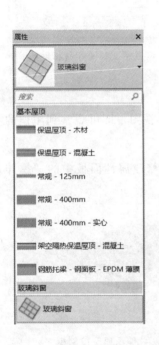

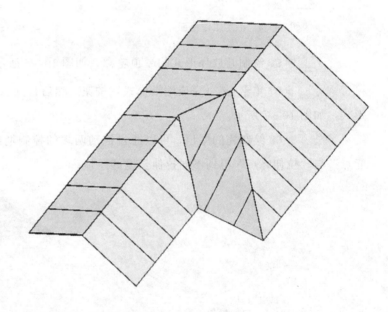

图 10 - 3　玻璃斜窗

## 2. 拉伸屋顶

拉伸屋顶是通过在立面或剖面视图中绘制屋顶的截面形式并定义了拉伸起点和终点后拉伸形成的，使用拉伸屋顶工具可以创建单一方向拉伸形式的屋顶。

拉伸屋顶的创建步骤如下。

>>Step 01 将视图切换至立面、剖面或三维视图（平面视图无法创建拉伸屋顶）。

>>Step 02 单击"建筑"选项卡→"构建"面板→"屋顶"下拉列表→ ◢◣（拉伸屋顶）工具。

>> Step **03** 选择屋顶的类型，如"保温屋顶-木材"。

>> Step **04** 指定一个工作平面，一般拾取与当前视图正交的轴网（如随书案例中在南立面创建拉伸屋顶，可指定Ⓐ～Ⓕ任意一轴网作为工作平面），如图 10 - 4 所示。

>> Step **05** 在"屋顶参照标高和偏移"对话框中，为"标高"选择一个值，如图 10 - 5 所示，默认情况下选择最高的标高。

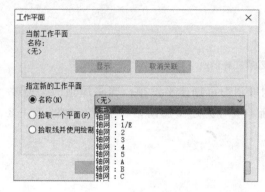

图 10 - 4　指定工作平面

图 10 - 5　设置屋顶参照标高和偏移

>> Step **06** 绘制开放环形式的屋顶轮廓，如图 10 - 6 所示。

>> Step **07** 单击 ✔ （完成编辑模式）按钮，然后打开三维视图，即可观察到屋顶的形式，如图 10 - 7 所示。

>> Step **08** 绘制完的屋顶，可以通过拖动两端的控制柄或修改属性面板中的"拉伸起点"与"拉伸终点"得到不同拉伸长度的屋顶。

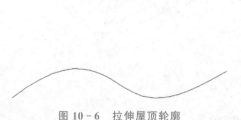

图 10 - 6　拉伸屋顶轮廓

图 10 - 7　拉伸屋顶及控制柄

屋顶可以作为墙体的顶部或底部的附着对象，需要将墙体的顶部附着至屋顶底部，可以通过墙体的顶部/底部附着的功能，将墙顶进行附着。具体做法如下。

>> Step **01** 选中需要附着的墙体，单击"修改|墙"选项卡→"修改墙"面板→⬚（附着顶部/底部）工具，如图 10 - 8(a) 所示。

>> Step **02** 在选项栏上，选择"顶部"选项。

>> Step **03** 拾取屋顶，如图 10 - 8(b) 所示。

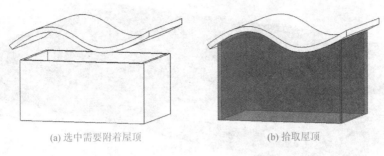

(a) 选中需要附着屋顶          (b) 拾取屋顶

图 10-8　墙体顶部附着至屋顶底部

 特别提示

除了拉伸屋顶外，其他任意一种屋顶或楼板都可作为墙体的附着对象。

3. 面屋顶

面屋顶是通过在体量中拾取任何非垂直面来创建屋顶的，根据体量的形式可以创建各种形式的屋顶形状，面屋顶可以用于创建各种特殊造型的屋顶，如图 10-9 所示。

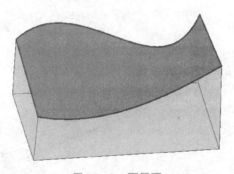

图 10-9　面屋顶

## 10.1.2　定义屋顶类型

定义屋顶
类型

教学楼项目中所使用的屋顶有三种：平屋顶、坡屋顶、玻璃采光顶。其中平屋顶与坡屋顶的详细做法如图 10-10、图 10-11 所示。

打开配套课程文件中的"教学楼建筑工程.rvt"项目文件，进入"楼层平面"→"RF"平面视图。

▶▶Step 01 单击"建筑"选项卡→"构建"面板→"屋顶"下拉列表→ ▨（迹线屋顶）工具，打开"修改｜创建屋顶迹线"上下文选项卡，进入屋顶草图绘制模式，如图 10-12 所示。

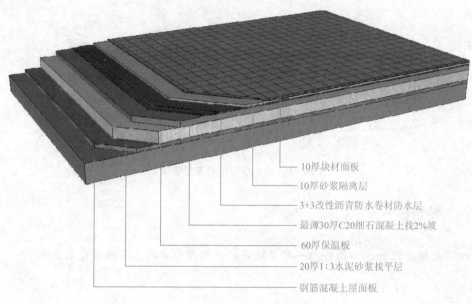

10厚块材面板
10厚砂浆隔离层
3+3改性沥青防水卷材防水层
最薄30厚C20细石混凝土找2%坡
60厚保温板
20厚1：3水泥砂浆找平层
钢筋混凝土屋面板

图 10-10　教学楼屋顶构造示意图

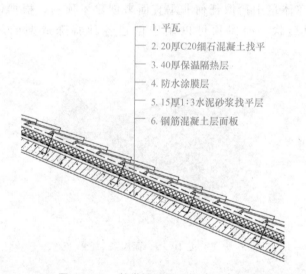

1. 平瓦
2. 20厚C20细石混凝土找平
3. 40厚保温隔热层
4. 防水涂膜层
5. 15厚1：3水泥砂浆找平层
6. 钢筋混凝土层面板

图 10-11　教学楼坡屋顶构造示意图

图 10-12　进入迹线屋顶编辑模式

>> Step **02** 复制创建新屋顶类型。默认的屋顶类型为"常规 – 400 mm",单击"编辑类型"按钮,在弹出的"类型属性"窗口中,复制类型并命名为"教学楼 – 平屋顶 – 120 mm",如图 10 – 13 所示。

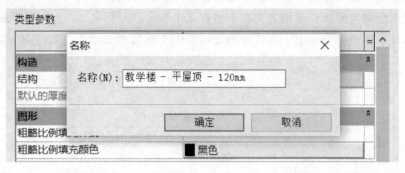

图 10 – 13 创建"教学楼–平屋顶–120 mm"类型屋顶

>> Step **03** 编辑屋顶构造。单击"结构"参数中的"编辑"按钮,弹出"编辑部件"窗口,单击"插入"按钮,在"结构"上方插入多个构造层,并按照图 10 – 14 所示,更改各构造层的功能、材质、厚度等参数。

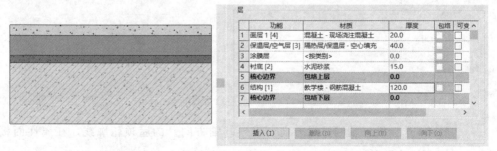

| | 功能 | 材质 | 厚度 | 包络 | 可变 |
|---|---|---|---|---|---|
| 1 | 面层 2 [5] | 教学楼 - 屋顶面砖 | 10.0 | ☐ | ☐ |
| 2 | 衬底 [2] | 水泥砂浆 | 10.0 | ☐ | ☐ |
| 3 | **核心边界** | **包络上层** | **0.0** | | |
| 4 | 面层 1 [4] | 沥青 | 6.0 | ☐ | ☐ |
| 5 | 衬底 [2] | 混凝土 - 现场浇注混凝土 | 20.0 | ☐ | ☐ |
| 6 | 保温层/空 | 隔热层/保温层 - 空心填充 | 40.0 | ☐ | ☐ |
| 7 | 衬底 [2] | 水泥砂浆 | 20.0 | ☐ | ☐ |
| 8 | 结构 [1] | 教学楼 - 钢筋混凝土 | 120.0 | ☐ | ☐ |
| 9 | **核心边界** | **包络下层** | **0.0** | | |

图 10 – 14 屋顶构造做法

>> Step **04** 依照相同的方法创建"教学楼–坡屋顶–120 mm"的坡屋顶类型,其结构层如图 10 – 15 所示。编辑屋顶部件时暂不添加屋顶的平瓦层。

| | 功能 | 材质 | 厚度 | 包络 | 可变 |
|---|---|---|---|---|---|
| 1 | 面层 1 [4] | 混凝土 - 现场浇注混凝土 | 20.0 | ☐ | ☐ |
| 2 | 保温层/空气层 [3] | 隔热层/保温层 - 空心填充 | 40.0 | ☐ | ☐ |
| 3 | 涂膜层 | <按类别> | 0.0 | ☐ | ☐ |
| 4 | 衬底 [2] | 水泥砂浆 | 15.0 | ☐ | ☐ |
| 5 | **核心边界** | **包络上层** | **0.0** | | |
| 6 | 结构 [1] | 教学楼 - 钢筋混凝土 | 120.0 | ☐ | ☐ |
| 7 | **核心边界** | **包络下层** | **0.0** | | |

图 10 – 15 "教学楼–坡屋顶–120 mm"屋顶部件

### 10.1.3  绘制项目屋顶

屋顶的绘制方式与楼板相似，差别之一在于屋顶轮廓的边界线可以定义边界线所在边的坡度，便于绘制坡屋顶；差别之二在于当在某个标高（如标高2）上绘制楼板或屋顶时，屋顶是底部位于标高2平面上，而楼板则是顶部位于标高2平面上，如图10-16所示。

图10-16  屋顶与楼板约束面区别

由于Revit屋顶工具十分灵活，既可绘制平屋顶，也可绘制坡屋顶，因此本书案例中教学楼屋顶将主要使用"迹线屋顶"工具，部分使用拉伸屋顶工具进行创建。

**1. 教学楼坡屋顶**

教学楼坡屋顶

▶▶ Step **01** 双击项目浏览器中的"楼层平面"→"RF"选项，进入屋顶层平面视图。

▶▶ Step **02** 单击"建筑"选项卡→"构建"面板→"屋顶"下拉列表→▣（迹线屋顶）工具，在类型选择器中选择"教学楼-坡屋顶-120 mm"。

▶▶ Step **03** 单击"绘制"面板→"边界线"→▣（矩形）工具，绘制坡屋顶边界轮廓，具体定位如图10-17所示。

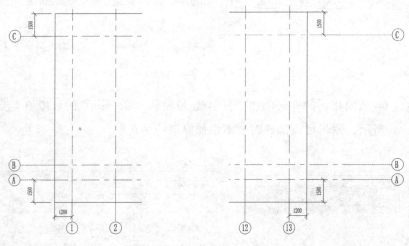

图10-17  绘制坡屋顶边界轮廓

▶▶ Step **04** 选择沿着轴网进深方向（Ⓐ～Ⓗ轴方向）的屋顶轮廓线，在属性面板中取消"定义屋顶坡度"的复选框，即可取消该方向的坡度，如图10-18所示。

图 10 - 18　取消坡度

**>> Step** **05** 设置边界线坡度及高度偏移。依次选择另外两个边界线，更改边界线的"坡度""与屋顶基准的偏移"参数，如图 10 - 19 所示。

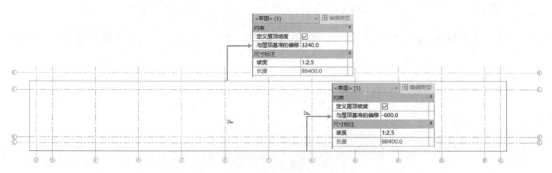

图 10 - 19　设置坡度及高度偏移值

**>> Step** **06** 单击✔（完成编辑模式）按钮，打开三维视图，观察坡屋顶的形状，如图 10 - 20 所示。

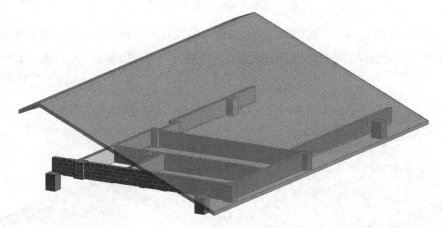

图 10 - 20　坡屋顶三维视图

**>> Step** **07** 双击项目浏览器中的"立面"→"西"选项，进入西立面，单击"建筑"选项卡→"构建"面板→"屋顶"下拉列表→◢（拉伸屋顶）工具，在弹出的"工作平面"对话框中选择"轴网：1"所在平面为工作平面，如图 10 - 21 所示。

在弹出的"屋顶参照标高和偏移"对话框中保持默认的参数值即可，单击"确认"按钮，如图 10 - 22 所示。

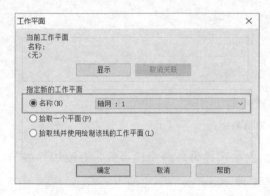

图 10 - 21　设置拉伸屋顶工作平面　　　　　图 10 - 22　设置屋顶参照标高和偏移

>> Step | **08** 绘制拉伸屋顶轮廓，沿着Ⓒ轴与"RF"标高的交点绘制坡度为 1 ∶ 2.5 的屋顶轮廓线，如图 10 - 23 所示。

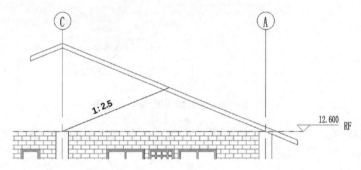

图 10 - 23　绘制拉伸屋顶轮廓

>> Step | **09** 单击 ✔（完成编辑模式）按钮，使用对齐工具将拉伸屋顶的两端分别对齐至②号轴网、⑫号轴网的位置，即教学楼山墙的位置。完成后切换至三维视图，如图 10 - 24 所示。

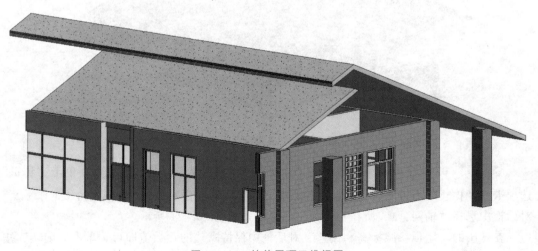

图 10 - 24　拉伸屋顶三维视图

**Step 10** 使用连接工具，将两个屋顶连接为一个整体，如图 10 - 25 所示。

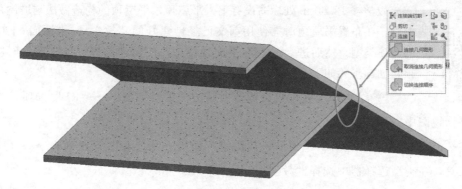

图 10 - 25　连接屋顶

**Step 11** 使用镜像工具，将已经绘制好的屋顶镜像至另一侧相应位置。

**Step 12** 按照相同的方法绘制教学楼的其他坡屋顶，具体的定位及尺寸如图 10 - 26 所示。

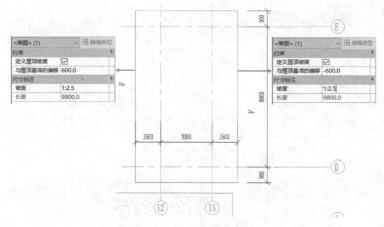

10 - 26　屋顶参数设置

绘制完成后的教学楼坡屋顶如图 10 - 27 所示。

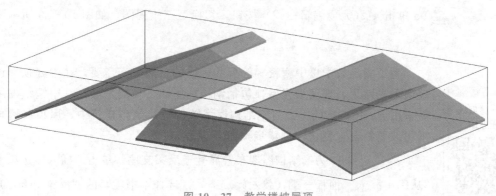

图 10 - 27　教学楼坡屋顶

教学楼
平屋顶

## 2. 教学楼平屋顶

教学楼12.60 m处标高设有上人平屋顶，平屋顶的构造做法与坡屋顶有所差别，在布置平屋顶时需使用前文已经创建好的"教学楼-平屋面-120 mm"的屋顶类型，然后进入"RF"平面视图中，使用"迹线屋顶"工具创建平屋顶，创建步骤如下。

**Step 01** 在项目浏览器中双击"楼层平面"→"RF"选项，进入屋顶层平面视图中。

**Step 02** 单击"建筑"选项卡→"构建"面板→"屋顶"下拉列表→（迹线屋顶）工具，在类型选择器中选择"教学楼-平屋顶-120 mm"。

**Step 03** 在绘制面板中使用（矩形）工具，绘制平屋顶边界轮廓，如图10-28所示。

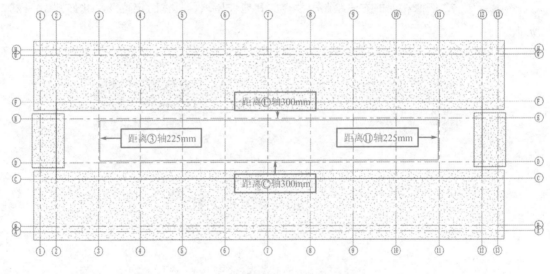

图10-28　绘制平屋顶边界轮廓

**Step 04** 取消平屋顶边界的坡度，或将坡度值设为"0.0"。

**Step 05** 单击 ✔ （完成编辑模式）按钮，切换至三维视图，如图10-29所示。

## 3. 教学楼玻璃采光屋顶

为了满足教学楼中庭楼梯等公共区域的自然采光需要，在中庭顶部设有玻璃采光屋顶，玻璃采光屋顶包括钢结构屋架、玻璃幕墙。其中钢结构屋架需采用Revit链接的方式将钢结构模型链接至建筑楼建筑中。屋顶玻璃幕墙采用玻璃斜窗来创建，创建步骤如下。

**Step 01** 为钢结构屋架布置混凝土反梁支座。单击"插入"选项卡→"从库中载入"面板→（载入族）工具，选择本书配套的"反梁.rfa"族。

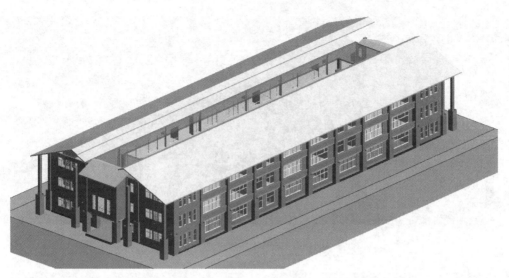

图 10 - 29　教学楼平屋顶

>> Step **02** 单击"建筑"选项卡→"构建"面板→"屋顶"下拉列表→ ◇（屋顶：封檐板）工具，在属性面板中单击"类型属性"按钮，复制并创建名称为"教学楼-屋顶反梁-200×600"的屋檐板，并将轮廓改为"反梁：200×600"的类型；将材质参数设置为"教学楼-钢筋混凝土"的材质类型，如图 10 - 30 所示。

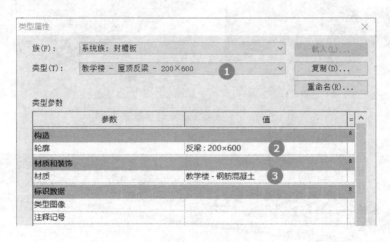

图 10 - 30　创建"教学楼-屋顶反梁-200×600"屋檐板

>> Step **03** 在三维视图中拾取中庭平屋顶的底部边界线，如图 10 - 31 所示。

>> Step **04** 单击"修改"选项卡→"几何图形"面板→"连接"下拉列表→ ◻（连接几何图形）工具，将屋顶反梁与平屋顶连接为整体，如图 10 - 32 所示。

>> Step **05** 链接 Revit 教学楼结构模型。单击"插入"选项卡→"链接"面板→ ◳（链接 Revit）工具。在"导入/链接 RVT"对话框中，选择本书配套的"教学楼结构工程_钢结构屋架.rvt"（图 10 - 33）模型文件，并将定位的方式设置为"自动-原点到原点"，如图 10 - 34 所示。

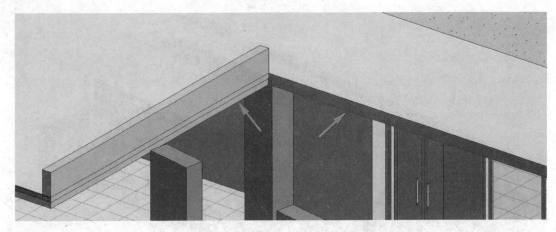

图 10-31　拾取平屋顶底部边界线

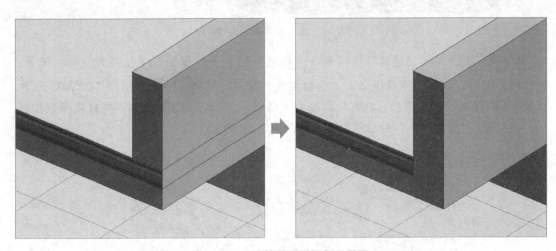

图 10-32　连接屋顶反梁与平屋顶

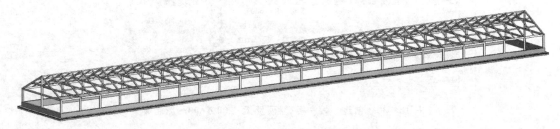

图 10-33　教学楼结构工程_钢结构屋架

>>Step 06 切换至"RF"平面视图，单击"建筑"选项卡→"构建"面板→"屋顶"下拉列表→ ☐ （迹线屋顶）工具，在族类型选择器中将屋面类型选择为"玻璃斜窗"，然后单击"编辑类型"按钮，在编辑类型中复制并创建名称为"教学楼-屋顶玻璃幕墙"的玻璃斜窗，如图 10-35 所示。

>>Step 07 绘制屋顶玻璃幕墙边界轮廓。沿着③轴、Ｆ轴、⑪轴、Ｄ轴绘制矩形屋顶轮廓，轮廓边界与以上轴网所在位置重叠。

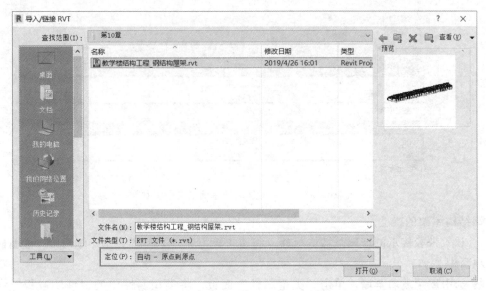

图 10-34 链接"教学楼结构工程_钢结构屋架.rvt"模型

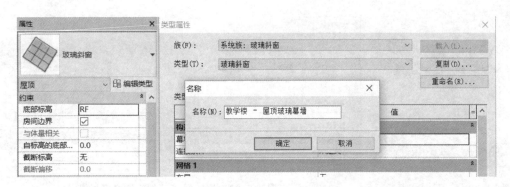

图 10-35 创建"教学楼–屋顶玻璃幕墙"

**≫Step** **08** 设置屋顶坡度。将沿着③轴、⑪轴方向的屋顶轮廓坡度取消，Ⓓ轴、Ⓔ轴方向的屋顶轮廓坡度设置为"27°"。

**≫Step** **09** 更改屋顶玻璃幕墙的高度偏移。在"属性"面板中将"自标高的底部偏移"参数调整为"2150.0"，如图 10-36 所示。

**≫Step** **10** 继续编辑屋顶玻璃幕墙的类型参数。分别调整类型参数中的"网格 1""网格 2"的布局方式及间距，如图 10-37 所示。

网格 1：布局为"固定距离"，间距"1333.0"。

网格 2：布局为"固定距离"，间距"1500.0"。

**≫Step** **11** 单击 ✓ （完成编辑模式）按钮，切换至三维视图。此时屋顶玻璃幕墙与钢结构屋架仍然是互相独立的对象，需要使用驳接爪（图 10-38）将玻璃幕墙嵌板固

图 10-36 更改屋顶玻璃幕墙高度偏移

**173**

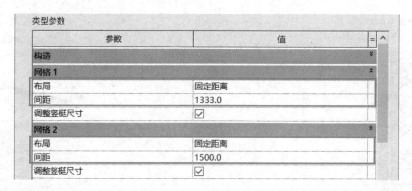

图 10 - 37　调整屋顶玻璃幕墙的类型参数

定在钢结构屋架的梁上。

① 载入带驳接爪的玻璃幕墙嵌板族。将本书配套的"玻璃幕墙顶-右.rfa"幕墙嵌板载入项目中。

② 选中屋顶玻璃幕墙，单击"类型属性"面板，将类型属性中的"幕墙嵌板"参数改为载入的"玻璃幕墙顶-右"的类型，如图 10 - 39 所示。

图 10 - 38　玻璃幕墙驳接爪

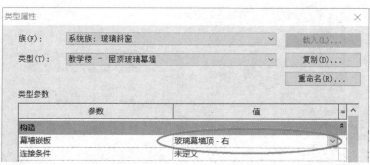

图 10 - 39　调整屋顶玻璃幕墙嵌板类型

③ 单击"确定"按钮，切换至三维视图，完成后如图 10 - 40 所示。

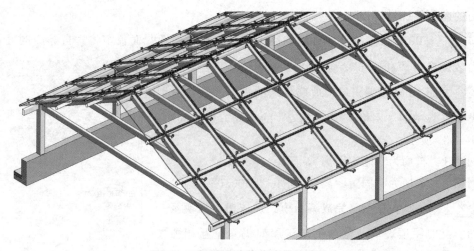

图 10 - 40　屋顶玻璃幕墙带驳接爪

>> Step **12** 为屋顶玻璃幕墙添加侧边幕墙，详细做法请参考项目 8 建筑幕墙设计及以上步骤，此处不再一一详述，最终完成的效果如图 10 - 41 所示。

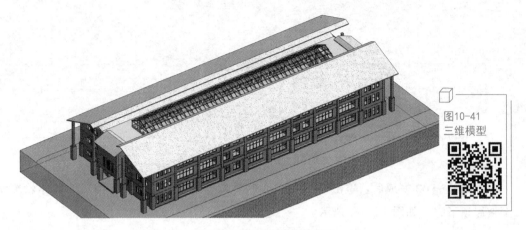

图10-41
三维模型

图 10 - 41　添加屋顶玻璃幕墙的教学楼

## 10.1.4　墙、柱顶部附着

屋顶作为建筑物的顶部结构，除了满足功能上的需要外，还要承受自身及作用在其上的各种荷载，并且对房屋上部设备等起水平支撑作用。屋顶下方的承重构件（如梁、柱等）需与屋顶连接，以保证屋顶荷载的有效传递。

墙、柱顶部附着

在 Revit 中使用墙体、建筑柱的顶部附着工具，可将墙体顶部、建筑柱顶部附着对齐至坡屋顶下方。而墙体除了可使用附着的方式将墙体顶部约束在屋顶下方，还可以使用编辑墙体轮廓的方式达到目的。以下详细介绍这两种方式。

1. 编辑山墙轮廓，调整墙体造型

>> Step **01** 进入西立面图，选中Ⓗ轴、Ⓔ轴之间的墙体，单击"修改｜墙"选项卡→"模式"面板→ （编辑轮廓）工具，此时将进入墙体的编辑轮廓草图模式中，如图 10 - 42 所示。

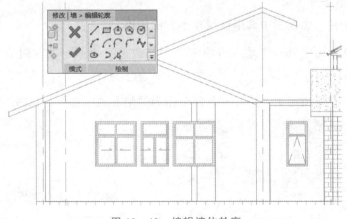

图 10 - 42　编辑墙体轮廓

**Step 02** 修改墙体的轮廓，具体轮廓如图 10 - 43 所示。

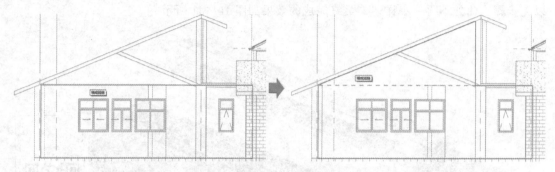

图 10 - 43　修改墙体的轮廓

**Step 03** 完成后，单击 ✔（完成编辑模式）按钮，即可将所编辑的墙体轮廓调整至坡屋顶下方，如图 10 - 44 所示。

图 10 - 44　调整轮廓后的山墙

2. 墙体顶部附着，调整墙体造型

通过编辑墙体轮廓的方式调整墙体造型十分有效，但不利于批量调整多面墙体，使用墙体顶部附着工具更加便捷。

**Step 01** 在三维视图中选中坡屋顶下方的内墙。

**Step 02** 单击"修改｜墙"选项卡→"修改墙"面板→ （附着顶部/底部）工具，如图 10 - 45 所示。

**Step 03** 在选项栏上，选择"顶部"作为"附着墙"部位，如图 10 - 46 所示。

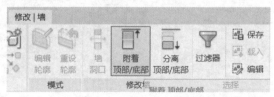

图 10 - 45　墙体顶部附着

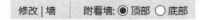

图 10 - 46　附着墙：顶部

**>>Step 04** 单击选择内墙上方的坡屋顶，即可将内墙顶部约束到坡屋顶下方，由于坡屋顶由两个构件组成，因此在附着时需分别附着至两个屋顶下方，如图 10-47 所示。

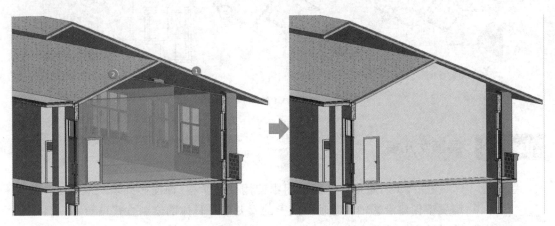

图 10-47　内墙顶部附着至坡屋顶下方

3. 建筑柱顶部附着

**>>Step 01** 在"3F"平面视图中，选中Ⓒ轴、Ⓕ轴上的所有建筑柱，复制并粘贴至"RF"楼层。

**>>Step 02** 切换至三维视图，选中"RF"楼层的建筑柱，将柱顶附着至坡屋顶下方，如图 10-48 所示。

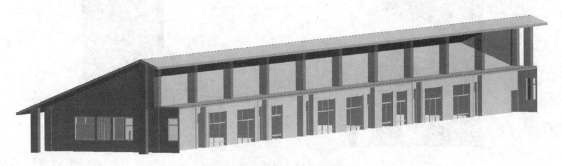

图 10-48　建筑柱顶部附着

# 10.2　女儿墙及其他屋顶附属构件

Revit 的屋顶工具提供了三种用于创建屋面的附属构件命令，分别用于创建屋顶封檐板、檐沟和檐底板，如图 10-49 所示。

在 10.1 节中已经介绍了使用封檐板创建女儿墙作为钢结构屋架的基座，除了使用封檐板工具制作女儿墙外，还可直接使用墙体工具创建女儿墙。本节将介绍使用墙体工具创建上人平屋顶的女儿墙，以及使用檐沟工具创建坡屋顶的排水沟。

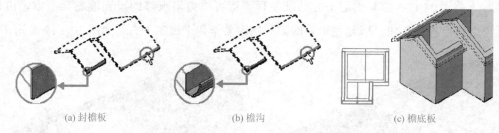

(a) 封檐板　　　　　　　　　(b) 檐沟　　　　　　　　　(c) 檐底板

图 10 - 49　Revit 屋顶构件命令

## 10.2.1　屋顶女儿墙

屋顶女儿墙

在"RF"屋顶层平面视图中使用"教学楼-饰面砖外墙-200mm"基本墙类型创建沿②轴、⑫轴方向上的女儿墙，具体的绘制方式可参考项目5墙体设计章节部分内容，此处不一一详述，完成后的女儿墙如图 10 - 50 所示。

单击"修改"选项卡→"几何图形"面板→"连接"下拉列表→ (连接几何图形)工具，依次选择女儿墙和楼板并将其进行连接，连接后如图 10 - 51所示。若屋顶与女儿墙的连接方式不合理，可通过 (切换连接顺序)工具调整构件之间的连接方式。

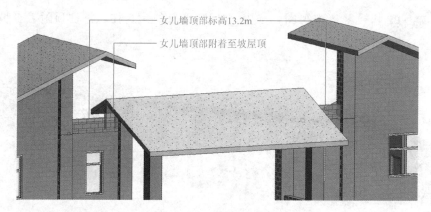

女儿墙顶部标高13.2m
女儿墙顶部附着至坡屋顶

图 10 - 50　屋顶女儿墙

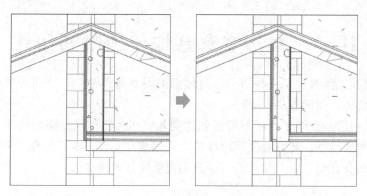

图 10 - 51　屋顶与女儿墙连接

## 10.2.2 坡屋顶排水沟

坡屋顶排
水沟

屋面的排水方式有两种：有组织排水和无组织排水。有组织排水是通过排水系统，将屋面积水有组织地排至地面。这种排水方式往往是通过将屋面划分为若干排水渠，按一定的排水坡度把屋面雨水有组织地排到檐沟或雨水口，再通过雨水管排至室外散水或明沟中，最终通往城市地下排水系统，如图 10-52 所示。无组织排水也称自由落水，屋面的雨水从檐口排放到室外地面，这种做法构造简单、造价低廉，一般适用于三层及三层以下或檐高不大于 10 m 的中小型非临街建筑。

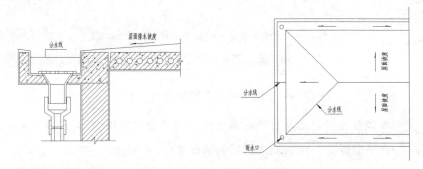

图 10-52 屋面有组织排水

### 1. 为坡屋顶添加洞口

**» Step 01** 单击"建筑"选项卡→"洞口"面板→ （垂直）工具，此时鼠标变为十字光标，移动到坡屋顶上，整个屋顶高亮显示。

**» Step 02** 选中坡屋顶进入"修改 | 创建 洞口边界"上下文选项卡，选择矩形工具，在屋面上绘制矩形洞口。

**» Step 03** 单击 （完成编辑模式）按钮完成洞口绘制，如图 10-53 所示。

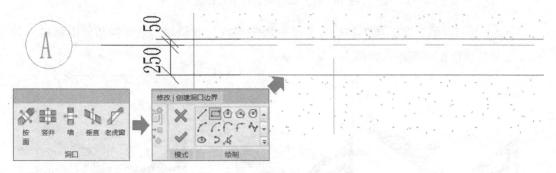

图 10-53 屋顶创建"垂直"洞口

### 2. 布置檐沟

**» Step 01** 单击"插入"选项卡→"从库中载入"面板→ （载入族）工具。将本书配套的"屋顶檐沟.rfa"族载入项目中。

**Step 02** 单击"建筑"选项卡→"构建"面板→"屋顶"下拉列表→⬚（屋顶：檐沟）工具。❶单击"编辑类型"，❷在弹出的对话框中单击"复制"按钮，❸创建名称为"教学楼-檐沟"的屋顶檐沟类型，如图 10-54 所示。

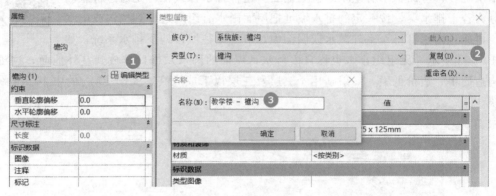

图 10-54  创建"教学楼-檐沟"类型

**Step 03** 调整檐沟轮廓与材质，将轮廓值调整为"屋顶檐沟：300×450 mm"，将使用"教学楼-钢筋混凝土"作为檐沟材质，如图 10-55 所示。

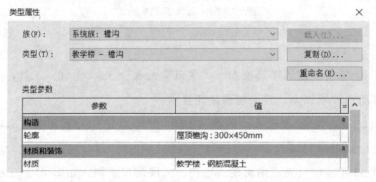

图 10-55  调整檐沟轮廓与材质

**Step 04** 单击坡屋顶边界线，为屋顶添加檐沟，并使用⬚（连接几何图形）工具将屋顶与檐沟连接为整体，如图 10-56 所示。

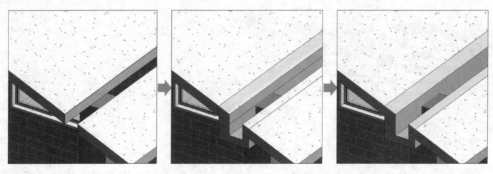

图 10-56  连接屋顶与檐沟

**Step 05** 将檐沟底部的柱顶部调整至檐沟底部，如图 10-57 所示。

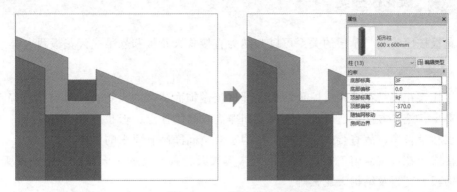

图 10-57 调整柱顶标高

切换至三维视图，绘制完的屋顶、女儿墙、檐沟等构件如图 10-58 所示。

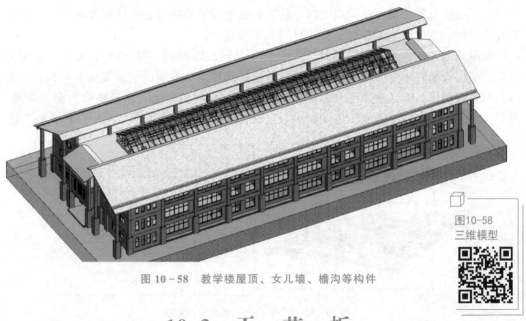

图10-58
三维模型

图 10-58 教学楼屋顶、女儿墙、檐沟等构件

# 10.3 天 花 板

天花板又称吊顶或顶棚，是建筑物室内楼板或屋顶下表面的主要装饰构件。天花板是室内设计中非常重要的部位，其设计是否合理对人的感官影响非常大，包括天花板的高度、颜色设计、造型和材料选择，都会给人以不同的体验和感受。

天花板

天花板的功能综合性较强，其作用除装饰外，还兼有照明、音响、空调、防火等功能。不同功能的房屋对于天花板的要求不同：在生物实验室、食品加工厂、机房、医院手术室等无尘空间中，要求天花板不沾尘，抗静电，能创造超洁净空间；在剧院、歌舞厅等对声和光有要求的空间中，要求天花板既能反射声音也能隔声、架设灯具；在普通家居中，天花板则可以遮掩梁柱、管线，预留灯槽，改变居室内的空间氛围。

## 10.3.1 天花板分类

天花板按照饰面与基层的关系可以归纳为直接式天花板和悬吊式天花板两大类。

**1. 直接式天花板**

直接式天花板是在楼板或屋顶结构底部直接做饰面装饰的天花板，具有构造简单、构造层厚度小、施工方便、造价低、室内空间净高较高的优点；但也存在一些缺点，如不能隐蔽管线和设备等，故直接式天花板主要用于对空间净高有要求的室内。

直接式天花板按照施工方式可以分为抹灰式天花板、喷刷式天花板、粘贴式天花板、固定装饰板天花板及结构天花板等。

**2. 悬吊式天花板**

悬吊式天花板是指饰面和天花板之间留有悬挂高度的天花板。悬吊式天花板可以将结构梁、管道设备等隐藏在悬挂高度内。悬挂高度的设置要结合室内净高要求和管道设备高度合理设计，高度越小越有利于节约材料和工程造价。

悬吊式天花板一般由基层和面层两大部分组成，如图 10 - 59 所示。其中，基层是天花板的结构骨架，承受天花板的荷载，并通过吊筋传递给屋顶或楼板等承重结构，一般由吊筋和龙骨组成。天花板面层分为抹灰面层和板材面层两大类，抹灰面层为湿作业施工，费工、费时；板材面层则施工进度较快，且材料选择丰富，在实际应用中使用比较广泛。

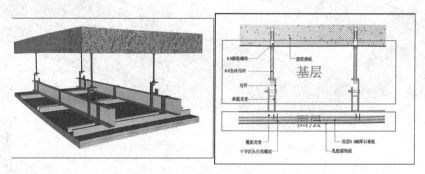

图 10 - 59   悬吊式天花板结构示意图

## 10.3.2 Revit 天花板

在 Revit 中，提供了天花板命令用于绘制天花板构件。天花板与楼板一样，同属于系统族，是基于标高的图元。建议在平面视图中创建天花板，并在视图中指定标高以上的指定距离来设置天花板的高度。

天花板系统族有两种族类型，分别是基础天花板和复合天花板。其中基础天花板是没有厚度的平面图元，适用于绘制直接式天花板，平面图元中也可以添加表面材料，表现基础天花板底部的粉刷或抹灰；复合天花板则是有厚度的面板，可以像楼板一样定义添加构造层材料厚度，适用于绘制吊顶式天花板。

## 10.3.3 绘制天花板

### 1. 天花板视图

从浏览器面板中可以找到天花板视图，不同于平面视图（视图观看方向为向下），天花板视图是仰视方向，在天花板视图中更方便观察绘制完成的天花板。创建天花板视图可以通过单击"视图"选项卡→"创建"面板→"平面视图"下拉列表，然后单击 ▣（天花板投影平面）工具，选择需要添加的标高，即可创建基于该标高的天花板平面视图，如图 10 - 60 所示。

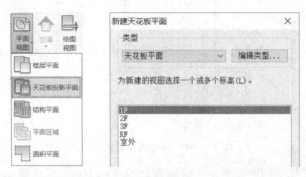

图 10 - 60 创建天花板平面视图

### 2. 绘制直接式天花板

室内房间的直接式天花板做法有许多种，以"板底抹灰刮腻子天花板"（C5J929 - DP5 - 棚 4A1）为例，其构造做法如表 10 - 1 所示。这种类型的天花板采用基础天花板绘制即可。

表 10 - 1 板底抹灰刮腻子天花板构造做法

| 编号 | 名称 | 厚度/mm | 材料构造做法 | 附注 |
|---|---|---|---|---|
| 棚 1 | 板底抹灰刮腻子天花板 | 10～12 | 1. 面浆饰面 | 参见 C5J929 - DP5 - 棚 4A1 |
| | | | 2. 2 厚面层耐水腻子刮平 | |
| | | | 3. 3～5 厚底基防裂腻子分遍找平 | |
| | | | 4. 5 厚 1∶0.5∶3 水泥灰膏砂浆打底 | |
| | | | 5. 素水泥浆一道甩毛（内掺建筑胶） | |

在实际做法中一般将直接式天花板用楼板（或屋面板）的一个或多个功能层进行表示，而不建议使用 Revit 天花板工具进行绘制。具体做法参考楼板或屋顶章节，此处不做重复介绍。

### 3. 绘制悬吊式天花板

在天花板面板中有两种绘制模式，即自动创建天花板和手动创建天花板。其中自动创建天花板用于四周存在房间边界的情况；手动创建天花板与创建楼板类似，用户可以任意定位天花板的边界以确定天花板的形状。

自动创建天花板命令能够自动拾取墙体形成的房间内部，移动鼠标到房间内，房间边界会显示临时红色提示线，单击就可以为该房间添加天花板，如图 10 - 61（a）所示。

当选择绘制天花板命令，进入"修改｜创建天花板边界"上下文选项卡，在功能区的"绘制"面板中选择对应的绘制工具，可以绘制用于定义天花板边界的闭合环。在天花板位置绘制闭合的边界，完成后单击"模式"面板中 ✓（完成编辑模式）按钮退出天花板边界绘制模式，在天花板视图中可以观察到天花板，如图 10 - 61（b）所示。

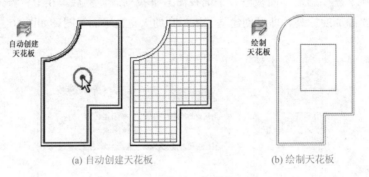

(a) 自动创建天花板　　　　　　　　　(b) 绘制天花板

图 10 - 61　绘制天花板的方式

教学楼室内天花板使用的是悬吊式天花板，故采用 Revit 天花板工具进行绘制。

» Step 01 双击项目浏览器"视图"→"天花板平面"→"1F"选项，进入一层天花板平面视图中。

» Step 02 单击"建筑"选项卡 →"构建"面板→ ▱（天花板）工具，进入"修改｜放置天花板"上下文选项卡，在"属性"面板的类型浏览器下拉列表中选择"复合天花板"→"600×600 mm 轴网"选项，单击"编辑类型"按钮，复制并命名为"教学楼-悬吊式天花板- 36 mm"，并编辑天花板部件，如图 10 - 62 所示。

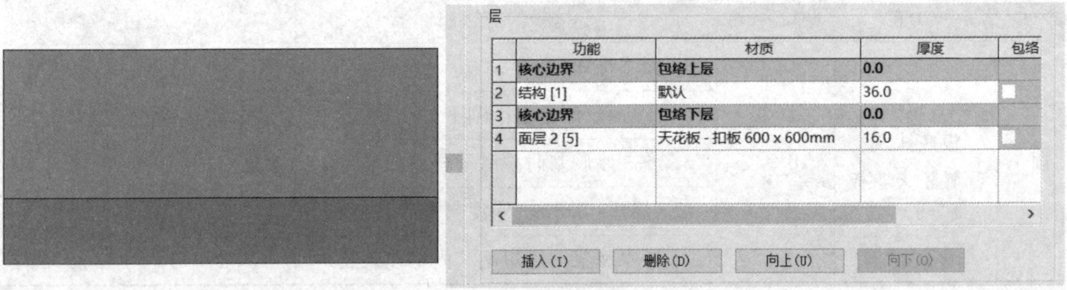

| | 功能 | 材质 | 厚度 | 包络 |
|---|---|---|---|---|
| 1 | 核心边界 | 包络上层 | 0.0 | |
| 2 | 结构 [1] | 默认 | 36.0 | |
| 3 | 核心边界 | 包络下层 | 0.0 | |
| 4 | 面层 2 [5] | 天花板 - 扣板 600 x 600mm | 16.0 | |

插入(I)　　删除(D)　　向上(U)　　向下(O)

图 10 - 62　"教学楼-悬吊式天花板- 36 mm"天花板类型

» Step 03 选择绘制方式为"自动绘制天花板"，设置天花板的"自标高的高度偏移"值为"3400.0"，如图 10 - 63 所示。

» Step 04 依次单击一层的各个教室，为教室添加天花板，其中电梯井与中庭活动区无需添加天花板，如图 10 - 64 所示。

184

图 10 – 63　天花板高度

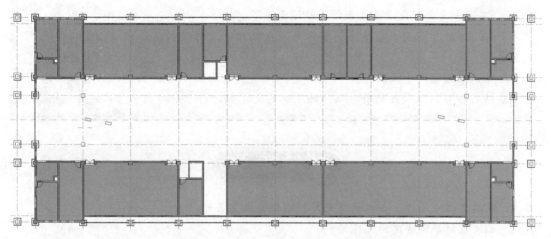

图 10 – 64　布置教学楼一层室内天花板

>> Step 05 依照相同的方法，为教学楼二层、三层布置天花板，完成后如图 10 – 65 所示。

图10-65
三维模型

图 10 – 65　教学楼室内天花板

## 项目小结

1. 屋顶由屋面、屋顶承重结构、保温隔热层和天花板四部分组成。

2. 平屋面的构造做法一般包括：屋面坡度（结构找坡一般不小于 3%，材料找坡宜为 2%）、排水方式（无组织排水、有组织排水）、防水层（卷材防水、刚性防水和涂料防水）、保温隔热层。

3. Revit 中迹线屋顶主要用于多边形屋顶及形状沿单个方向变化的屋顶，面屋顶用于曲面屋顶（一般结合体量使用）。

4. 编辑子图元可用于平屋面材料找坡层设计。

5. 在 Revit 中多用普通墙工具表示屋顶女儿墙，此外楼板边、内建模型工具也可达到目的。

6. Revit 天花板中的基本天花板、复合天花板分别用于不同的情况，前者一般用于表达楼板或屋顶结构底部直接做饰面装饰的天花板，后者一般用于悬吊式天花板。

## 复习思考

1. 将教学楼的屋顶、女儿墙及天花板模型绘制完善。

2. 如何绘制带有坡度的天花板？

3. 瓦片屋面在 Revit 中如何制作？

4. 如何使用楼板边工具制作屋顶女儿墙？

项目10
在线答题

# 项目11
# 楼梯、扶手与坡道设计

在 Revit 中，楼梯、扶手与坡道都属于系统族，"栏杆扶手""坡道""楼梯"三个命令都位于楼梯、坡道面板中，栏杆作为楼梯和坡道的组成部分，在绘制楼梯或坡道时自动生成。

在本章中，将以本书案例为示范，学习楼梯和坡道的组成和构造知识，讲解建筑中多种楼梯和坡道的绘制方法。

楼梯、扶手
与坡道设计

 特别提示

学习本项目内容前，需先了解楼梯的相关知识。具体内容详见右方二维码。

楼梯的相关知识

 学习目标

| 能力目标 | 知识要点 |
| --- | --- |
| 掌握 Revit 中楼梯的绘制和编辑方法 | 楼梯构件：梯段、平台、支撑构件与扶手<br>绘制草图楼梯<br>楼梯结束于踢面 |
| 掌握 Revit 中栏杆扶手的绘制和编辑方法 | 顶部扶栏<br>扶栏结构<br>扶栏位置<br>平台栏杆、梯段栏杆高度 |
| 掌握 Revit 中坡道的绘制和编辑方法 | 编辑坡道的属性<br>绘制坡道 |

# 11.1 绘制与编辑 Revit 楼梯

在 Revit 中，默认楼梯绘制方式为按照构件的方式进行创建，在该模式中可以添加常规构件和自定义绘制的构件，如果构件中的图元无法表达造型需要，还可以将楼梯构件转换为草图模式进行编辑。

## 11.1.1　Revit 楼梯构件

Revit楼梯构件

在 Revit 楼梯构件绘制中，提供了四种构件，分别是梯段构件、平台构件、支撑构件和栏杆扶手。

1. 梯段构件

梯段构件是楼梯中最主要的构件，当绘制多个梯段时，梯段之间会自动生成平台进行连接。梯段构件中提供多种绘制形式以创建不同形式的楼梯，包括 ▥（直梯）、◉（全踏步螺旋）、◑（圆心-端点螺旋）、▦（L 形斜踏步梯段）和▦（U 形斜踏步梯段）五种类型，如图 11-1 所示。

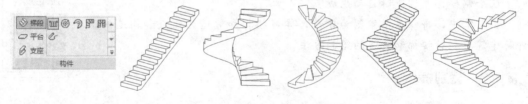

图 11-1　梯段构件

其中◉（全踏步螺旋）和◑（圆心-端点螺旋）梯段之间的区别在于：全踏步螺旋绘制的角度可以大于 360°，而圆心-端点螺旋的角度只能小于 360°，且前者绘制楼梯时不能添加中间平台，而后者可以。

▦（L 形斜踏步梯段）和▦（U 形斜踏步梯段）更适合住宅室内楼梯，由于转角处使用斜踏步，应注意斜踏步内侧的宽度应满足规范，且每个梯段步数应注意不能大于 18 步。

梯段构件中除了以上五种具体形式的梯段外，还可以使用草图工具绘制其他形式的楼梯，关于草图工具将在后文介绍。

2. 平台构件

使用 ▭（平台）工具可以在两个梯段之间创建平台。平台的创建可以在梯段创建时选择"自动创建平台"选项以"自动用平台"连接两个梯段，也可以在创建梯段之后再连接同一个楼梯内的多个梯段。

 特别提示

第二个梯段的起点标高必须和第一个梯段的终点标高一致，如图 11-2 所示。

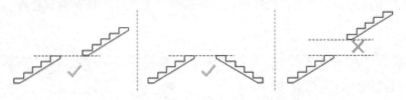

图 11-2　允许添加平台的梯段形式

3. 支撑构件

使用 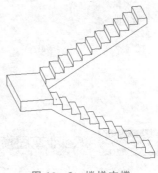（支座）工具可以将支撑构件添加到楼梯当中，添加支撑的前提是已经为楼梯的类型属性中的支撑添加了相应的类型（包括左支撑、右支撑、中部支撑）。

>>Step **01** 打开配套 Revit 项目文件"楼梯支撑"，如图 11-3 所示。定义合适的左、右支撑类型，并修改相应的参数；添加完支撑类型之后，若添加的支撑位置理想，可将三维楼梯边支撑类型删除，再重新选择新的位置自定义添加支撑构件。

>>Step **02** 选中需要添加支撑构件的楼梯，在"编辑"面板上单击 （编辑楼梯）。

图 11-3　楼梯支撑

>>Step **03** 自定义添加楼梯支撑构件，单击"修改|创建楼梯"选项卡→"构件"面板→ （支座）工具。

>>Step **04** 在绘制库中，单击 （拾取边缘）工具。

>>Step **05** 将鼠标移动到要添加支撑的梯段或平台边缘上，并单击边缘以添加支撑，如图 11-4 所示。

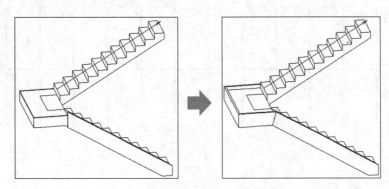

图 11-4　添加支撑

**» Step 06** 单击 ✔ （完成编辑模式）按钮，退出楼梯部件编辑模式。

4. 栏杆扶手

绘制楼梯前，使用工具面板的 ▨ （栏杆扶手）工具可以预先设定栏杆的形式。单击"修改|创建楼梯"选项卡→"工具"面板→ ▨ （栏杆扶手）工具，将弹出栏杆预设窗口，单击"默认"下拉列表可以设置栏杆形式。当选择"无"时，将不绘制栏杆，如图 11 - 5 所示。

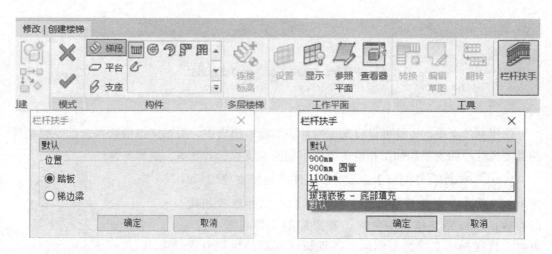

图 11 - 5 栏杆预设

## 11. 1. 2  Revit 草图模式

Revit 草图模式在软件 2018 版升级后已经不再单独作为绘制楼梯的方式，而是作为构件绘制的辅助方式，但草图模式绘制的构件依然可以与构件楼梯连接起来以创建楼梯部件。

在 Revit 的草图编辑模式中有三种线条类型，分别是 ▨ （边界）、▨ （踢面）和 ▨ （楼梯路径），如图 11 - 6 所示。其中踢面为梯段草图中独有。

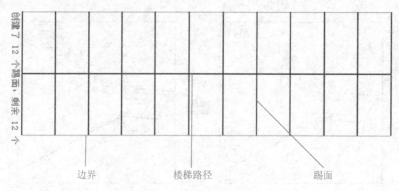

图 11 - 6  梯段草图三种线条类型

1. 绘制梯段草图

　　**Step 01** 在"修改|创建楼梯"选项卡→"构件"面板上选中"梯段"后，单击 ✐（创建草图）工具。

　　**Step 02** 使用边界线绘制楼梯左右边界，注意两条边界线不能交接。

　　**Step 03** 使用踢面绘制台阶，注意踢面线的两端应连接到边界线上。

　　**Step 04** 楼梯路径则是用于指示行走路径，绘制的楼梯路径必须始于第一条踢面线，而结束于最后一条踢面线，不能延伸到第一条或最后一条踢面线之外。当草图中不添加自定义楼梯路径时，将自动创建，如图 11-7 所示。

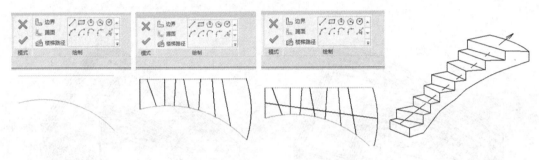

图 11-7　绘制梯段草图

　　梯段草图绘制模式适用于绘制边界或踢面较为不规则的梯段形式，梯段踏面的高度将会按照已经设定好的梯段踏步数来确定，因此在进入草图编辑模式之前应先确定好踏面数。草图编辑中的尺寸标注选项组为不可编辑模式，如图 11-8 所示。

| 尺寸标注 | |
| --- | --- |
| 所需踢面数 | **30** |
| 实际踢面数 | 9 |
| 实际踢面高度 | 166.7 |
| 实际踏板深度 | **280.0** |
| 踏板/踢面起始… | **1** |

| 尺寸标注 | |
| --- | --- |
| 实际梯段宽度 | |
| 实际踢面高度 | 166.7 |
| 实际踏板深度 | |
| 实际踢面数 | 0 |
| 实际踏板数 | -1 |

图 11-8　编辑梯段草图高度

2. 绘制平台草图

　　使用边界线绘制平台草图的边界轮廓，如图 11-9 所示，为保证平台与梯段自动连接成功，梯段踏步终点应尽量使用直线。若连接不成功，自动生成的栏杆将会环绕平台一周。此时应删除栏杆，重新绘制，或在绘制前预设为不绘制栏杆。

　　另外，按构件形式绘制的楼梯梯段或平台，可以通过在"工具"菜单上单击 ▦（转换为基于草图）工具，即可转为草图编辑模式，如图 11-10 所示。但要注意的是，这一过程是不可逆的。

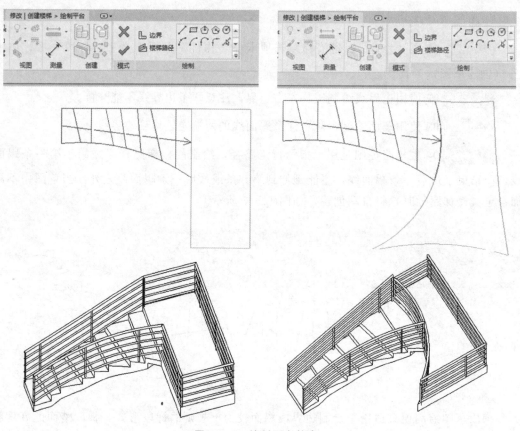

图 11 - 9　绘制平台轮廓

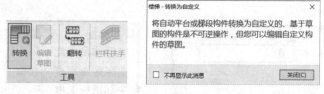

图 11 - 10　转换为基于草图

楼梯结束于
踢面

## 11. 1. 3　楼梯结束于踢面

默认情况下，在不修改楼梯的属性参数时，楼梯梯段的构造是"以踢面开始""以踢面结束"，如图 11 - 11 所示。

对于开始于踢面不难理解，而对于默认情况下楼梯梯段设置为结束于踢面，是由于在现浇钢筋混凝土楼梯中，一般最后一个踏步是平台梁或楼层梁，如图 11 - 12 所示。

当楼层梁不在梯段最后一节台阶位置时，就需要取消"以踢面结束"（即"以踏面结束"），具体做法如下。

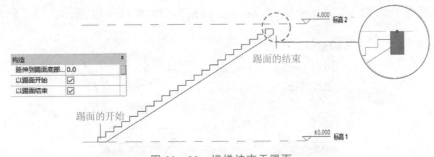

图 11－11　楼梯结束于踢面

>> Step **01** 选中需要修改的楼梯，在"编辑"面板上单击 👊（编辑楼梯）工具。

>> Step **02** 选中需要修改的楼梯梯段，在"属性"面板中取消"以踢面结束"复选框。

>> Step **03** 拖动梯段末端的实心圆点，往前拖动一个踏步后，松开鼠标，即可再创建一个踏步，如图 11–12 所示。

>> Step **04** 单击 ✔（完成编辑模式）按钮，退出楼梯部件编辑模式。

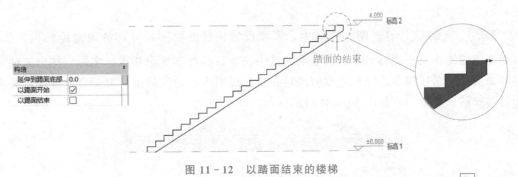

图 11－12　以踏面结束的楼梯

## 11.1.4　绘制教学楼室内楼梯

绘制教学楼室内楼梯（上）

教学楼一层和二层之间是以楼梯作为竖向交通。教学楼内部设置 LT1、LT2、LT3 三部楼梯，其中 LT1 为现浇混凝土板式楼梯，LT1、LT2 为现浇混凝土梁式楼梯。

以下将以 LT1 楼梯为例，介绍如何绘制现浇混凝土板式楼梯。经过疏散宽度计算后确定楼梯 LT1 的疏散宽度为 1850 mm，楼梯的梯段与休息平台都为 120 mm 厚现浇钢筋混凝土，踢面和踏面材质为 50 mm 厚花岗岩饰面。在运用楼梯命令绘制前，应先设定好楼梯的类型属性和实例属性，楼梯的类型属性因构件组成较多有多重嵌套，相比其他图元更为复杂。

绘制教学楼室内楼梯（下）

1. 复制并创建楼梯类型

单击"建筑"选项卡→"楼梯坡道"面板→ 👊（楼梯）工具，进入楼梯绘制模式，在"类型属性"面板的族选择器中选择"系统族：现场浇筑楼梯"，在类型选择器中选择"整体浇筑楼梯"选项。单击"编辑类型"按钮，在弹出的"类型属性"窗口中，复制并命名为"现浇楼梯 LT1 - 120 mm 结构-50 mm 饰面"，如图 11 - 13 所示。

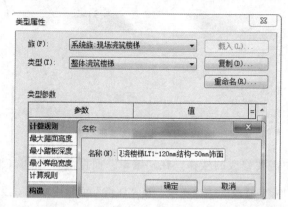

图 11 - 13　创建"现浇楼梯 LT1 - 120 mm 结构-50 mm 饰面"类型楼梯

2. 设置类型参数

在楼梯的类型属性中，主要需要编辑的属性为计算规则和构造（包括梯段、平台、功能）两个选项组。

**»Step　01** 在计算规则选项组中，需要设置楼梯的踏步尺寸和梯段宽度的极限值，以使创建的楼梯尺寸能够满足规范要求。其中设置好的计算规则要求：实际创建出来的楼梯踏面高度、踏板深度、梯段宽度应满足在计算规则中所约定的值。根据规范规定设置本项目楼梯的计算规则，如图 11 - 14 所示。

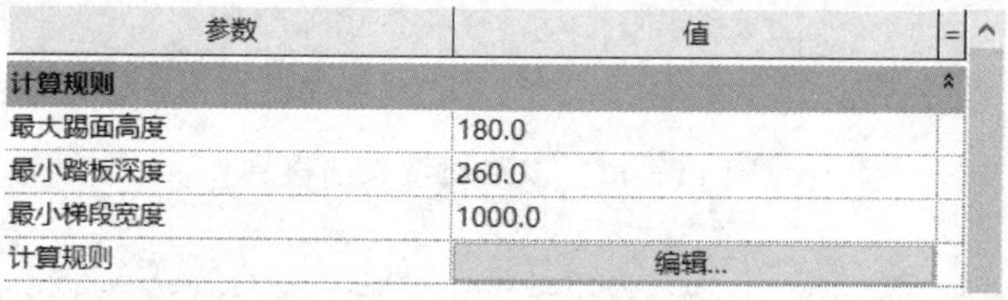

| 参数 | 值 |  |
| --- | --- | --- |
| **计算规则** | | |
| 最大踢面高度 | 180.0 | |
| 最小踏板深度 | 260.0 | |
| 最小梯段宽度 | 1000.0 | |
| 计算规则 | 编辑… | |

图 11 - 14　楼梯计算规则

**»Step　02** 设置梯段类型。默认的现浇楼梯的梯段类型为"120 mm 结构深度"，即厚度为 120 mm 的现浇钢筋混凝土梯段，由于系统默认的梯段类型不满足本书案例要求，故需更改类型。可通过进入梯段"类型编辑"面板中，复制并创建 120mm 的梯段类型，并修改实际参数值即可。

**»Step　03** 设置平台类型。❶默认的现浇楼梯的平台类型为"300 mm 厚度"，即厚度为 300 mm 的休息平台，未能满足需要，故需要修改平台类型。进入平台类型编辑面板，❷复制并命名为❸"120 mm 厚度"的平台类型，❹并将其中的"整体厚度"参数值设为"120.0"，如图 11 - 15 所示。

**»Step　04** 设置踏面与踢面。为了保护现浇钢筋混凝土的阴角、阳角部位，需要对楼梯的踏面和踢面添加保护层，这些保护构造也起到改善楼梯外观的效果。进入梯段的类型编辑器中，选中"踏板""踢面"复选框，分别将厚度设为"50.0"，并添加材质，如图 11 - 16 所示。

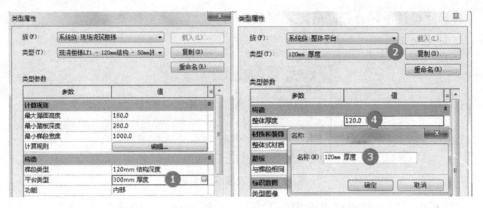

图 11-15　设置平台类型

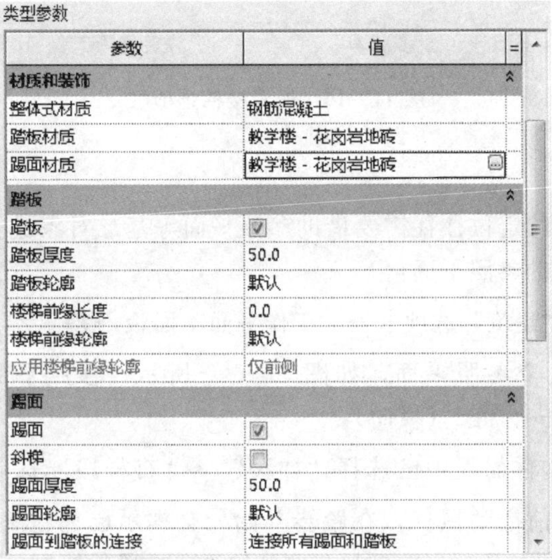

图 11-16　设置梯段的踏板与踢面

对于平台的踏板与踢面，只需选中"与梯段相同"复选框即可，这样平台的踏板与踢面的形式就会继承与之相连的梯段踏板与踢面的形式，如图 11-17 所示。

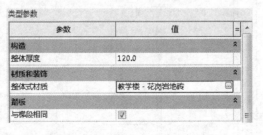

图 11-17　设置平台的踢面与踏面

3. 设置实例参数

在楼梯的属性面板中应设置楼梯的高度约束参数和尺寸标注参数，即设置踏步数和踏步宽度。在约束选项组中，设置楼梯的"底部约束"为"1F"，"顶部约束"为

"2F"；在尺寸标注中，设置"所需踢面数"为"28"，"实际踏板深度"为"300.0"，如图 11-18 所示。

| 尺寸标注 | | ⌃ |
|---|---|---|
| 所需踢面数 | 28 | |
| 实际踢面数 | 28 | |
| 实际踢面高度 | 150.0 | |
| 实际踏板深度 | 300.0 | |
| 踏板/踢面起始... | 1 | |

图 11-18　设置实例参数

在选项栏中设置绘制楼梯时的定位线为"梯段：中心"，偏移为"0.0"，实际梯段宽度为"1850.0"，并选中"自动平台"复选框，如图 11-19 所示。

| 定位线: 梯段: 中心 | ∨ | 偏移: 0.0 | 实际梯段宽度: 1850.0 | ☑自动平台 |
|---|---|---|---|---|

图 11-19　设置楼梯选项栏

4. 绘制楼梯

绘制楼梯时，楼梯的定位往往需要借助参照平面等基准对象进行辅助定位，因此在添加楼梯前，应先创建辅助参照平面。

**» Step 01** 单击"建筑"选项卡→"工作平面"面板→ 🗗 （参照平面）工具，在Ⓑ～Ⓒ轴与⑥轴附近绘制几个参照平面，如图 11-20 所示。参照平面间距离分别为 2100、3900（竖向）；925、1950、925（横向）。

**» Step 02** 确认构件面板中已选择"梯段"→"直梯段"选项，移动鼠标到楼梯平面位置开始处单击并向前拖动鼠标，在踏步开始处会提示已创建踏步数，当显示 14 个踏步时，单击结束这一梯段。移动鼠标到另一侧开始第二梯段的绘制，当绘制完所有踏步布置时，梯段上会有提示"剩余 0 踏步"，单击结束的位置完成第二梯段的绘制，如图 11-21 所示。

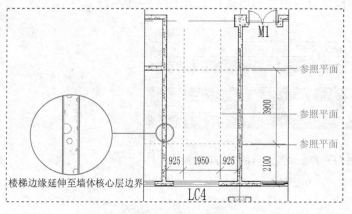

图 11-20　添加辅助参照平面

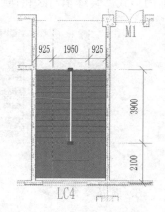

图 11-21　绘制楼梯

>> Step 03 两个梯段绘制完成后，梯段之间会自动生成平台，平台的宽度默认等于梯段宽度，如图 11-22（a）所示。单击选择平台时，会显示拖动控制柄，按住鼠标拖动控制柄，将平台宽度延伸至 Ⓑ 轴墙体核心层边界位置，如图 11-22（b）所示。

>> Step 04 若要修改休息平台轮廓，则保持选中平台的状态，在"工具"菜单上单击 ▦（转换为基于草图）工具，然后单击 ▧（编辑草图）工具，将休息平台的轮廓改为沿着墙体边界的轮廓样式。

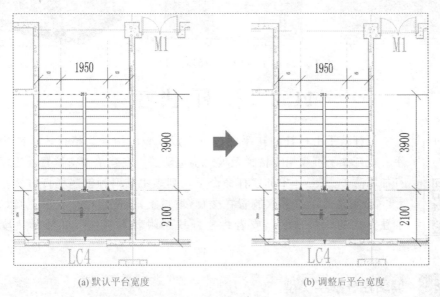

(a) 默认平台宽度　　　　　　　　　　　　　　(b) 调整后平台宽度

图 11-22　调整休息平台宽度

>> Step 05 调整完平台宽度后，在"模式"面板上，单击 ✔（完成编辑模式）按钮，退出编辑模式。为了观察楼梯剖面，在梯段某一位置处添加剖面视图，并命名为楼梯 a—a 剖面图。从浏览器中进入楼梯剖面视图中观察楼梯 a—a 剖面，如图 11-23 所示。

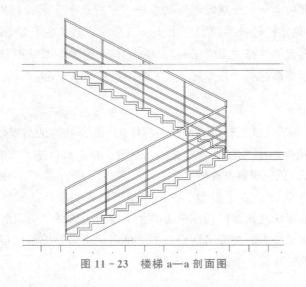

图 11-23　楼梯 a—a 剖面图

5. 楼梯间开洞

为楼梯间的楼板开洞的方式有多种，其中一种方式就是通过编辑楼板的边界，如图 11 - 24 所示，以达到开洞的目的。

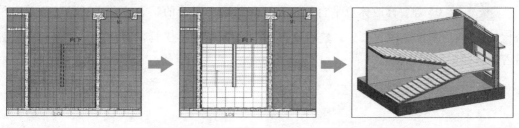

图 11 - 24　楼梯间开洞

# 11.2　栏杆扶手

栏杆扶手由栏杆和扶手两部分组成，竖向构件为栏杆，横向构件为扶手。栏杆扶手不仅用于楼梯及坡道临边防护，在建筑临空位置处也需设置栏杆加以防护。Revit 中的栏杆命令下拉列表中有两种创建栏杆方式，分别是（绘制路径）和（放置在楼梯/坡道上）。使用栏杆扶手工具，可以添加独立式的栏杆扶手，或者将栏杆扶手附着到主体（如楼梯、坡道或楼板）上。

## 11.2.1　编辑栏杆扶手类型

在 Revit 中，栏杆扶手是系统族，其形式的编辑必须要在类型属性中进行，通过修改类型属性来更改栏杆扶手系统族的结构、栏杆和支柱、连接、扶手和其他属性。

1. 复制创建栏杆类型

单击"建筑"选项卡→"楼梯坡道"面板→"栏杆扶手"下拉列表→（绘制路径）工具，弹出"修改|创建栏杆扶手路径"上下文选项卡，进入栏杆绘制模式。在属性面板的类型浏览器下拉列表中选择"1100 mm"，单击（编辑类型）工具，在弹出的"类型属性"窗口中，复制并命名为"教学楼-LT1 防护栏杆-1100 mm"，如图 11 - 25 所示。

2. 编辑顶部扶栏

顶部扶栏是用于编辑立式栏杆的顶部扶手的样式，顶部扶栏的高度便是栏杆的高度，在"使用顶部扶栏"的值中选择"是"，才能进一步设置。单击窗口左下方的"预览"按钮，向左弹出预览窗口，可以预先观察设置样式。

设置高度为"1100.0"，在"类型"的值中单击进入"顶部扶栏"类型属性窗口，在该窗口中可以调整顶部扶栏轮廓样式。单击类型下拉列表选择"椭圆形- 40×30 mm"，单击"确定"按钮，回到扶手的类型属性窗口中。单击"应用"按钮，可以在预览窗口中观察到更新后的顶部扶栏样式，如图 11 - 26 所示。

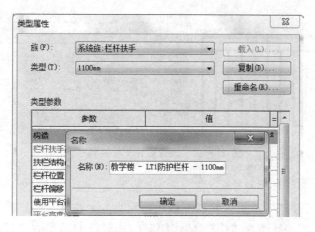

图 11 - 25  创建"教学楼–LT1 防护栏杆–1100 mm"栏杆扶手

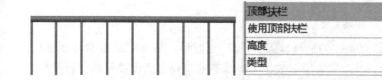

图 11 - 26  编辑顶部扶栏

3. 编辑扶栏结构

编辑扶栏结构可以为栏杆添加多个水平扶栏（注意区别于顶部扶手），单击"扶栏结构（非连续）"的编辑按钮，进入"编辑扶手（非连续）"窗口。单击"插入"按钮两次，插入两个扶手，分别命名为"扶栏 1""扶栏 2"，并设置高度分别为"950.0"和"100.0"，轮廓为"矩形扶手：20 mm"。单击"应用"按钮，则可以在预览窗口中观察到为栏杆新添了两个水平构件，如图 11 - 27 所示。

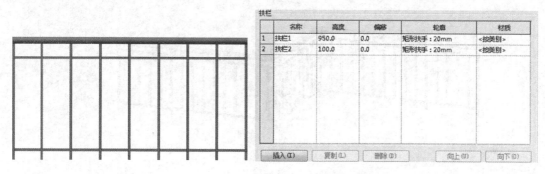

图 11 - 27  编辑栏杆扶手

4. 编辑栏杆位置

编辑栏杆位置可以控制栏杆竖向构件的间距和样式。单击"栏杆位置"的编辑按钮，进入"编辑栏杆位置"窗口。在主样式表格中，设置的是中间栏杆；在支柱表格中，设置的是起点、终点和转角栏杆，如图 11 - 28 所示。

主样式(M)

| | 名称 | 栏杆族 | 底部 | 底部偏移 | 顶部 | 顶部偏移 | 相对前一栏杆的距离 | 偏移 |
|---|---|---|---|---|---|---|---|---|
| 1 | 填充图 | N/A | N/A | N/A | N/A | N/A | N/A | N/A |
| 2 | 常规栏 | 栏杆 - 正方形：2 | 扶栏2 | 0.0 | 扶栏1 | 0.0 | 150.0 | 0.0 |
| 3 | 常规栏 | 栏杆 - 正方形：2 | 扶栏2 | 0.0 | 扶栏1 | 0.0 | 150.0 | 0.0 |
| 4 | 常规栏 | 栏杆 - 正方形：2 | 扶栏2 | 0.0 | 扶栏1 | 0.0 | 150.0 | 0.0 |
| 5 | 常规栏 | 栏杆 - 正方形：2 | 扶栏2 | 0.0 | 扶栏1 | 0.0 | 150.0 | 0.0 |
| 6 | 常规栏 | 栏杆 - 正方形：2 | 主体 | 0.0 | 顶部扶 | 0.0 | 150.0 | 0.0 |
| 7 | 填充图 | N/A | N/A | N/A | N/A | N/A | 0.0 | N/A |

删除(D)　复制(L)　向上(U)　向下(O)

截断样式位置(B)：每段扶手末端　角度(N)：0.00°　样式长度：750.0

对齐(J)：起点　超出长度填充(E)：无　间距(I)：0.0

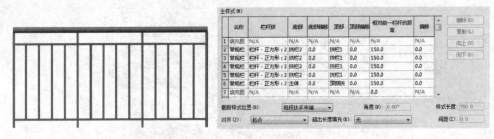

图 11－28　设置栏杆支柱主样式

**Step 01** 设置中间栏杆。

选择自带的栏杆样式，单击“复制”按钮创建出 5 个栏杆支柱，将序号 2 ～ 5 的栏杆底部设置为“扶栏 2”，顶部为“扶栏 1”，相对前一栏杆的间距为“150.0”。序号 6 的底部为“主体”，顶部为“顶部扶栏图元”，相对前一栏杆的间距为“150.0”。从栏杆预览图中不难看出此时中间栏杆的排布规律。

**Step 02** 设置起点、终点和转角栏杆。

设置起点支柱、转角支柱和终点支柱的栏杆族为“栏杆-正方形：25 mm”，底部和顶部位置按默认设置，如图 11－29 所示。单击“应用”按钮，在预览窗口观察到设置好的“教学楼-LT1 防护栏杆- 1100 mm”栏杆扶手，如图 11－30 所示。

支柱(S)

| | 名称 | 栏杆族 | 底部 | 底部偏移 | 顶部 | 顶部偏移 | 空间 | 偏移 |
|---|---|---|---|---|---|---|---|---|
| 1 | 起点支柱 | 栏杆 - 正方形：25mm | 主体 | 0.0 | 顶部扶栏图元 | 0.0 | 12.5 | 0.0 |
| 2 | 转角支柱 | 栏杆 - 正方形：25mm | 主体 | 0.0 | 顶部扶栏图元 | 0.0 | 0.0 | 0.0 |
| 3 | 终点支柱 | 栏杆 - 正方形：25mm | 主体 | 0.0 | 顶部扶栏图元 | 0.0 | -12.5 | 0.0 |
| | | | | | | | | |

转角支柱位置(C)：每段扶手末端　角度(G)：0.00°

图 11－29　编辑栏杆位置

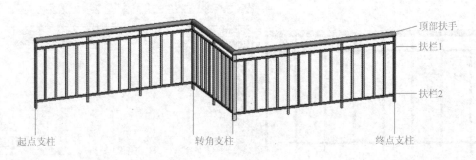

图 11－30　“教学楼- LT1 防护栏杆- 1100 mm”栏杆样式

## 拓展练习

由于本案例中 LT1 防护栏杆样式较为复杂，可以参照以上步骤重新调整，调整完的“教学楼- LT1 防护栏杆- 1100 mm”栏杆样式如图 11－31 所示。

图 11 – 31 调整完的"教学楼–LT1 防护栏杆–1100 mm"栏杆样式

## 11.2.2 绘制及编辑独立栏杆

### 1. 楼梯防护栏杆

创建教学楼室内楼梯过程中默认将自动生成栏杆扶手，但默认生成的栏杆扶手样式一般难以满足规范要求，故须重新设置楼梯防护栏杆。使用 （放置在楼梯/坡道上）命令，可以在楼梯上添加扶手，在三维视图中将楼梯单独隔离出来，以方便绘制时观察添加的栏杆效果。

**Step 01** 删除创建楼梯时自动创建的栏杆扶手。

**Step 02** 单击"建筑"选项卡→"楼梯坡道"面板→"栏杆扶手"下拉列表→ （放置在楼梯/坡道上）工具，进入"修改|在楼梯/坡道上放置栏杆扶手"上下文选项卡，在"位置"面板中提供两种选择，即将栏杆放置在"踏板"或"梯边梁"上，本书案例中板式楼梯无梯边梁，故选择"踏板"选项，如图 11 – 32 所示。

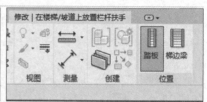

图 11 – 32 栏杆放置在楼梯/坡道上

**Step 03** 在"属性"面板类型选择器中选择栏杆扶手类型为"教学楼–LT1 防护栏杆–1100 mm"。

**Step 04** 单击拾取楼梯将自动创建楼梯防护栏杆扶手。

**Step 05** 编辑外侧栏杆路径。一般对于靠近墙体一侧的栏杆无需创建，只需保留外墙为幕墙部分的栏杆扶手即可。若需布置靠墙侧栏杆，则需要安装顶部扶手。选择靠墙侧栏杆，单击 （编辑路径）工具进入栏杆路径编辑模式中，删除外侧休息平台处栏杆路径，保留外侧梯段的栏杆路径，如图 11 – 33 所示。

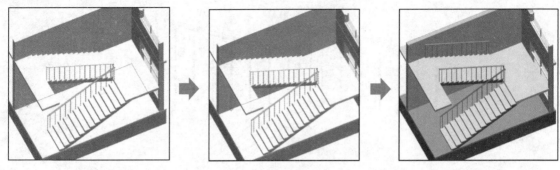

图 11 - 33　编辑外侧栏杆路径

》Step　**06** 修改靠墙扶手样式为"教学楼-LT1 靠墙扶手- 1100 mm"，如图 11 - 34 所示。

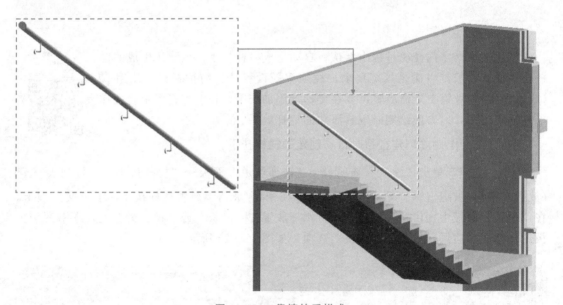

图 11 - 34　靠墙扶手样式

其中"教学楼-LT1 靠墙扶手- 1100 mm"的靠墙安装扶手的类型属性参数调整方式如图 11 - 35 所示。

》Step　**07** 编辑内侧栏杆。楼梯内侧栏杆的作用是进行临空防护，默认生成的内侧栏杆有诸多不足，尤其是转角处栏杆扶手的交接问题。因此需要进一步编辑内侧栏杆，保证休息平台处、楼层交接处的栏杆扶手顺利相接。

以休息平台处栏杆转角为例。单击内侧栏杆扶手，在"修改 | 栏杆扶手"上下文选项卡中，单击"模式"面板→ ⛏（编辑路径）工具，适当延伸栏杆在休息平台处的水平段，同时单击"编辑类型"按钮，将"使用平台高度调整"改为"是"，如图 11 - 36 所示。

楼层交接处的栏杆扶手也可通过延伸栏杆水平段的方式，保证不同楼层的楼梯在转角处恰当衔接。

》Step　**08** 调整结束段水平栏杆高度。由于本案例 LT1 栏杆高度为 1100 mm，既高

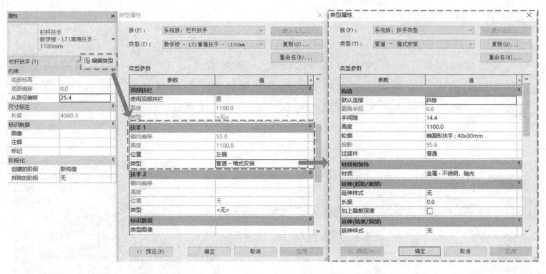

图 11-35 "教学楼-LT1 靠墙扶手-1100 mm"栏杆类型属性参数

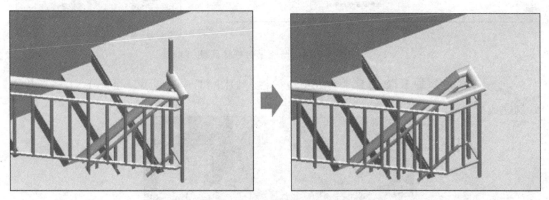

图 11-36 调整休息平台内侧栏杆路径

于规范要求的楼梯梯段的栏杆防护高度 900 mm，也不低于楼层位置栏杆高度 1050 mm，因此无需调整栏杆高度，只需为末端栏杆继续添加水平段即可，如图 11-37 所示。

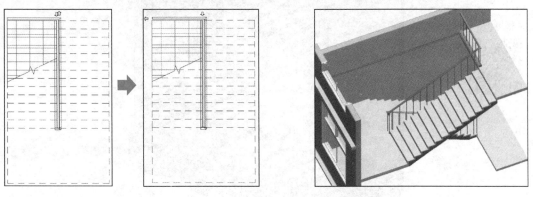

图 11-37 延伸栏杆末端水平段

特别提示

若使用的楼梯栏杆高度为 900 mm 类型，那么需要将末端水平栏杆高度调整至 1050 mm 的高度。选择楼梯栏杆扶手，单击"编辑类型"按钮，将"使用平台高度调整"改为"是"；"平台高度调整"值改为"150.0"，如图 11 - 38 所示。

| 类型参数 | | |
|---|---|---|
| 参数 | 值 | = |
| **构造** | | |
| 栏杆扶手高度 | 900.0 | |
| 扶栏结构(非连续) | 编辑... | |
| 栏杆位置 | 编辑... | |
| 栏杆偏移 | 0.0 | |
| 使用平台高度调整 | 是 | |
| 平台高度调整 | 150.0 | |
| 斜接 | 添加垂直/水平线段 | |
| 切线连接 | 延伸扶手使其相交 | |
| 扶栏连接 | 接合 | |

图 11 - 38　调整平台栏杆高度

**>> Step 09** 添加 LT1 休息平台处窗边护栏，如图 11 - 39 所示。至此 LT1 栏杆扶手绘制完成。

图11-39
三维模型

图 11 - 39　教学楼 LT1 栏杆扶手

2. 中庭玻璃栏板

本案例中庭为玻璃栏板样式，切换至二层平面视图，使用编辑楼板边界的方式为二层中庭的楼板创建洞口，并为洞口临边布置类型为"教学楼–玻璃嵌板–1100 mm"的栏杆进行防护，如图 11 – 40 所示。

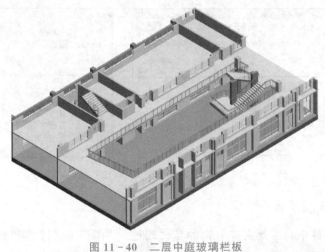

图 11 – 40　二层中庭玻璃栏板

**想一想**

如何创建并调整玻璃嵌板栏杆参数？

本案例 LT2、LT3 防护栏杆均为 1100 mm 高玻璃栏板样式，与二、三层中庭栏板样式一致。依照同样的方式创建三层中庭洞口与玻璃嵌板防护栏杆。

# 11.3　坡　　道

坡道与室外台阶都是建筑物出入口室内外高差之间的交通联系部件，不同于台阶的供人们进出建筑功能，坡道是为车辆及无障碍行驶器而设置的。坡道按照其用途的不同，可以分为行车坡道和无障碍坡道两类。在本节中，将介绍坡道的相关知识，并讲述在 Revit 中如何绘制及编辑坡道。

绘制教学楼室外坡道前，需先了解坡道的相关知识，具体内容详见右下方二维码。

## 绘制及编辑坡道

在本书案例中，教学楼入口使用平坡连接到室外场地。坡道的坡度为 1 : 12，较为平缓，能够满足无障碍行进。坡道的提升高度为自室外地坪（−0.45m）到建筑入口处（±0.00m），坡道的总宽度为 1200 mm。坡道的绘制方式与楼梯的绘制方式相似。

坡道

1. 复制坡道类型

单击"建筑"选项卡 → "楼梯坡道"面板 → （坡道）工具，弹出"修改｜创建坡道草图"选项卡，进入坡道绘制模式，在"属性"面板中单击"编辑类型"按钮，在弹出的"类型属性"窗口中对"坡道1"进行复制并命名为"教学楼坡道-1/12"，如图11-41所示。

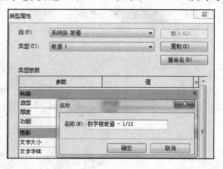

图 11 - 41　创建"教学楼坡道-1/12"类型坡道

2. 编辑坡道类型属性

坡道的类型属性中，主要需要编辑的是"构造""图形""材质和装饰"和"尺寸标注"这四个选项组。

（1）构造

在构造组可以设定坡道的造型为"结构板"或"实体"，如图11-42所示。当造型为板式时，才能设置坡道的厚度尺寸。教学楼的室外坡道设为"实体"，功能为"外部"。

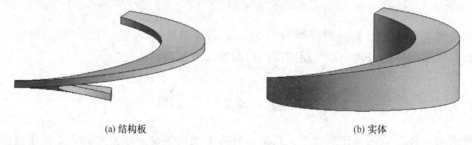

(a) 结构板　　　　　　　　　　　　　(b) 实体

图 11 - 42　坡道

（2）图形

在图形选项组中，控制的是坡道标注的字体大小和样式。

（3）材质和装饰

这个选项可以为坡道设置外观材质。本案例中设置坡道的材质为"教学楼-花岗岩地砖"。

（4）尺寸标注

在尺寸标注选项组中，设定的是坡道的坡度和坡道水平的极限值，保证绘制的坡道满足规范要求。"最大斜坡长度"用于定义坡道的最大长度；"坡道最大坡度（1/x）"用于定义坡道的坡度值，如图11-43所示。

教学楼的室外坡道坡度为1∶12，故将"坡道最大坡度（1/x）"设置为12（说明：此处 x 即为需要填写的值，1/x 即为1/12）。"最大斜坡长度"为5400［说明：450÷（1∶12）＝5400］。

| 尺寸标注 | |
|---|---|
| 最大斜坡长度 | 5400.0 |
| 坡道最大坡度(1/x) | 12.000000 |

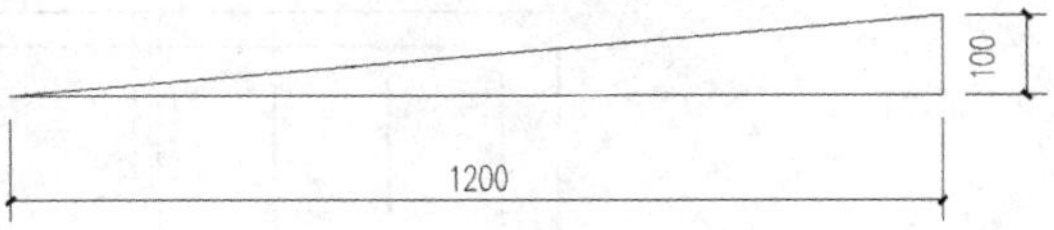

图 11-43　坡道坡度参数

#### 3. 设置坡道实例属性

坡道的实例属性需要设置坡道在高度方向上的约束条件和坡道的宽度。教学楼的坡道为室外标高的－0.45m 至±0.00m 处，坡道的宽度为 1200 mm，坡道的实例属性设置如图 11-44 所示。

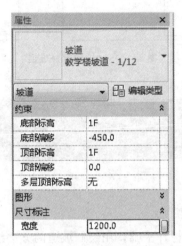

图 11-44　坡道实例属性

#### 4. 绘制坡道

坡道的绘制是在草图模式中编辑坡道轮廓生成的。草图模式中提供三种工具，使用梯段工具直接绘制坡道最为快捷，但是"梯段"工具会将坡道设计限制为直梯段、带平台的直梯段和螺旋梯段。因此可以结合使用"边界"和"踢面"工具分别绘制坡道的边界和起始线、终点线，坡道的"边界"和"踢面"的要求与楼梯相同。一般在绘制异形坡道时，才会使用"边界"和"踢面"工具。

本书案例中，教学楼坡道为直线形坡道，选择"梯段"→"直线"工具，从坡道起始位置单击，向下移动鼠标，在绘制视图中会用灰调字体显示计算应绘制的坡道长度，并预显示坡道长度矩形。在终点位置再次单击，灰调字体会提示已创建长度梯段及剩余长度。当剩余为 0 时，表示坡道绘制完成，在"模式"面板上，单击 ✔（完成编辑模式）按钮退出坡道编辑，如图 11-45 所示。

#### 5. 观察并调整

完成坡道绘制后，切换到三维模式中观察，可以看到坡道方向是反向的，回到 1F 平面中选中坡道，可以观察到坡道一端有箭头标识，将鼠标移动到箭头上，提示"向上翻转楼梯的方向"，单击箭头，坡道的方向就会翻转（翻转坡道只能在平面中进行），如图 11-46 所示。

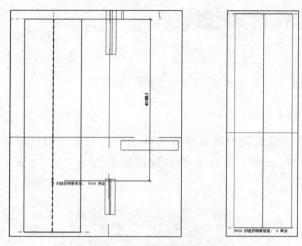

图 11 - 45    绘制室外坡道

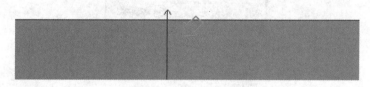

图 11 - 46    反转坡道方向

6. 绘制坡道两侧栏杆基础

教学楼室外坡道两侧设有栏杆基础，用绘制坡道的方法绘制栏杆基础，并设置栏杆基础材质为"教学楼-文化石"，如图 11 - 47 所示。

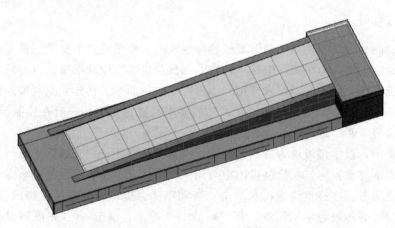

图 11 - 47    绘制坡道两侧栏杆基础

7. 创建坡道栏杆扶手

≫ Step 01 单击"建筑"选项卡 → "楼梯坡道"面板 → "栏杆扶手"下拉列表 → （放置在楼梯/坡道上）工具，在"属性"面板的"类型浏览器"下拉列表选择"教学楼-LT1 防护栏杆-1100 mm"类型。

>> Step 02 单击 ⊞（编辑类型）按钮，在弹出的"类型属性"窗口中，复制"教学楼-LT1 防护栏杆-1100 mm"，并命名为"教学楼-无障碍坡道扶手-1000 mm"。

>> Step 03 修改栏杆参数，将顶部扶手高度调整为 1000 mm，在高度为 700 mm 的位置处添加一根圆形扶栏。将栏杆调整为圆形轮廓，具体方法可参考栏杆扶手一节内容，此处不一一详述。

>> Step 04 绘制坡道栏杆扶手路径，创建完成的坡道栏杆扶手如图 11-48 所示。

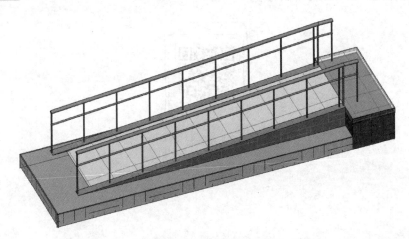

图 11-48 创建坡道栏杆扶手

## 项目小结

1. 楼梯一般由梯段、平台和栏杆扶手三部分组成。

2. 楼梯平台处的净高不应小于 2000 mm，梯段范围内的净空高度不应小于 2200 mm。

3. 现浇钢筋混凝土楼梯梯段的构造一般是"以踢面开始""以踢面结束"。

4. 楼梯绘制一般以"按构件绘制"进行，对于部分有特殊造型要求的楼梯可将构件楼梯（包括梯段、平台）转换为草图楼梯，在草图中绘制独特造型的楼梯，这个过程是不可逆的。

5. 实体坡道多用于室外坡道，结构板坡道多用于室内地下室行车道绘制。

6. 坡道坡度计算中，"坡道最大坡度（1/x）"为长度与高度的比值，也等于 1/坡度百分比。

7. 栏杆扶手的参数设置包括顶部扶栏、栏杆结构、栏杆位置、平台栏杆、梯段栏杆高度。

# 复习思考

1. 钢楼梯参数应如何调整？
2. 什么情况需要使用草图模式楼梯？
3. 将教学楼的 LT2、LT3 梁式楼梯、栏杆扶手、室外坡道模型补充完善。
4. 如何定义玻璃嵌板的栏杆样式？
5. 如何自定义弧形坡道的圆形？

项目11
在线答题

# 项目12
# 洞口与室内外构件设计

在建筑中，对于楼梯间、电梯间、设备间等需要留洞的区域，均称为洞口。洞口并不局限于楼板，还包括在墙体、屋顶上开洞的情况。在 Revit 中，洞口的建立不仅可以通过编辑楼板、屋顶、墙体的轮廓来实现，也可以通过"洞口"面板中的命令来创建竖井洞口、墙面洞口、按面洞口、垂直洞口、老虎窗洞口等。

室内外构件包括室内的家具、洁具、灯具和各种装饰构件等，以及室外的景观小品、雨篷和室外构筑物等。这些构件在 Revit 中基本上都是载入族，通过载入相关族进行摆放即可。需要注意的是，部分模型族创建时使用的样板文件是有主体的，如基于面、基于墙、基于天花板、基于屋顶或基于线，这些基于主体的族在放置时必须在主体上拾取放置。

在本章中，将以教学楼为示范，学习使用 Revit 中的洞口功能，在建筑室内添加家具、洁具的方法，在室外添加景观小品、雨篷和室外构筑物等对象的具体操作。

## 学习目标

| 能力目标 | 知识要点 |
| --- | --- |
| 掌握 Revit 不同构件开洞方法 | 竖井洞口 |
| | 墙洞口 |
| | 按面洞口和垂直洞口 |
| | 老虎窗洞口 |
| 掌握 Revit 中布置构件的方法 | 墙饰条转角 |
| | 布置家具与洁具族 |
| | 布置 RPC 族 |

创建洞口

# 12.1 创 建 洞 口

在 Revit 中提供了竖井洞口、墙洞口、按面洞口、垂直洞口和老虎窗洞口五种类型，以满足在墙体、楼板、天花板、屋顶等建筑主体上的开洞需要。绘制洞口时，应选择对应的洞口命令进行创建。

## 12.1.1 竖井洞口

使用"竖井"工具可以放置跨越多个建筑楼层（或者跨越选定标高）的洞口，洞口可以同时贯穿屋顶、楼板或天花板的表面。相对于逐个编辑楼板轮廓，"竖井"命令对于创建跨越多个水平构件的洞口更具有优势。

例如，在布置二层中庭上空的楼板洞口时，除了编辑楼板轮廓的方式外，也可使用"竖井"工具创建洞口。

**Step 01** 使用"竖井"命令。

单击"建筑"选项卡→"洞口"面板→▓▓（竖井），弹出"修改|创建竖井洞口草图"选项卡，进入竖井编辑模式中，如图 12-1 所示。

**Step 02** 绘制竖井。

在绘制面板中，"边界线"用以创建竖井的轮廓，"符号线"则用于对竖井进行注释，标识上空线。选择"边界线"的"线"工具在"2F"平面视图中在空位置绘制竖井轮廓，选择"符号线"的"直线"工具，绘制上空表示符号，如图 12-2 所示。

使用"符号线"绘制时，默认为细线，还可以在线样式的下拉列表中选择其他线型。

楼梯间洞口也可使用"竖井"方式的绘制效果与项目 11 中通过编辑楼板轮廓绘制楼梯间洞口的效果一致。可根据实际情况灵活使用其中一种或两种方式组合达到为楼板开洞的目的。

**Step 03** 编辑竖井高度。

默认的竖井底部定位标高为绘制平面的标高，其高度需要在实例属性面板中进行调整。在约束选项组设置底部和顶部约束均为"2F"，底部偏移为"-1000.0"，顶部偏移为"500.0"，单击✔（完成编辑模式）按钮退出竖井草图编辑，如图 12-3 所示。

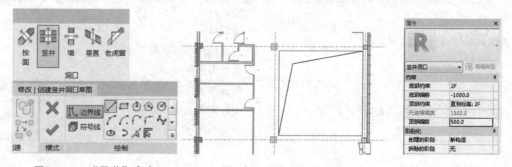

图 12-1 "竖井"命令　　　图 12-2 绘制竖井轮廓　　　图 12-3 设置竖井范围

## 12.1.2 墙洞口

在 Revit 中，使用"墙"洞口可以在墙面上剪切出矩形洞口。"墙"洞口可以在立面视图或三维视图中添加。

>> Step 01 绘制"墙"洞口。

进入三维视图中，调整视图到前立面中，单击"建筑"选项卡→"洞口"面板→ (墙洞口)工具，如图 12-4 所示。进入"墙"洞口绘制模式后，鼠标会自动变成十字光标，移动到要绘制洞口的墙体上，当其高亮显示时，单击选中，十字光标右下角出现矩形框。在洞口一角选中后拖动鼠标到矩形对角再次单击，墙面就被洞口剪切，如图 12-5 所示。

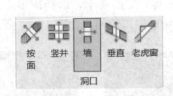

图 12-4 墙洞口

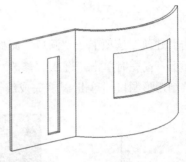

图 12-5 绘制墙洞口

>> Step 02 编辑墙洞口。

单击绘制完成的墙洞口，进入"修改|矩形直墙洞口"选项卡，墙洞口四边出现蓝色的三角形及临时标注，可以通过拖曳或修改临时标注的数值来调整洞口的尺寸和位置，如图 12-6 所示。

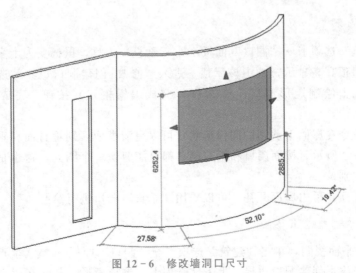

图 12-6 修改墙洞口尺寸

特别提示

由于墙洞口只能是矩形，因此墙洞口不像竖井洞口可以进入草图模式中编辑洞口轮廓，而且墙洞口只能剪切单个墙面。

## 12.1.3 按面洞口和垂直洞口

在 Revit 中，按面洞口和垂直洞口是用于楼板、屋顶或天花板上剪切垂直洞口（如用于安放烟囱）。如果希望洞口垂直于所选的面，可使用"按面"选项。如果希望洞口垂直于某个标高，可使用"垂直"选项。如果选择了"按面"，则需要在图元中选择一个面。如果选择了"垂直"，则需选择整个图元。

1. 绘制按面洞口

单击"建筑"选项卡→"洞口"面板→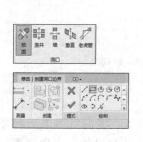（按面）工具，鼠标变为十字光标，移动到选定的屋面上，高亮时单击，进入"修改|创建洞口边界"上下文选项卡，选择矩形工具，在屋面上绘制矩形洞口，单击 ✔（完成编辑模式）按钮，完成洞口绘制，如图 12-7 所示。

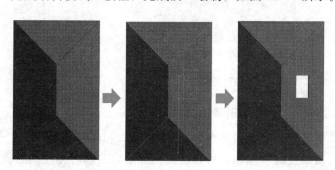

图 12-7　绘制按面洞口

2. 绘制垂直洞口

单击"建筑"选项卡→"洞口"面板→（垂直）工具，鼠标变为十字光标，移动到屋顶上，整个屋顶高亮显示，选中该屋顶，进入"修改|创建洞口边界"选项卡，选择矩形工具，在屋面上绘制矩形洞口，单击 ✔（完成编辑模式）按钮，完成洞口绘制，如图 12-8 所示。

观察两个命令在屋面上剪切的洞口形状，可以更清晰地区别垂直面和垂直标高之间的差别，如图 12-9 所示。按面洞口和垂直洞口都只能剪切单个图元，这也是垂直洞口和竖井洞口之间的差别。

本案例中屋顶井道出屋面开孔，可以采用"垂直"洞口进行绘制。

3. 绘制教学楼井道出屋面

切换至 RF 平面视图，单击"建筑"选项卡→"洞口"面板→（垂直）工具，选中屋顶，进入"修改|创建洞口边界"上下文选项卡。选择矩形工具，在屋面上②~③轴交

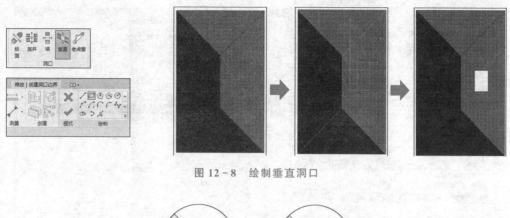

图 12 - 8　绘制垂直洞口

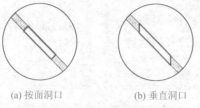

(a) 按面洞口　　　(b) 垂直洞口

图 12 - 9　洞口形状

Ⓑ～Ⓒ轴处（具体定位可查看配套屋顶层平面图）出屋面绘制矩形井道洞口"600×600 mm"，单击✔（完成编辑模式）按钮，完成洞口绘制，如图 12 - 10 所示。

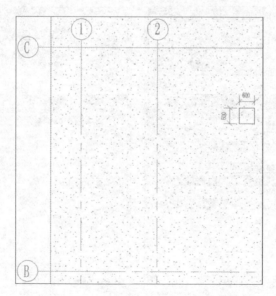

图 12 - 10　绘制教学楼井道出屋面洞口

新建名称为"教学楼-井道出屋面墙- 200 mm"，在类型属性构造中编辑结构，修改材质为"混凝土-现场浇筑混凝土"，并将厚度调整为"200.0"，如图 12 - 11 所示，在相应位置绘制井道出屋面墙，将井道出屋面墙顶部标高调整至"16.880"处，根据需要合理编辑墙体轮廓。

新建名称为"教学楼-井道出屋面板- 100 mm"的楼板类型，在类型属性参数中编辑结

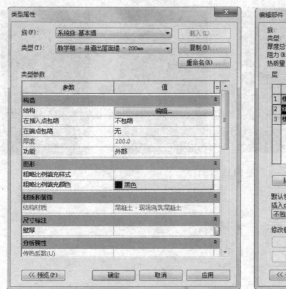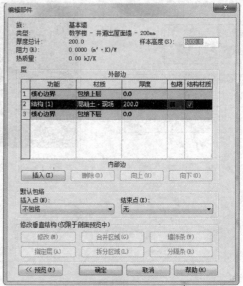

图 12 – 11　创建教学楼井道出屋面墙类型

构部件，修改材质为"混凝土-现场浇筑混凝土"，并将厚度调整为"100.0"，如图 12 – 12 所示，为井道出屋面板添加盖板，并将井道出屋面板顶部标高调整至"16.980"处。

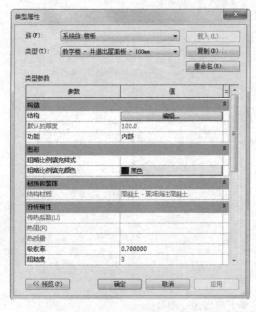

图 12 – 12　创建教学楼井道出屋面板类型

　　为井道出屋面添加百叶窗，单击"插入"→"载入族"选项，在弹出的"载入族"窗口中双击"建筑"→"窗"→"普通窗"→"百叶风口"文件，载入"百叶风口 3 -带贴面.rfa"族文件，复制类型并命名为"教学楼-井道出屋面百叶窗-500×500 mm"，调整宽度、高度尺寸参数为 500 mm，并为百叶窗构件赋予"铝合金"的材质，如图 12 – 13 所示，在相应位置布置百叶窗，并调整百叶窗顶部标高为"16.780"。

图 12 - 13　创建教学楼井道出屋面百叶窗类型

教学楼井道出屋面效果图如图 12 - 14 所示。

图 12 - 14　教学楼井道出屋面效果图

## 12.1.4　老虎窗洞口

老虎窗洞口

　　凸出在屋顶斜面用于采光、通风的造型窗称为老虎窗，是天窗的一种特例。老虎窗洞口便是专用于剪切老虎窗位置处的屋面，形成洞口的工具。老虎窗洞口可以对屋顶同时进行水平剪切和垂直剪切，打通主屋面与造型屋面之间的遮挡。

老虎窗洞口的绘制必须在已有（尚未连接或剪切洞口）的老虎窗上拾取老虎窗边缘有效边界轮廓（有效边界包括连接的屋顶或其底面、墙的侧面、楼板的地面、要剪切的屋顶边缘或剪切的屋顶面上的模型线）。

>> Step 01 打开配套练习文件"12.1 老虎窗洞口练习"。

>> Step 02 单击"修改"选项卡→"几何图形"面板→ (连接/取消连接屋顶) 工具，选择要连接的屋顶的边（边❶），然后选择要将该屋顶连接到的墙或屋顶（屋面❷），如图 12 - 15 所示。

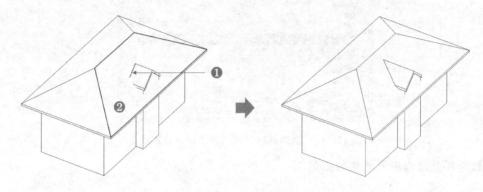

图 12 - 15　连接屋顶

>> Step 03 单击"建筑"选项卡→"洞口"面板→ (老虎窗洞口) 工具，选择要被老虎窗洞口剪切的屋顶（屋顶❷），高亮时单击选中，进入"修改|编辑草图"选项卡。"拾取屋顶/墙边缘"工具处于活动状态，可以拾取构成老虎窗洞口的边界。拾取连接屋顶、墙的侧面或屋顶连接面以定义老虎窗的边界，边界需形成闭合的环，如图 12 - 16 所示。

>> Step 04 单击 (完成编辑模式) 按钮，如图 12 - 17 所示。

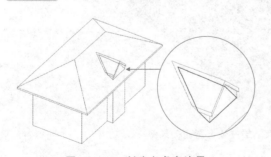

图 12 - 16　创建老虎窗边界

图 12 - 17　老虎窗剖视图

# 12.2　完善建筑主体构件

Revit 提供了多种工具用于建筑专业模型设计，如墙、门、窗、柱、屋顶、天花板、楼板、幕墙系统、栏杆扶手、楼梯、坡道等，如图 12 - 18 所示。但这些工具都有一定的局限性，对于那些复杂的无法用常规工具实现的模型都可以通过"放置构件"与"内建模型"的方式实现。

图 12-18　"放置构件"与"内建模型"

## 12.2.1　雨篷

▶Step 01 单击"插入"→"从库中载入"→"载入族"选项，分别选择配套案例族文件"雨篷.rfa"，将雨篷族载入教学楼项目中。

▶Step 02 切换至"2F"平面视图中，单击"建筑"选项卡→"构建"面板→⏹（放置构件）工具，在属性面板的类型浏览器下拉列表找到"雨篷"，在"2F"平面视图中找到雨篷的位置，单击以放置雨篷族，并移动至合理位置，如图 12-19 所示。

> 屋顶通风井、雨篷、一层空调板围挡

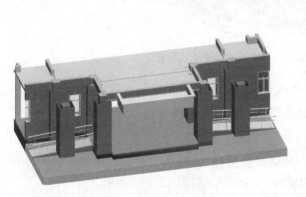

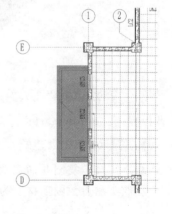

图 12-19　室外雨篷

▶Step 03 为雨篷添加材质。选择雨篷后，在"属性"面板单击"编辑类型"按钮，在"类型属性"对话框中材质与装饰栏添加"教学楼-浅驼色"材质，如图 12-20 所示。

## 12.2.2　一层空调板围挡

▶Step 01 创建"空调室外机平台"，切换至"1F"平面视图中，单击"建筑"选项卡→"构建"面板→▱（楼板：建筑）工具，在"属性"面板的类型浏览器下拉列表中找到"教学楼-防水楼面-120 mm"，在"1F"平面视图中找到空调室外机平台的位置，绘制

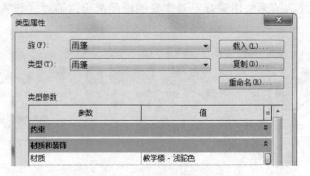

图 12 - 20　室外雨篷材质

空调室外机平台，平台顶部标高为±0.000，如图 12 - 21 所示。

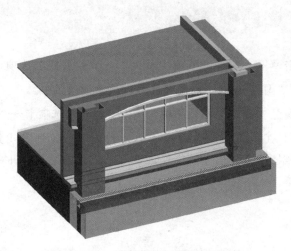

图 12 - 21　创建一层空调室外机平台

>> Step 02 单击"插入"→"从库中载入"→"载入族"选项，选择配套案例文件
"空调板围挡：1100mm. rfa"，将空调板围挡：1100 mm 族载入教学楼项目中。

>> Step 03 单击"建筑"选项卡→"构建"面板→"楼板"下拉列表→ (楼板：
楼板边缘) 工具，复制并命名为"一层空调板围挡"，选择"空调板围挡：1100 mm"轮
廓族，更改类型参数围挡材质为"教学楼-文化石"，如图 12 - 22 所示。

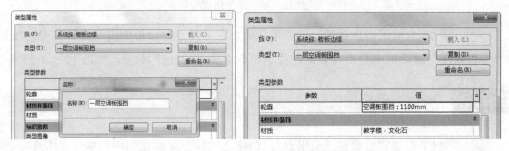

图 12 - 22　创建一层空调板围挡类型

>> Step 04 绘制一层空调板围挡，切换至三维视图，找到一层空调室外机平台位置，单击"建筑"选项卡→"构建"面板→"楼板"下拉列表→ （楼板：楼板边缘）工具，选择"一层空调板围挡"，单击鼠标，放置楼板边缘，并将楼板边缘两端拖动至柱边缘，如图 12-23 所示。

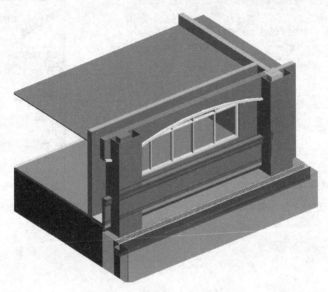

图 12-23　绘制一层空调板围挡

### 12.2.3 二、三层走廊板

走廊板、花池

>> Step 01 单击"插入"→"从库中载入"→"载入族"选项，选择配套案例文件"走廊板.rfa"，将走廊板族载入教学楼项目中。

>> Step 02 为走廊板族添加材质，修改类型属性中材质和装饰的线条为"乳白色"，结构材质为"教学楼-小红砖"，如图 12-24 所示。

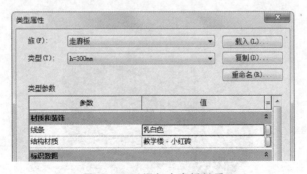

图 12-24　添加走廊板材质

>> Step 03 切换至"2F"平面视图，调整视图范围，如图 12-25 所示。将视图可见性-模型类别-常规模型的可见性打开。单击"建筑"选项卡→"构建"面板→ （放置构

件）工具，选择"走廊板"，调整走廊板属性参数偏移值为"－100.0"，如图 12 - 26 所示。选择"放置在工作平面上"，在空调室外机平台外侧⑭轴处按绘制线的方式放置该族，并将"走廊板"定位到合理位置，如图 12 - 27 所示。

图 12 - 25　调整视图范围　　　　　　　图 12 - 26　调整走廊板属性参数

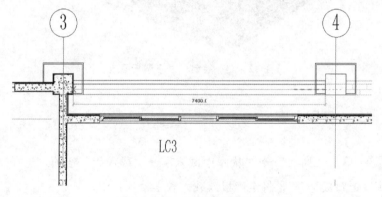

图 12 - 27　绘制二层走廊板

>> Step **04** 按上述方法绘制三层走廊板，绘制完成的走廊板效果如图 12 - 28 所示。

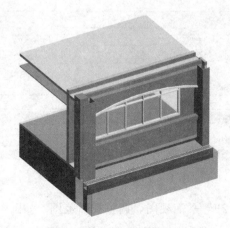

图 12 - 28　走廊板效果图

**12.2.4** 二、三层花池

>> Step 01 单击"插入"→"从库中载入"→"载入族"选项，选择配套案例文件"花池.rfa"，将花池族载入教学楼项目中。

>> Step 02 为花池族添加材质，修改类型属性中材质和装饰花池材质为"教学楼-红木色"如图 12-29 所示。

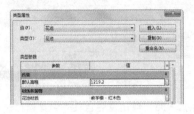

图 12-29　添加花池材质

>> Step 03 切换至"2F"平面视图，将视图可见性-模型类别-常规模型打开。单击"建筑"选项卡→"构建"面板→ ⬚（放置构件）工具，选择"花池"，调整花池属性参数立面值为"0.0"，如图 12-30 所示。选择"放置在垂直面上"，在空调室外机平台外侧 ⒣ 轴处放置该族，并将其定位到合理位置，如图 12-31 所示。

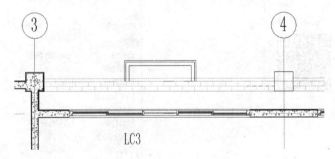

图 12-30　调整花池属性参数　　　　图 12-31　绘制二层花池

>> Step 04 按上述方法绘制三层花池，绘制完成的花池效果如图 12-32 所示。

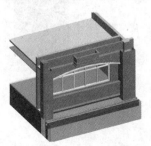

图 12-32　三层花池效果图

### 12.2.5　建筑柱外饰面

>> Step **01** 单击"建筑"选项卡→"构建"面板→"墙"下拉列表→◻（墙：建筑）工具，复制并创建名称为"浅驼色_50 mm"的柱外饰面墙体，编辑类型参数→"结构"参数，添加墙体材质为"浅驼色"，厚度为"50.0"，如图 12 - 33 所示。

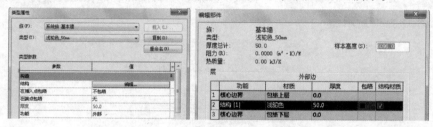

图 12 - 33　创建浅驼色柱外饰面墙体类型

>> Step **02** 切换至"2F"平面视图，以①轴与Ⓐ轴交点处建筑柱外饰面为例，单击"建筑"选项卡→"构建"面板→◻"墙"下拉列表→◻（墙：建筑）工具，选择"浅驼色_50 mm"，调整墙体底部约束为"2F"，顶部约束为"3F"，底部偏移为"−20.0"，顶部偏移为"1900.0"，如图 12 - 34 所示。设置完成后，绘制该处建筑柱外饰面，如图 12 - 35 所示。

建筑柱外饰面、链接结构主体模型

图 12 - 34　调整建筑柱外饰面墙体高度

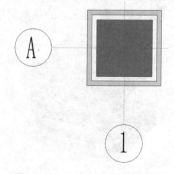

图 12 - 35　绘制建筑柱外饰面

>> Step **03** 单击"插入"选项卡→"从库中载入"面板→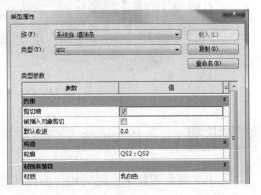（载入族），选择配套案例文件"QS1.rfa""QS2.rfa"，将建筑柱外饰面外包的石材轮廓族载入到教学楼项目文件中。

>> Step **04** 单击"建筑"选项卡→"构建"面板→"墙"下拉列表→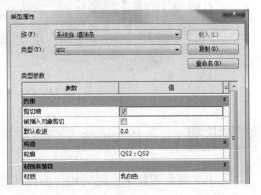（墙：饰条）工具，复制并创建"QS1"墙饰条类型，并将使用的轮廓改为"QS1"，材质添加为"浅驼色"，如图 12-36 所示。以相同的方法，复制并创建"QS2"墙饰条类型，并将使用的轮廓改为"QS2"，材质添加为"乳白色"，如图 12-37 所示。

图 12-36 创建建筑柱 QS1 墙饰条类型　　　　图 12-37 创建建筑柱 QS2 墙饰条类型

>> Step **05** 切换至三维视图，在①轴交Ⓐ轴处建筑柱底部添加"QS1"类型的墙饰条，在建筑柱顶部添加"QS2"类型的墙饰条，如图 12-38 所示。

>> Step **06** 在三维视图中，单击"建筑"选项卡→"构建"面板→"修改"下拉列表→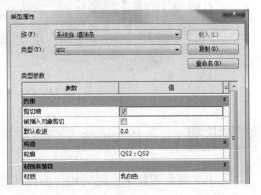（填色）工具，搜索"乳白色"材质。单击"乳白色"材质，将鼠标放置于需要填色的建筑柱处，选择一个面，单击建筑柱，如图 12-39 所示，依照此方法将建筑柱四个面添加上"乳白色"漆。

图 12-38　添加建筑柱墙饰条　　　　图 12-39　添加建筑柱乳白色漆

>> Step **07** 按以上步骤为教学楼 2F～3F 所有建筑柱添加外饰面，其效果如图 12 - 40 所示。

图 12 - 40　建筑柱外饰面效果图

## 12. 2. 6　链接结构模型

本书主要介绍教学楼建筑构件的创建过程，对于结构构件可参考《BIM 应用：Revit 结构案例教程》一书。本节将使用模型链接的方式，将教学楼结构模型链接至建筑模型中，以完善教学楼的整体信息。

单击"建筑"选项卡→"构件"面板→"插入"下拉列表→"链接 Revit"选项，选择配套案例文件"教学楼结构工程_框架梁"，将"结构框架梁模型"载入到教学楼项目文件中，如图 12 - 41 所示。

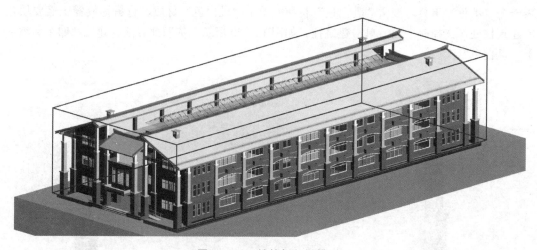

图 12 - 41　链接框架梁模型

 特别提示

同一建筑不同专业的模型互相链接应采用"原点到原点"的定位方式。

# 12.3 添加室外构件

添加室外构件

建筑室外构件包括植物、景观小品、场地构件等,这部分室外构件皆为可载入族,一些较为常见的族如汽车、植物等,可载入 Revit 自带族库中的相应族文件进行配置。在本书教学楼案例中,需要为教学楼外部环境添加室外台阶、室外排水沟、门厅入口处花池、植物等构件,以丰富项目场景内容。

## 12.3.1 添加室外自定义构件

1. 室外台阶

>> Step **01** 单击"插入"→"从库中载入"→"载入族"选项,选择配套案例文件"室外台阶.rfa"。

>> Step **02** 单击"建筑"选项卡→"构件"面板→┛(放置构件)工具,在属性面板的类型浏览器中下拉列表找到"室外台阶",选择"构件"面板→"放置在工作平面上"选项,选择"线"工具,在 1F 平面视图的①轴交①~⑥轴门厅处绘制"室外台阶",如图 12-42 所示。

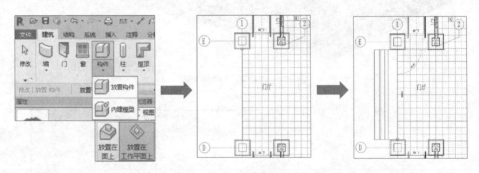

图 12-42 创建室外台阶

>> Step **03** 为室外台阶添加材质。选择台阶后,在"属性"面板单击"编辑类型",在"类型属性"对话框的材质与装饰栏中添加台阶饰面材质为"教学楼-花岗岩地砖"、结构材质为"教学楼-素混凝土",如图 12-43 所示。

>> Step **04** 切换到三维视图中,查看室外台阶效果,如图 12-44 所示。

2. 室外排水沟

>> Step **01** 切换至"室外"平面视图中,单击"建筑"选项卡→"构建"面板→"体量和场地"工具,选择"建筑地坪"工具,创建沟深为 300 mm 的排水沟,如图 12-45 所示。

>> Step **02** 单击"插入"选项卡→"从库中载入"面板→┐(载入族)工具,选择配套案例文件"排水沟盖板.rfa"。

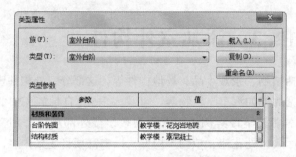

图 12-43  添加室外台阶材质

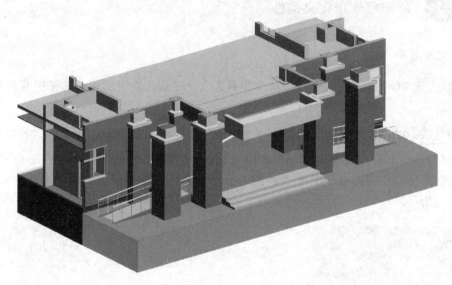

图 12-44  室外台阶效果

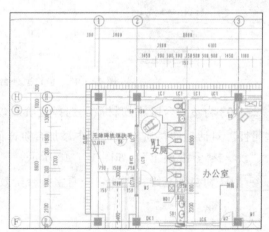

图 12-45  创建沟深为 300 mm 的排水沟

>>Step 03 单击"建筑"选项卡→"构建"面板→（放置构件）工具，在"属性"面板的类型浏览器中找到"排水沟盖板"，选择"构建"面板→"放置在工作平面上"选

项，选择"拾取线"工具，在室外平面视图的①轴交Ⓗ～Ⓕ轴处添加"排水沟盖板"，并调整"排水沟盖板"位置，如图 12-46 所示。

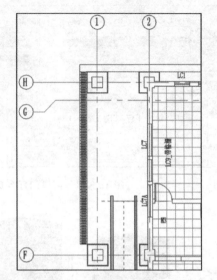

图 12-46 创建排水沟盖板

>> Step 04 为排水沟盖板添加材质。选择排水沟盖板后，在"属性"面板中单击"编辑类型"，在"类型属性"对话框的材质和装饰栏中添加盖板材质为"教学楼-玻璃钢"，如图 12-47 所示。

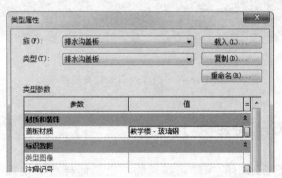

图 12-47 添加排水沟盖板材质

>> Step 05 按照以上步骤，将围绕教学楼四周的室外排水沟盖板绘制完。

3. 门厅入口处花池

>> Step 01 单击"建筑"选项卡→"构建"面板→"墙"下拉列表→🔲（墙：建筑）工具，复制墙体类型为"教学楼-门厅入口处花池-100 mm"，添加材质为"教学楼-文化石"，调整属性列表中墙体高度，底部约束、顶部约束均为"1F"，底部偏移为"−450.0"，顶部偏移为"300.0"，如图 12-48 所示。

>> Step 02 切换至"1F"平面视图中，创建门厅入口处花池，创建完成的花池如图 12-49 所示。

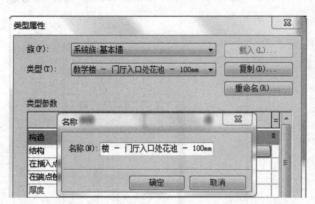

图 12 – 48　创建门厅入口处花池类型

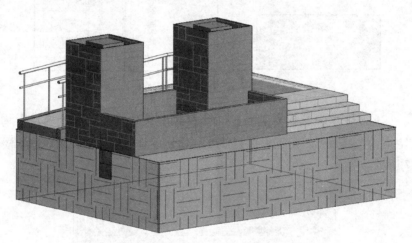

图 12 – 49　门厅入口处花池效果

## 12.3.2　添加室外场地构件

在 Revit 中，对于场地中的构件，如植物，也是同样将场地族文件载入到项目中放置，调整摆放位置。在项目中添加场地构件后，渲染视图时，环境也会被渲染，达到给图像添加更多真实的细节的目的。

1. 添加植物

植物通常使用 RPC 族制作，RPC 族中包含的图像信息来表现植物外观，其形体并不按照植物真实形体建模，而是用十字平面代替，并分别在两个相互垂直的十字平面上添加植物贴图，这使得 RPC 族在真实模式的三维视图中能够更加真实体现植物样式，且所保存的文件相对较小。在真实模式以外的三维视图模式中 RPC 族以占位符的形式出现，在平面视图中表示为相应的植物图示。

单击"体量和场地"→"场地建模"面板→"场地构件"工具，进入"修改 | 场地构件"上下文选项卡中，在"属性"面板的类型浏览器中选择"红枫-9 米"。从项目浏览器

面板中进入场地平面视图中，移动鼠标到场地的草地中，单击以添加树木。切换树种类型，在绿地中添加更多树种，如图 12-50 所示。

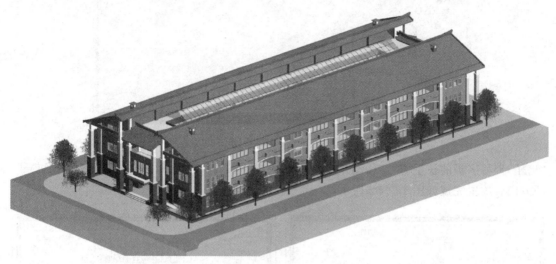

图 12-50 添加室外植物

# 12.4 布置室内构件

布置室内构件

在 Revit 中，室内构件如家具、洁具、灯具等，与门窗同属于可载入族，与系统族不同，可载入族是在外部族文件中创建，再导入（载入）到项目文件中。在 Revit 自带的系统族文件中提供了基本的室内构件，包括橱柜、装饰、家具、洁具和灯具等，可以满足基本的室内构件配置需要。

## 12.4.1 添加家具族

系统自带家具族文件路径为"建筑/家具"，其中"家具"分为 2D 和 3D 两种类型。

2D 族只有平面或立面线条，没有实体模型，只适用于在平面或立面中表示家具布置，不要求三维室内效果的模型。2D 族的文件也较小，有利于压缩模型大小。

与 2D 族不同，3D 族则是具有实体的模型。它包含六个子项，分别是桌椅、沙发、柜子、床、装饰和系统家具（组合家具），在本书案例中，主要使用的家具族为桌椅。

>> Step 01 载入桌椅族

单击"插入"选项卡→"从库中载入"面板→ 工具，在弹出的"载入族"窗口中双击"建筑"→"家具"→"3D"选项，在椅子文件夹中载入"椅子-带写字板的扶手椅.rfa"族文件，如图 12-51 所示。

>> Step 02 布置桌椅

切换至 2F 平面视图，在⑨～⑪轴与Ｆ～Ｇ轴相交处音乐教室，单击"建筑"选项卡→"构建"面板→ 工具，在"属性"面板的类型浏览器下拉列表中选择

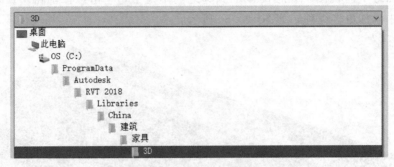

图 12-51　载入"3D"家具族

"椅子-带写字板的扶手椅"，移动鼠标到平面中单击放置，放置时按空格键可以切换椅子的方向。放置完成如图 12-52 所示。

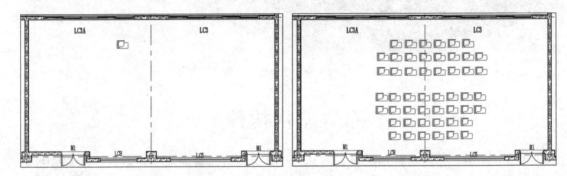

图 12-52　布置带写字板的扶手椅

## 12.4.2　添加卫生器具

系统自带卫生器具族文件路径为"建筑/卫生器具"，卫生器具族中同样包含 2D 族和 3D 族，3D 族中根据是否符合无障碍使用要求进行划分，在无障碍卫生间中需要采用无障碍卫浴以方便残障人士使用，其他则采用常规卫浴。在本书案例项目中需要使用的是卫生间隔断、蹲便器、污水池、洗脸盆等专用设备，教学楼二层女厕卫浴洁具布置图如图 12-53 所示。

（1）添加卫生间隔断

切换至 2F 平面视图，布置②～③轴与Ⓕ～Ⓗ轴相交处的 W1 女厕，单击"载入族"按钮，在打开的"载入族"窗口中双击"建筑"→"专用设备"→"卫浴附件"→"盥洗室隔断"选项，选择"卫生间隔断 1 3D"单击"打开"载入该族。

输入快捷键 C＋M（放置构件快捷键），在类型浏览器下拉列表中找到"卫生间隔断 1 3D"，移动鼠标到卫生间的隔断间内单击放置，在"属性"面板中，可根据需要调整卫生间隔断的大小，在这里将隔断高度调整为"1500.0"，深度调整为"1380.0"，宽度调整为"895.0"。地台材质替换成"地砖-200×200 mm"，也可根据实际需要进行替换，如图 12-54 所示。

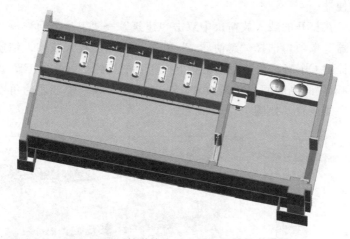

图 12-53　教学楼二层女厕卫浴器具布置图

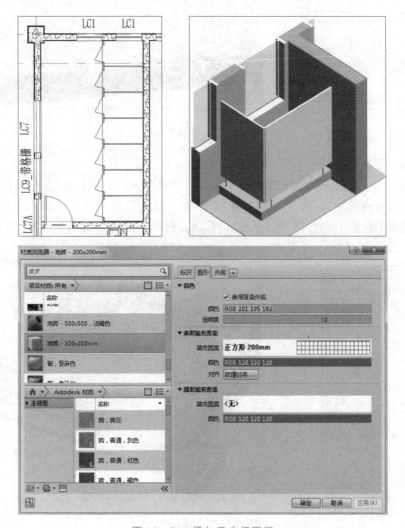

图 12-54　添加卫生间隔断

（2）添加蹲便器

单击载入族，在打开的载入族窗口中双击"建筑"→"卫生器具"→"3D"→"常规卫浴"→"蹲便器"选项，选择"蹲便器1"单击"打开"载入该族，切换至三维视图女厕位置，输入快捷键C＋M，在类型浏览器下拉列表中找到"蹲便器1"，选择"放置在面上"，移动鼠标到卫生间隔断间内单击放置，按空格键选取一个合适的角度放置"蹲便器1"，并将其靠墙一侧放置，如图12－55所示。

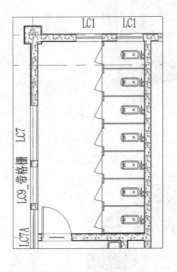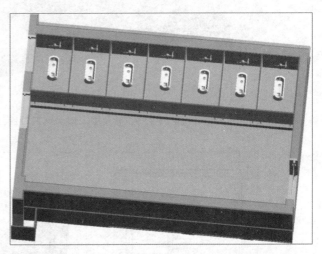

图 12－55　添加蹲便器

（3）添加污水池

单击载入族，在打开的载入族窗口中双击"建筑"→"卫生器具"→"3D"→"常规卫浴"→"污水池选项"，选择"污水池"，单击"打开"载入该族。输入快捷键C＋M，在类型浏览器下拉列表中找到"污水池"，移动鼠标单击放置，如图12－56所示。

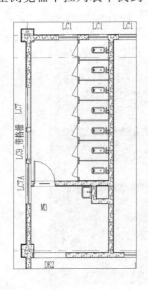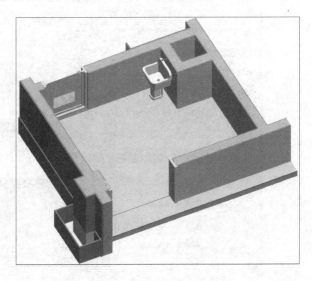

图 12－56　添加污水池

（4）添加洗脸盆

单击载入族，在打开的载入族窗口中双击"建筑"→"卫生器具"→"3D"→"常规卫浴"→"洗脸盆"选项，选择"桌上式台盆-多个.rfa"，单击"打开"载入该族。输入快捷键 C+M，在类型浏览器中确认为"桌上式台盆-多个.rfa"后，移动鼠标到卫生间内单击放置。选择洗脸盆族，在"属性"面板中可以编辑实例尺寸标注属性，在实例属性尺寸标注中将间距调整为"800.0"，台盆右端偏移和台盆左端偏移都调整为"690.0"，如图 12-57 所示。

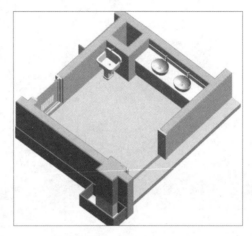

图 12-57 添加洗脸盆

在添加载入族时，应注意观察属性面板和类型属性窗口中可调整的参数，以便根据实际项目需要对载入族的参数进行调整。

## 项 目 小 结

1. 在 Revit 中提供了竖井洞口、墙洞口、按面洞口、垂直洞口、考虑窗洞口这五种洞口类型，这些洞口开洞方法十分类似，但也有一些不同。

2. 对于复杂的无法用常规工具实现的模型都可以通过"放置构件"与"内建模型"的方式实现，要善于利用外部可载入族与内建模型进行优化设计。

## 复 习 思 考

1. 如何为异形墙体开洞？

2. 楼梯间开洞时，使用什么方式最实用？

3. 将教学楼主体构件补充完善。

4. 将教学楼的室内外构件等补充完善。

项目12
在线答题

# 第三阶段

## Revit建筑功能应用

# 项目13
## Revit图纸设计

Revit 提供了便捷的图纸设计功能，使用图纸功能可以创建图纸并向图纸中添加图形和明细表等信息。创建的图纸形成的文档集可以打印成文本或导出 DWG 等格式的电子文件，方便业主和施工现场进行查阅。

在本章中，将以"教学楼"案例为示范，讲解在建筑项目中图纸的制图规范、Revit 中图纸的创建流程、各种视图的创建及编辑方式，以及图纸成果打印与导出方式。

Revit图纸
设计

## 学习目标

| 能力目标 | 知识要点 |
| --- | --- |
| 了解建筑图纸设计 | 建筑图纸制图规范<br>图样绘制方法 |
| 掌握 Revit 图纸功能 | 图纸的组成要素<br>图纸编辑流程 |
| 掌握 Revit 视图编辑方法 | 创建不同视图的方式<br>图元可见性控制和图形的显示状态<br>添加注释及标记 |
| 掌握 Revit 图纸成果整理 | 打印图纸<br>导出图纸 |

建筑图纸概述

# 13.1　建筑图纸概述

　　建筑图纸是建筑设计人员用来表达设计思想、传达设计意图的技术文件，是方案投标、技术交流和建筑施工的依据之一。建筑制图是根据严格的制图理论及方法，按照国家统一的建筑图规范将设计思想和技术特征用二维图纸的形式清晰、准确地表示出来。建筑图纸根据阶段的不同分为方案图、初设图、施工图等。

　　建筑制图的程序与建筑设计的程序相对应。从整个设计过程来看，遵循方案图、初设图、施工图的顺序来进行。后续阶段的图纸是在前一阶段完成的基础上做深化、修改和完善。就每个阶段来看，一般遵循平面图、立面图、剖面图和详图的顺序来绘制。

　　初设图要求能表现出建筑中各部分、各使用空间的关系和基本功能要求，包括建筑中水平交通和垂直交通的安排、建筑外形和内部空间处理的方式、建筑和周围环境的主要关系、结构形式的选择及主要技术问题的初步考虑。这个阶段的设计图旨在能清晰、明确地表现出整个设计方案的意图。

　　施工图应按国家制定的制图标准进行绘制，达到能作为施工依据的全部图纸。一个建筑物的施工图包括：建筑施工图、结构施工图，以及给排水、供暖、通风、电气、动力等施工图。其详尽程度以能满足施工预算、施工准备和施工依据为准。

## 13.1.1　制图规范

《建筑制图标准（GB/T 50104—2010）》

　　为保证图纸的绘制规范，我国住房和城乡建设部出台了多本建筑规范用以规范图纸表达，包括《建筑制图标准》（GB/T 50104—2010）、《房屋建筑制图统一标准》（GB/T 50001—2017）、《总图制图标准》（GB/T 50103—2010）等，在这些规范中，对建筑图纸的表达有严格细致的说明，主要包括以下几个方面。

《房屋建筑制图统一标准（GB/T 50001—2017）》

### 1. 图线

　　在图线的规范条文中，对图线的线宽和线型做出了详细的规定。在一张图纸中为了区分表达的重点及确保图面细节表达，需要用到多种粗细不同的线宽以及不同样式的线型。具体的线宽和线型要求详见《房屋建筑制图统一标准》（GB/T 50001—2017）、《建筑制图标准》（GB/T 50104—2010）。

《总图制图标准（GB/T 50103—2010）》

### 2. 字体

　　图纸中所书写的文字、数字和符号等应做到笔画清晰、字体端正、排列整齐。为了保证字体规范书写，规范中对字体的高度、宽度、样式、间距等均有详细的要求，详见《房屋建筑制图统一标准》（GB/T 50001—2017）。

### 3. 比例

图样的比例为图形尺寸与实物尺寸的线性之比。绘图所用的比例应根据图样的用途与绘制的复杂程度，需要选用不同的比例以使图纸表达更加清晰、详实。在《建筑制图标准》（GB/T 50104—2010）中设定各种图样选用的比例。

### 4. 符号

在建筑图纸中有许多专用的符号，每个符号都有各自的表示形式，如剖切符号、索引符号、引出线、对称符号、标高、指北针、变更云线等。制图符号的具体规定详见《房屋建筑制图统一标准》（GB/T 50001—2017）。

### 5. 图例

在建筑图纸中是用二维的图形线条表达三维的实体，二维图纸难以像三维模型一样拟真，因此需要规定构造及配件在图纸中的表达形式，便构成了图例。在《建筑制图标准》（GB/T 50104—2010）中，对图纸中常用的图例（如墙、门、窗、楼梯和井道洞口等）有统一的表达要求。

### 6. 尺寸标注

图样上的尺寸，包括尺寸界线、尺寸线、尺寸起止符号和尺寸数字。为了保证图面上的尺寸表达清晰准确，规范中对于尺寸界线的长度，尺寸线的线型，尺寸线的起止符号样式，尺寸数字的单位和方向，位置及尺寸标注的排列和布置均有详细规定。详见《房屋建筑制图统一标准》（GB/T 50001—2017）。

## 13.1.2　图样画法

在建筑制图中，对于不同的图样，其画法和表达要求都不尽相同。在制图之前，应该了解图样画法及表达内容要求，才能做到规范、高效地制图，保证图纸质量。

### 1. 总平面图

在总平面图中，图纸要表示出构想中建筑物的平面位置和绝对标高、室外各项工程的标高、地面坡度、排水方向等，作为计算土方工程量、施工定位、放线、土方施工和施工总平面布置的依据。对于复杂的项目，还应有给排水、供暖、电气等各种管线的布置图、竖向设计图等。总平面图的制图标准详见《总图制图标准》（GB/T 50103—2010）。

### 2. （楼层）平面图

（楼层）平面图本质上是楼层一定高度处剖切面的俯视正投影视图。在平面图中应详尽地表示以下内容。

① 应用轴线和尺寸线表示出各部分的尺寸和相对位置；
② 门窗洞口的做法、标高尺寸；
③ 各层地面的标高；
④ 其他图纸、配件的位置和编号及其他工种的做法等要求。

建筑平面图是其他各种图纸的综合表现，应详尽、确切。更多平面图的制图标准参考《建筑制图标准》（GB/T 50104—2010）内容。

3. 立面图

在立面图中表达的是建筑的立面造型，应详尽地表示以下内容。

① 应表示出建筑外形各部分的做法和材料情况；

② 建筑物各部位的可见高度和门窗洞口的位置；

③ 按照正投影法绘制，绘制建筑投影方向可见的建筑外轮廓线和墙面线脚、构配件、墙面开窗及材质表达以及必要的尺寸和标高等。

建筑立面直接影响建筑建成后的外形美观情况，应详尽、确切。立面图的制图标准应参照《建筑制图标准》（GB/T 50104—2010）内容。

4. 剖面图

在建筑的剖面图中表达的是建筑的竖向空间关系。剖面图的剖切部位应根据图纸的用途或设计深度，选择能反映构造特征、空间关系及有代表性的位置剖切。剖面图中应包括剖切面和投影方向可见的建筑构造、构配件以及必要的尺寸、标高等。剖面图的制图标准应参照《建筑制图标准》（GB/T 50104—2010）内容。

5. 详图大样

在详图大样中表达的是建筑细部的构造做法和施工材料。详图大样中会选取建筑局部进行适当放大比例，详细表现节点的具体构造做法。详图大样包括门窗大样、墙身大样、楼梯大样和卫生间大样等。不同详图大样的具体表达方式有所差别，其详尽程度以能满足施工预算、施工准备和施工依据为准。以墙身大样为例，墙身详图中应包括剖切面的正投影，材质标注及必要的尺寸标注和标高等信息。

# 13.2　Revit 图纸工具

在 Revit 中，使用图纸功能可以创建图纸并向图纸中添加视图、明细表和注释及完成图纸的编排。在使用 Revit 进行图纸设计前应对 Revit 的图纸功能有所了解，包括 Revit 的图纸组成和 Revit 的图纸编辑流程。

Revit图纸
组成

## 13.2.1　Revit 图纸组成

在 Revit 中，图纸一般由图纸、标题栏、项目视图和明细表这四部分组成，如图 13-1 所示。

1. 图纸

在建筑工程中，图纸是指通过线条、符号、文字说明及其他图形元素表示工程形状、大小、结构等特征的对象；在 Revit 中，图纸的定义稍有不同，图纸是承载一个或多个项目视图的对象。在 Revit 中创建图纸的方式如下。

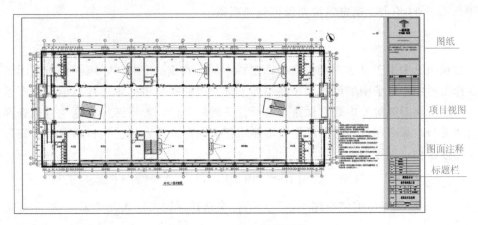

图纸

项目视图

图面注释
标题栏

图 13-1　Revit 图纸组成

>> Step **01** 单击"视图"选项卡→"图纸组合"面板→📄（图纸）工具，如图 13-2 所示。

图 13-2　创建图纸命令

>> Step **02** 在弹出的"新建图纸"对话框中选择需要使用的标题栏，如图 13-3 所示。

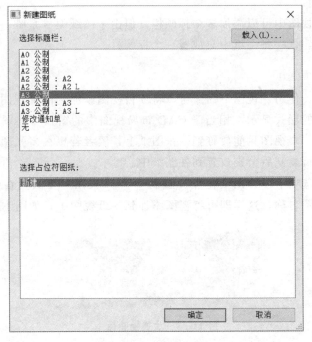

图 13-3　新建图纸

>> Step 03 单击"确定"按钮即可创建图纸。

2. 标题栏

与常规图纸中用于显示图纸信息的标题栏不同，在 Revit 中，标题栏相当于图纸的样板，在标题栏中指定了图纸尺寸大小并添加了页面边框、公司标识、项目信息和图纸版本等信息。在新建图纸阶段中通常做法是选择合适的标题栏，若不选择标题栏（即选择的标题栏为"无"），那么在新建的图纸中将不显示任何图框或标题栏。这种情况下，需进一步手动添加标题栏，过程如下。

>> Step 01 单击"视图"选项卡→"图纸组合"面板→ ▤（图纸）工具。

>> Step 02 在弹出的"新建图纸"对话框中选择标题栏样式为"无"，单击完成。

>> Step 03 单击"视图"选项卡→"图纸组合"面板→ ▤（标题栏）工具，如图 13 - 4 所示。

图 13 - 4　创建标题栏命令

>> Step 04 在"属性"面板中选择标题栏的样式，然后在空白的图纸视图中单击"放置标题栏"按钮。

在同一个图纸视图中可以添加多个标题栏，但由于图纸编号是唯一的，为符合一图一编号的制图原则，建议一张图纸中只放置一个标题栏。

3. 项目视图

在图纸视图中，使用"视图"命令可以将项目视图添加到图纸视图中。添加的项目视图在图纸中以视口的形式显示，相当于 CAD 布局视图中的窗口。在图纸视图中可以添加多个项目视图，但一个视图只能放置到一张图纸上，读者若想在多张图纸中使用同一个视图，需要将视图进行复制后分别放置到各图纸中。

单击"视图"选项卡→"图纸组合"面板→ ▤（视图）工具，在弹出的"视图"窗口中选择对应的视图名称，这样即可将视图添加到图纸视图中，如图 13 - 5 所示。

图 13 - 5　放置视图命令

在图纸中添加视图除了通过 (视图) 工具进一步布置外，还可以通过单击选中视图，在不松开鼠标按键的状态下，将视图直接拖至图纸空间，松开鼠标即可将视图添加至图纸中，这种方式在实际工作中使用起来更为便捷。

若需要对图纸中的视图内容进一步编辑，可以在图纸中双击视图进入编辑模式，也可通过项目浏览器切换至目标视图，在该视图中进行编辑。

### 4. 明细表

与项目视图类似，图纸视图中的明细表也是使用放置视图命令添加，添加明细表可以增加图纸的信息内容。与项目视图不同，同一明细表可以添加到多张图纸中，且项目视图是以视口形式出现的，双击视口激活图纸进行编辑，明细表在图纸视图中以表格的形式出现，双击表格时将会回到明细表视图中编辑。

## 13.2.2　Revit 图纸编辑流程

对 Revit 的图纸相关组成及对应命令熟悉了解后，就可以使用"图纸组合"面板中的命令编辑图纸。在本节中将以"教学楼"案例中一层平面图的初设图纸编辑为例介绍 Revit 图纸编辑的具体流程。

Revit图纸
编辑流程

### 1. 添加及命名图纸

在项目中，单击"视图"选项卡→"图纸组合"面板→ (图纸) 工具，在弹出的"新建图纸"窗口中根据需要选择相应的标题栏。在项目样板中提供了以 A0、A1、A2、A3 的图幅为基础制作相应图幅的标题栏，但这些标题栏做法并不符合项目实际需要，需要另外载入符合行业规定的标题栏，故此处在"新建图纸"窗口中选择"无"(图 13-3)，并单击"确定"按钮。

新建的图纸位于项目浏览器的"图纸(全部)"子项中，新建的图纸默认从"J0-01"开始编号，图纸名称为"未命名"。选中该图纸后单击右键，在弹出的右键窗口中选择"重命名"，弹出"图纸标题"窗口，在数量的文本框中填写"JS-01"，在名称的文本框中填写"一层平面图"，并单击"确定"按钮完成图纸标题的命名，如图 13-6 所示。

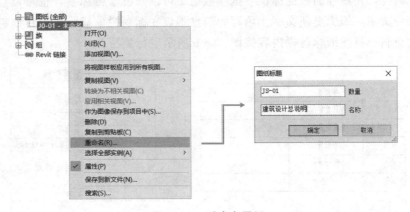

图 13-6　重命名图纸

2. 添加及编辑项目标题栏

在功能区中单击"插入"选项卡→"从库中载入"面板→🗃（载入族）工具，选择本书配套文件中的标题栏族"标题栏_腿腿教学网_A1"，单击"打开"以完成标题栏族的载入，并在图纸中单击"放置标题栏"，如图 13 - 7 所示。

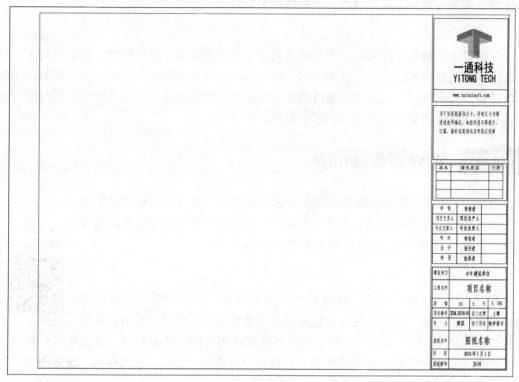

图 13 - 7　添加及编辑项目标题栏

标题栏中的信息包括项目特点信息和图纸专有信息。项目特点信息包括项目发布日期和状态、客户名称，以及项目的地址、名称和编号等。图纸专有信息是与项目中当前图纸相关的数据，如图纸名称和编号、设计者和查阅者等。

单击标题栏，在属性面板的标识数据参数组中可以修改参数标签，也可以直接在标题栏中单击相应文字，编辑更新文字。填写的信息不仅在标题栏中显示，项目信息和图纸信息也会随之更新。将图纸标题栏内容按图 13 - 8 所示进行填写。

| 审核 | 审核者 |
| --- | --- |
| 项目负责人 | 项目负责人 |
| 专业负责人 | 专业负责人 |
| 校对 | 审图员 |
| 设计 | 设计者 |
| 制图 | 作者 |

| 建设单位 | | 腿腿教学网 | |
| --- | --- | --- | --- |
| 工程名称 | | 教学楼建筑工程 | |
| 图幅 | A1 | 比例 | |
| 项目编号 | XM001 | 设计类型 | 土建 |
| 专业 | 建筑 | 设计阶段 | 施工图设计 |
| 图纸名称 | | 建筑设计总说明 | |
| 日期 | | 2020年1月1日 | |
| 图纸编号 | | JS-01 | |

图 13 - 8　填写标题栏标签信息

### 3. 复制并整理视图

在将项目视图添加到图纸中之前，应先对视图进行复制并整理，以控制视图的显示内容及显示样式，使视图显示内容清晰明确，并添加尺寸标注及相应注释，以符合制图要求。

选择"楼层平面"→"1F"视图选项，单击右键，在弹出的窗口中选择"复制视图"→"带细节复制"选项，如图 13-9(a) 所示，即创建了名称为"1F 副本 1"的平面视图。右击新建的"1F 副本 1"平面视图→重命名视图为"JS-02_一层平面图"，如图 13-9(b) 所示。

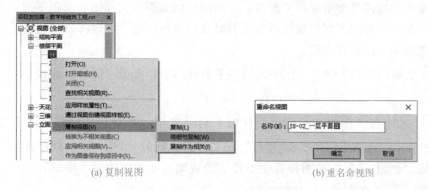

(a) 复制视图　　　　　　　　　　　　　　　　(b) 重名命视图

图 13-9　复制并重命名视图

为了区别不同作用的楼层平面视图，可以将用于图纸的楼层平面视图单独成组以便管理。下面以新建的"JS-02_一层平面图"为例进行介绍。

➤➤ Step 01 单击选择"JS-02_一层平面图"平面视图后，在"属性"面板中选择 ▦ （编辑类型）按钮。

➤➤ Step 02 在"类型属性"对话框中，选择"复制"选项，并为新创建的类型命名为"施工图设计"，如图 13-10 所示。

➤➤ Step 03 单击"确定"按钮完成编辑模式，这样即可将用于建筑施工图设计图纸的平面视图统一归类，如图 13-11 所示。

图 13-10　创建新平面视图类型　　　　　　　图 13-11　初步设计平面视图类型

4. 应用视图样板

控制视图的显示与否及显示样式有多种方式，如使用"可见性/图形替换""视图范围""过滤器""详细程度"等。为了便于批量编辑视图的显示方式，可以将这些对图形控制的方式都设置在一个或几个视图样板中，这些编辑好的"视图样板"可以在多个视图中反复使用。例如，使用设置好的"平面视图样板"可以快速应用到项目中的多个平面图中，达到进行批量整理及加快制图效率的目的。

建筑专业的视图类型主要有平面图、立面图、剖面图、大样图、面积平面、分区示意图、三维视图等，按照不同的视图类型设置对应的视图样板。下面将以"建施平面_楼层"的视图样板为例介绍设置流程。

>> Step 01 在"JS-02_一层平面图"平面视图中，单击"属性"面板中的"视图样板"参数。

>> Step 02 在弹出的"指定视图样板"对话框中，选择合适的样板进行应用，如图 13-12 所示，选择应用"平面_楼层"视图样板，此时"JS-02_一层平面图"的显示样式将遵循"平面_楼层"视图样板中所设置的规则，如视图比例、详细程度、零件可见性及替换等。

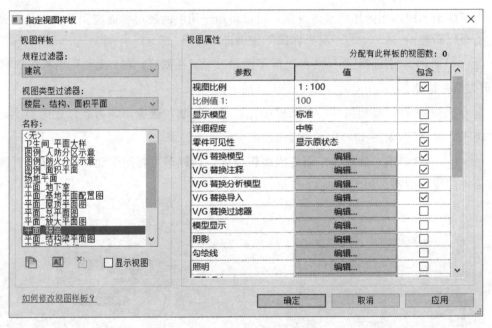

图 13-12　指定视图样板

>> Step 03 若默认项目样板中提供的视图样板皆不满足使用要求，可进一步创建视图样板。单击左下角的 📄（复制）按钮，并命名为"建施平面_楼层"，此时将以被选中的"平面_楼层"视图样板为基础，建立新的视图样板。

>> Step 04 根据需要对视图属性进行详细的设置，包括视图比例、显示模型、详细程度、零件可见性、V/G 替换模型、V/G 替换注释等内容。

 知识链接

对于视图属性设置的具体参数请扫描右侧二维码查阅，注意并思考以下参数值。

视图属性
设置的具体
参数

(1) 视图比例与线框的关系与设置；
(2) 视图详细程度设置的原则；
(3) 投影/表面、截面线的线宽与填充样式设置原则；
(4) 视图范围的设置原则等。

» Step **05** 单击"确定"按钮完成视图样板的创建与应用，此时"JS‐02_一层平面图"显示如图 13‐13 所示。

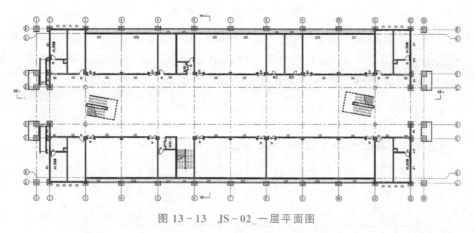

图 13‐13　JS‐02_一层平面图

5. 添加注释等信息

完整的图纸少不了必要的尺寸注释、文字说明、符号表达等内容，因此需要进一步为视图添加图面信息。在 Revit 中使用"注释"选项卡中的命令可以完成图面标注需求，包括"尺寸标注""详图""文字""标记""颜色填充""符号"，如图 13‐14 所示。

图 13‐14　注释功能

使用"尺寸标注"面板中的工具标注轴网尺寸、总尺寸和室内标高，使用"详图"面板中的"区域"工具填充图案，使用"文字"面板中的"文字"工具为图纸添加图面补充说明。添加完注释的平面图如图 13‐15 所示。

6. 添加并编辑视口

整理完成的平面视图就可以使用"放置视图"工具将其添加到图纸（教学楼平面图使用"标题栏_腿腿教学网_A1+1/2"标题栏类型）当中。回到图纸 JS‐02 当中，单击"视

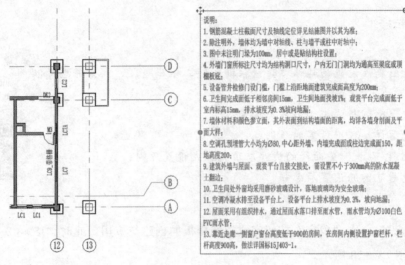

图 13 - 15    添加图面注释

图"选项卡→"图纸组合"面板→ （放置视图）工具，在弹出的"视图选择"窗口中，选择"楼层平面：JS-02_一层平面图"选项并单击"在图纸中添加视图"按钮，移动鼠标到图框内单击放置视图，并移动至合适的位置，如图 13 - 16 所示。

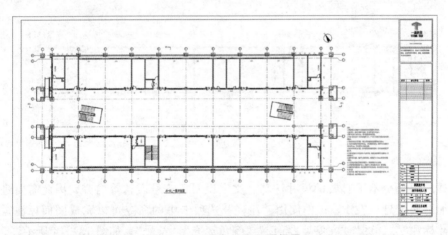

图 13 - 16    添加一层平面视图

添加到图纸中的视图以视口的形式显示，视口默认使用"有线条的标题"的视口族类型，可拖动延伸线以适应图名的长度。通过编辑视口类型可以编辑视口标题的显示样式，如将"线宽"调整为"6"号线宽，如图 13 - 17 所示。

| 参数 | 值 | = |
|---|---|---|
| **图形** | | ⯆ |
| 标题 | 视图标题 | |
| 显示标题 | 是 | |
| 显示延伸线 | ☑ | |
| 线宽 | 6 | |
| 颜色 | ■ 黑色 | |
| 线型图案 | 实线 | |

图 13 - 17    默认视口类型属性

视图的标题是一个注释族，指定在视图标题及其文字属性中显示的信息，读者可以在族环境中创建视图标题族，并载入到项目中使用。

想一想

如何创建带有视图比例的视图标题族？

# 13.3 建筑图纸设计准备工作

建筑图纸是用于传达设计者的设计想法和全部设计意图，作为工人施工作业的依据。建筑图纸的绘制过程要严谨，应遵循图纸表达规范的规定。在进行图纸绘制前需要做好充足的准备工作，如单位、比例、线宽、线型、填充方式等。

## 13.3.1 线宽与线样式

基本图元设置包括线型、文字样式、标注样式、对象样式等内容。

1. 线宽

根据《建筑制图标准》（GB/T 50104—2010）、《房屋建筑制图统一标准》（GB/T 50001—2017）的规定：图纸的宽度 $b$，宜从 0.13 mm、0.18 mm、0.25 mm、0.35 mm、0.5 mm、0.7 mm、1.0 mm、1.4 mm 线宽系列中选取，图线宽度不应小于 0.1 mm，如表 13-1 所示。

表 13-1 线宽组　　　　　　　单位：mm

| 线宽比 | 线宽组 | | | |
|---|---|---|---|---|
| | 1.4 | 1.0 | 0.7 | 0.5 |
| 0.7$b$ | 1.0 | 0.7 | 0.5 | 0.35 |
| 0.5$b$ | 0.7 | 0.5 | 0.35 | 0.25 |
| 0.25$b$ | 0.35 | 0.25 | 0.18 | 0.13 |

≫Step 01 单击"管理"选项卡→"设置"面板→"其他设置"下拉列表→▤（线宽）工具，如图 13-18 所示。

图 13-18 线宽工具

≫Step 02 在弹出的"线宽"面板（图 13-19）中显示有"模型线宽""透视图线

宽”“注释线宽”。其中“模型线宽”控制墙、窗、柱模型实体的线宽；“透视图线宽”控制透视图中对象的线宽；“注释线宽”控制注释、尺寸标注等图元的线宽。

| | 1:10 | 1:20 | 1:50 | 1:100 | 1:200 | 1:500 |
|---|---|---|---|---|---|---|
| 1 | 0.1400 mm | 0.1400 mm | 0.1400 mm | 0.1400 mm | 0.1400 mm | 0.1400 mm |
| 2 | 0.1750 mm | 0.1750 mm | 0.1750 mm | 0.1750 mm | 0.1750 mm | 0.1750 mm |
| 3 | 0.2500 mm | 0.2500 mm | 0.2500 mm | 0.2500 mm | 0.2500 mm | 0.2500 mm |
| 4 | 0.5000 mm | 0.5000 mm | 0.5000 mm | 0.5000 mm | 0.5000 mm | 0.5000 mm |
| 5 | 0.6000 mm | 0.6000 mm | 0.6000 mm | 0.6000 mm | 0.6000 mm | 0.6000 mm |
| 6 | 0.7500 mm | 0.7500 mm | 0.7500 mm | 0.7500 mm | 0.7500 mm | 0.7500 mm |
| 7 | 1.0000 mm | 1.4000 mm | 1.4000 mm | 1.0000 mm | 0.8000 mm | 0.8000 mm |
| 8 | 1.0000 mm | 2.0000 mm | 2.0000 mm | 1.4000 mm | 1.0000 mm | 1.0000 mm |
| 9 | 4.0000 mm | 2.8000 mm | 2.8000 mm | 2.0000 mm | 1.4000 mm | 1.4000 mm |
| 10 | 5.0000 mm | 4.0000 mm | 4.0000 mm | 2.8000 mm | 2.0000 mm | 1.4000 mm |
| 11 | 6.0000 mm | 5.0000 mm | 5.0000 mm | 4.0000 mm | 2.8000 mm | 2.0000 mm |
| 12 | 7.0000 mm | 6.0000 mm | 6.0000 mm | 5.0000 mm | 4.0000 mm | 2.8000 mm |
| 13 | 8.0000 mm | 7.0000 mm | 7.0000 mm | 6.0000 mm | 5.0000 mm | 4.0000 mm |
| 14 | 9.0000 mm | 8.0000 mm | 8.0000 mm | 7.0000 mm | 6.0000 mm | 5.0000 mm |
| 15 | 9.0000 mm | 9.0000 mm | 9.0000 mm | 8.0000 mm | 7.0000 mm | 6.0000 mm |
| 16 | 9.0000 mm | 9.0000 mm | 9.0000 mm | 9.0000 mm | 8.0000 mm | 7.0000 mm |

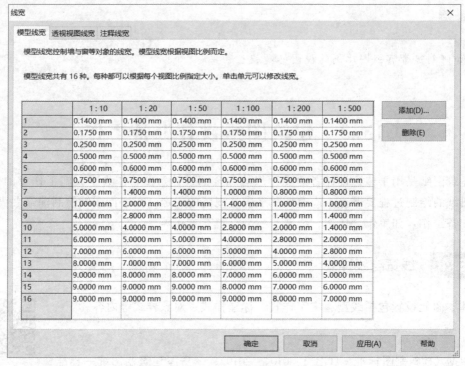

图 13－19 线宽面板

在线宽面板中可为不同比例的线宽样式设置具体的宽度，默认情况下有 16 种线宽样式，用于区别不同的线宽，单击其中的单元格可对线宽值进行定义。

对于模型线宽，当视图比例≥1∶100 时，选用 $b=0.7$ mm 的线宽组；当视图比例<1∶100 时，选用 $b=0.5$ mm 的线宽组，如图 13－20 所示。

| | 1:10 | 1:20 | 1:50 | 1:100 | 1:200 | 1:500 |
|---|---|---|---|---|---|---|
| 1 | 0.1800 mm | 0.1800 mm | 0.1800 mm | 0.1800 mm | 0.1300 mm | 0.1300 mm |
| 2 | 0.3500 mm | 0.3500 mm | 0.3500 mm | 0.3500 mm | 0.2500 mm | 0.2500 mm |
| 3 | 0.5000 mm | 0.5000 mm | 0.5000 mm | 0.5000 mm | 0.3500 mm | 0.3500 mm |
| 4 | 0.7000 mm | 0.7000 mm | 0.7000 mm | 0.7000 mm | 0.5000 mm | 0.5000 mm |

图 13－20 模型线宽设置

对于透视图线宽及注释线宽，选用 $b=0.5$ mm 的线宽进行设置，如图 13－21 与图 13－22 所示。

| | |
|---|---|
| 1 | 0.1300 mm |
| 2 | 0.2500 mm |
| 3 | 0.3500 mm |
| 4 | 0.5000 mm |

图 13－21 透视图线宽设置

| | |
|---|---|
| 1 | 0.1300 mm |
| 2 | 0.2500 mm |
| 3 | 0.3500 mm |
| 4 | 0.5000 mm |

图 13－22 注释线宽设置

>> Step 03 单击"视图"选项卡→"图形"面板→"视图样板"下拉列表→"管理视图样板",如图 13 - 23 所示,在弹出的视图样板列表中选择"建施平面_楼层"视图样板,单击"视图属性"面板中的"V/G 替换模型"按钮。

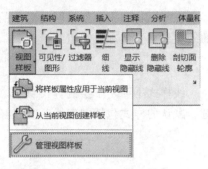

图 13 - 23 管理视图样板

>> Step 04 在"建施平面_楼层的可见性/图形替换"的对话框中❶单击"展开全部"按钮,❷将除了类别为"线"以外的所有对象的"投影/表面"线、"截面"线都替换为"1"号线宽,如图 13 - 24 所示。

图 13 - 24 线宽替换

>> Step 05 在"建筑平面图_初设的可见性/图形替换"的对话框中单击"截面线样式"的"编辑"按钮,在弹出的"主体层线样式"对话框中,将所有主体层的线宽替换为"1"号线宽,如图 13 - 25 所示。

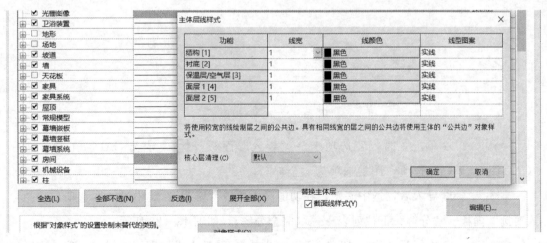

图 13 - 25 截面线样式替换

在实际打印中，如果图元对象的线宽不合适，可参考以上步骤灵活设置不同模型对象的线宽级别及实际线宽粗细值。

2. 线样式

线样式主要用于绘制详图线和模型线，线样式的设置是保证图线图元外观样式的关键。默认的样式包括"细线""中粗线""宽线"等，如图 13-26 所示。

| 类别 | 线宽<br>投影 | 线颜色 | 线型图案 |
|---|---|---|---|
| ⊟ 线 | 2 | RGB 000-166 | 实线 |
| <中心线> | 2 | 黑色 | 中心线 |
| <已拆除> | 1 | 黑色 | 实线 |
| <房间分隔> | 2 | 黑色 | 实线 |
| <架空线> | 1 | 黑色 | 划线 |
| <空间分隔> | 6 | 绿色 | 划线 |
| <草图> | 3 | 紫色 | 实线 |
| <超出> | 1 | 黑色 | 实线 |
| <钢筋网外围> | 1 | RGB 127-127- | 划线 |
| <钢筋网片> | 1 | RGB 064-064- | 实线 |
| <隐藏> | 1 | 黑色 | 实线 |
| <面积边界> | 6 | RGB 128-000- | 实线 |
| 中粗线 | 3 | 黑色 | 实线 |
| 宽线 | 4 | 黑色 | 实线 |
| 旋转轴 | 6 | 蓝色 | 中心线 |
| 线 | 2 | 黑色 | 实线 |
| 细线 | 1 | 黑色 | 实线 |
| 隐藏线 | 1 | RGB 000-166- | 虚线 |
| 隔热层线 | 1 | 黑色 | 实线 |

图 13-26 线样式

单击"管理"选项卡→"设置"面板→"其他设置"下拉列表→"线样式"工具，在弹出的"线样式设置"对话框中可以添加、删除、编辑线样式，包括线宽类型、线颜色与线型图案，亦可通过导入 CAD 图层设置线样式，具体方法如下。

**» Step** 01 打开本书配套文件中的"CAD 图层.dwg"文件，如图 13-27 所示。

WALL
STAIR
ROOF
DOTE
COLUMN
BALCONY

图 13-27 CAD 图层

**» Step** 02 单击"插入"选项卡→"导入"面板→ (导入 CAD) 工具，选择"CAD 图层.dwg"选项，图层选项为"全部"。

**» Step** 03 导入后，选中底图，在功能区中单击"修改|在族中导入"选项卡→"导入实例"面板→"分解"下拉列表→ (完全分解)，如图 13-28 所示。

**» Step** 04 再打开"线样式"对话框，此时与 CAD 中设置图层线样式一致，应已出现在列表中，如图 13-29 所示。

图 13 - 28　完全分解 CAD 图元

| 类别 | 线宽<br>投影 | 线颜色 | 线型图案 |
|---|---|---|---|
| 线 | 2 | RGB 000-166 | 实线 |
| <中心线> | 2 | 黑色 | 中心线 |
| <已拆除> | 1 | 黑色 | 实线 |
| <房间分隔> | 2 | 黑色 | 实线 |
| <架空线> | 1 | 黑色 | 划线 |
| <空间分隔> | 6 | 绿色 | 划线 |
| <草图> | 3 | 紫色 | 实线 |
| <超出> | 1 | 黑色 | 实线 |
| <钢筋网外围> | 1 | RGB 127-127- | 划线 |
| <钢筋网片> | 1 | RGB 064-064- | 实线 |
| <隐藏> | 1 | 黑色 | 实线 |
| <面积边界> | 6 | RGB 128-000- | 实线 |
| BALCONY | 1 | 紫色 | 实线 |
| COLUMN | 1 | RGB 192-192- | 实线 |
| DOTE | 1 | 红色 | IMPORT-DOTE ( |
| ROOF | 1 | 青色 | 实线 |
| STAIR | 1 | 黄色 | 实线 |
| WALL | 1 | RGB 192-192- | 实线 |
| 中粗线 | 3 | 黑色 | 实线 |
| 宽线 | 4 | 黑色 | 实线 |
| 旋转轴 | 6 | 蓝色 | 中心线 |

图 13 - 29　导入 CAD 图层后的线样式

## 13.3.2　对象样式

　　在对象样式中可以为项目中不同类型和子类别的模型对象、注释对象和导入对象指定线宽、线颜色、线型图案和材质，Revit 中的对象样式功能与 CAD 的图层功能十分类似。对象样式的设置直接影响出图的效果和质量。

　　单击"管理"选项卡→"设置"面板→ （对象样式）工具，如图 13 - 30 所示，可修改"模型对象""注释对象""分析模型对象""导入对象"的线宽、线颜色、线型图案和材质，与"可见性/图形替换"和"线样式"内容十分类似，可参考前面的内容进行设置。

对象样式

## 13.3.3　填充区域、遮罩区域

　　1. 填充区域

　　单击"注释"选项卡→"详图"面板→"区域"下拉列表→ （填充区域）工具，为视图添加信息，如图 13 - 31 所示。

填充区域、
遮罩区域

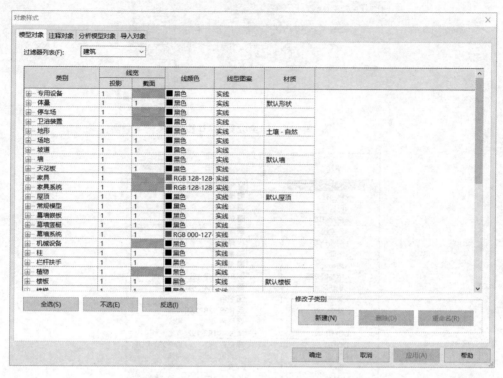

图 13 - 30　对象样式

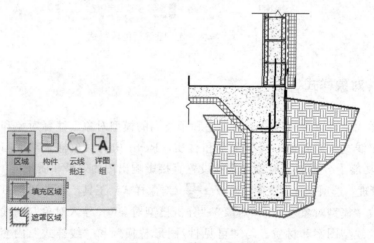

图 13 - 31　填充区域

　　填充区域使用的填充图案可以通过单击"管理"选项卡→"设置"面板→"其他设置"下拉列表→▨（填充图案）工具进行设置，读者也可以自定义 PAT（填充图案）文件，载入 Revit 中进行使用。

　　2. 遮罩区域

　　遮罩区域是视图专有图形的一种，可用于在视图中隐藏图元。"注释"选项卡→"详图"面板→"区域"下拉列表→□（遮罩区域）工具，通过为洗脸盆和坐便器添加遮罩区域，即可隐藏与之重叠的填充图案，如图 13-32 所示。

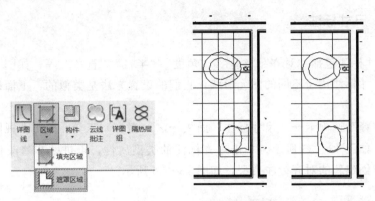

图 13-32　遮罩区域

### 13.3.4　文字

《房屋建筑制图统一标准》（GB/T 50001—2017）推荐字号：字高 2.7
mm、3.5 mm、5 mm、7 mm、10 mm、14 mm、20 mm 等，根据图纸不同，
说明和注释应设置合适字高。对于文字字体可自行定义，本案例文字主要为
仿宋字体。

文字

单击"注释"选项卡→"文字"面板→**A**（文字）工具，默认的样式提供
了"仿宋_3.5 mm"～"仿宋_15 mm"等多种文字类型，若没有合适的类型，
可通过复制创建新的文字类型。文字类型参数如图 13-33 所示，可以为其中的参数进行配置。

| 参数 | 值 | = |
| --- | --- | --- |
| **图形** | | |
| 颜色 | ■黑色 | |
| 线宽 | 1 | |
| 背景 | 透明 | |
| 显示边框 | ☐ | |
| 引线/边界偏移量 | 2.0000 mm | |
| 引线箭头 | 实心点 3mm | |
| **文字** | | |
| 文字字体 | Microsoft Sans Serif | |
| 文字大小 | 3.5000 mm | |
| 标签尺寸 | 8.0000 mm | |
| 粗体 | ☐ | |
| 斜体 | ☐ | |
| 下划线 | ☐ | |
| 宽度系数 | 0.700000 | |

图 13-33　文字类型参数

🏘 **特别提示**

Revit 使用的字体为计算机系统中的文字样式，用户可打开计算机系统字体文件进
行查看，其路径为"C:\Windows\Fonts"。若需为 Revit 添加字体，可将该字体添加到
此文件夹中，这样在 Revit 中即可调用此字体。

### 13.3.5 尺寸标注

Revit 尺寸标注包括"对齐""线性""角度""半径""直径"等，如图 13-34 所示。不同类型的尺寸标注用于不同的图元形状，它们的设置方法是类似的，下面以"对齐"标注为例说明。

单击"注释"选项卡→"尺寸标注"面板→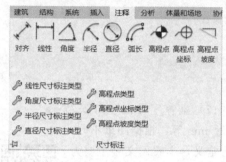（对齐）工具，即可在视图中为图元添加对齐标注，如图 13-35 所示。单击对齐标注的类型属性，可进一步修改该对齐标注的类型进行，或创建新的对齐标注类型，如图 13-36 所示。

图 13-34　尺寸标注

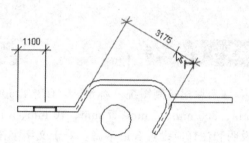

图 13-35　对齐标注

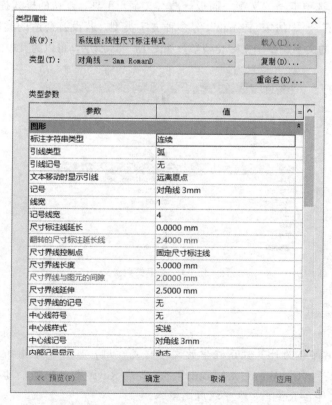

图 13-36　对齐标注类型属性

至此已经完成了建筑设计图纸的基本准备工作，但在实际工作中，遇到复杂的建筑往往需要设置的内容远不止以上所列的对象，这些是建立在读者对 Revit 工具有足够熟悉的基础上才能完成的系统工作。

# 13.4　建筑图纸设计

在建筑项目中，一般遵循平面→立面→剖面→详图的过程来绘制。其中，平立剖图纸在 Revit 中主要是在模型基础上通过控制图元显示状态并添加标注的过程；而详图是对部分构造做法的重要补充，绘制详图视图可以传达项目的细部构造信息及施工做法。

图纸编辑主要在于对视图的编辑，为方便视图编辑，建议对需要出图的视图进行复制及重命名，以区分出图视图与建模操作视图。在这一节中，将详细讲解平立剖及详图视图的创建和编辑。

## 13.4.1　平面图

### 1. 创建平面视图

平面视图是以二维视图形式提供查看模型的传统方法。单击"视图"选项卡→"创建"面板→"平面视图"下拉列表→ ▦（楼层平面）工具，在弹出的"新建平面视图"窗口中选择"1F"至"RF"，或复制已有的"1F"至"RF"创建新的视图，将新建的视图进行统一命名并归类到"楼层平面（施工图设计）"中，如图 13 - 37 所示。

平面图（上）

图 13 - 37　创建平面图

平面图（下）

### 2. 添加标注

建筑平面图纸采用"三道尺寸"标注的方式对外墙进行标注，其中第一道为外墙皮到轴线、轴线到门、窗洞口、洞口宽度及其到轴线的起止直至另一端墙外皮；第二道为房间的开间（各横向轴线之间的距离）或进深（各纵向轴线之间的距离）尺寸，即定位轴线尺寸；第三道为建筑的长或宽度的总尺寸，即第二道细部尺寸总和。

分别为三个平面图添加"三道尺寸"标注，如图 13 - 38 所示。

如果有必要需对部分图元进行单独的尺寸标注，此外，对于各个楼层室内与室外高程也需进行标注，如图 13 - 39 所示。

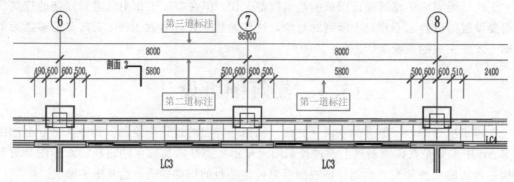

图 13-38　①～⑤轴网标注

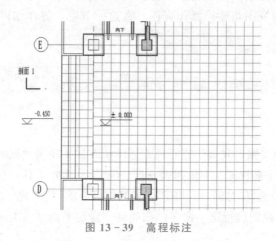

图 13-39　高程标注

### 3. 调整平面图视图范围

视图范围的设置直接影响图纸呈现图元之间的关系，因此需要合理设置平面图视图的范围，保证需要表达的对象位于视图剖切面位置（详细设置方法回顾 3.3.2 节内容），平面图视图剖切面设置的原则为能剖切到门、窗的高度，并尽可能详尽地表达平面图中需要表示的内容。

推荐设置的平面图视图范围如下。

① 顶部：上层标高；

② 剖切面：窗台高+500 mm 左右，不能超过门、窗的高度；

③ 底部：0；

④ 深度：0。

 特别提示

视图"JS-02_一层平面图"中需要表达室内与室外的平面内容，而室外标高为"-0.450 m"，因此需将"底部""深度"的参数调整为低于 0.450 m 的视图范围，推荐调整为"-500.0"参数值。

4. 调整图元可见性和图形显示

在图纸中，需要对图元的可见性及样式进行设置，使图面表现更符合现有的制图标准和读图方式。在 Revit 中，提供了多种方式控制项目中各个视图的模型图元、基准图元和视图专有图元的可见性和图形显示。常用的控制图元可见性和图形显示的方式有两种，即"按图元可见性/图元替换"和"使用类别过滤器"。

方式一：按图元可见性/图元替换。

单击"视图"选项卡→"图形"面板→ (可见性/图形) 工具，或在属性面板中单击"可见性/图形编辑"的编辑框都可以进入到视图的"可见性/图形替换"编辑窗口。在"可见性/图形替换"编辑窗口中的"类型"方框中选中，则该图元在视图可见，反之则不可见。如需对类型的图形显示进行替换，可以在"投影/表面"或"截面"的单元格中单击选择替换样式，无替换的单元格显示为空白，如图 13 - 40 所示，替换"柱"类别"投影/表面"线和填充图案，以满足平面图总柱的表达。

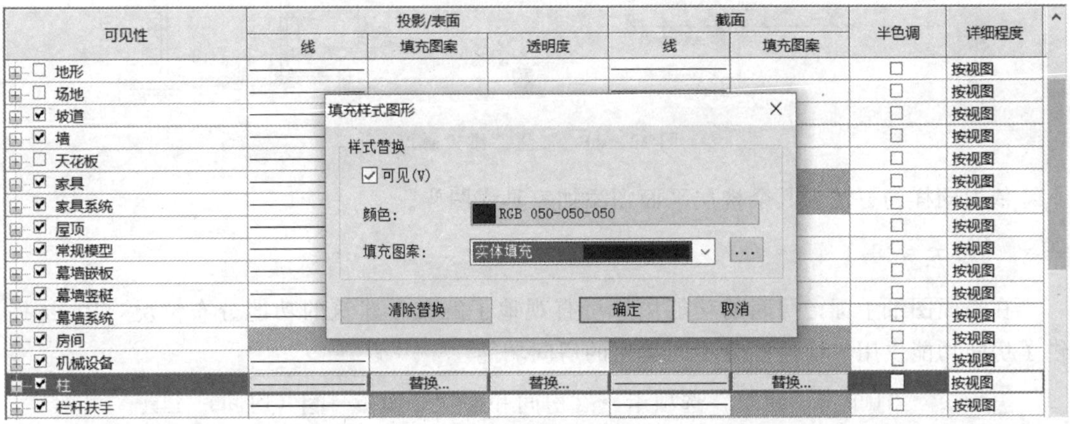

| 可见性 | 投影/表面 | | | 截面 | | 半色调 | 详细程度 |
|---|---|---|---|---|---|---|---|
| | 线 | 填充图案 | 透明度 | 线 | 填充图案 | | |
| 地形 | | | | | | ☐ | 按视图 |
| 场地 | | | | | | ☐ | 按视图 |
| 坡道 | | | | | | ☐ | 按视图 |
| 墙 | | | | | | ☐ | 按视图 |
| 天花板 | | | | | | ☐ | 按视图 |
| 家具 | | | | | | ☐ | 按视图 |
| 家具系统 | | | | | | ☐ | 按视图 |
| 屋顶 | | | | | | ☐ | 按视图 |
| 常规模型 | | | | | | ☐ | 按视图 |
| 幕墙嵌板 | | | | | | ☐ | 按视图 |
| 幕墙竖梃 | | | | | | ☐ | 按视图 |
| 幕墙系统 | | | | | | ☐ | 按视图 |
| 房间 | | | | | | ☐ | 按视图 |
| 机械设备 | | | | | | ☐ | 按视图 |
| 柱 | | 替换... | 替换... | | 替换... | ☐ | 按视图 |
| 栏杆扶手 | | | | | | ☐ | 按视图 |

填充样式图形 ×

样式替换

☑ 可见(V)

颜色：　　　RGB 050-050-050

填充图案：　实体填充　▽　...

清除替换　　　确定　　　取消

图 13 - 40　编辑柱类型的图形替换

方式二：使用类别过滤器。

对于在视图中共享公共属性的图元，过滤器提供了替换其图形显示和控制其可见性的方法，如对于同属于墙类别的防火墙，可以通过创建并应用防火墙过滤器，在视图中单独控制防火墙的可见性和图形显示设置。

关于过滤器的详细设置方法请参考第 3.3.4 节的内容。

5. 添加二维家具

通过添加二维家具图形可直观理解建筑的功能及空间用途，二维家具的布置有以下两种方式。

方式一：通过在平面图中载入二维家具族，并进行依次布置。

方式二：通过载入 CAD 家具布置图，将家具布置好后进行全部分解并重组。

这两种方式各有利弊，在实际工程中可根据实际情况选择合适的方式进行使用，下面以教学楼一层平面图为例，介绍其中方式二的步骤。

➤➤ Step 01 将视图切换至"JS-02_一层平面图"施工图设计平面视图中。

>> Step 02 单击"插入"选项卡 → "从库中载入"面板 → ![]（载入族）工具，载入本书配套的"投影仪_2D. rfa"外部族。

>> Step 03 单击"注释"选项卡 → "详图"面板 → "构件"下拉列表 → ![]（详图构件）工具，在类型选择器中选择载入的"投影仪_2D"族，根据本书配套的一层施工 CAD 图纸中投影仪的位置，分别单击放置二维投影仪，如图 13 - 41 所示。

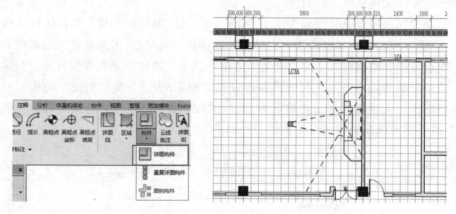

图 13 - 41　放置二维投影仪

依据同样的方法为其余楼层平面图添加家具详图族。

6. 添加房间名称

在平面图纸中标记房间的功能用途可直观地了解整个建筑的功能分布情况，Revit 提供了房间功能供用户快速区分不同类型的房间功能。

>> Step 01 单击"建筑"选项卡 → "房间和面积"面板 → ![]（房间）工具。

>> Step 02 将鼠标移动至房间内部，此时 Revit 将自动识别房间边界，单击放置房间。

>> Step 03 修改房间名称，如"卫生间""办公室""通用技术教室"等，如图 13 - 42 所示。

图 13 - 42　房间名称

将各楼层平面视图中的房间进行一一标注，并更改房间名称。关于房间的颜色表达、面积等详细知识将在下个项目中进一步介绍。

7. 添加文字说明

完整的图面离不开必要的文字说明，平面图也不例外。单击“注释”选项卡→“文字”面板→A（文字）工具，为一层平面图添加必要的文字说明，如图 13－43 所示。

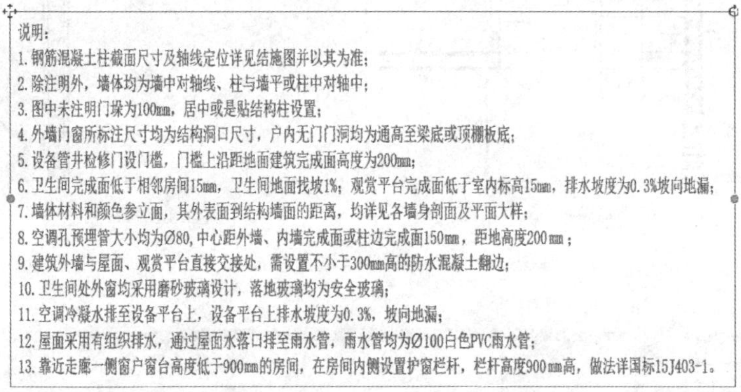
说明：
1.钢筋混凝土柱截面尺寸及轴线定位详见结施图并以其为准；
2.除注明外，墙体均为墙中对轴线、柱与墙平或柱中对轴中；
3.图中未注明门垛为100mm，居中或是贴结构柱设置；
4.外墙门窗所标注尺寸均为结构洞口尺寸，户内无门门洞均为通高至梁底或顶棚板底；
5.设备管井检修门设门槛，门槛上沿距地面建筑完成面高度为200mm；
6.卫生间完成面低于相邻房间15mm，卫生间地面找坡1%；观赏平台完成面低于室内标高15mm，排水坡度为0.3%坡向地漏；
7.墙体材料和颜色参立面，其外表面到结构墙面的距离，均详见各墙身剖面及平面大样；
8.空调孔预埋管大小均为Ø80，中心距外墙、内墙完成面或柱边完成面150mm，距地高度200mm；
9.建筑外墙与屋面、观赏平台直接交接处，需设置不小于300mm高的防水混凝土翻边；
10.卫生间处外窗均采用磨砂玻璃设计，落地玻璃均为安全玻璃；
11.空调冷凝水排至设备平台上，设备平台上排水坡度为0.3%，坡向地漏；
12.屋面采用有组织排水，通过屋面水落口排至雨水管，雨水管均为Ø100白色PVC雨水管；
13.靠近走廊一侧窗户窗台高度低于900mm的房间，在房间内侧设置护窗栏杆，栏杆高度900mm高，做法详国标15J403-1。

图 13－43　一层平面图文字说明

此外，还需要添加必要的符号和说明，如入口的坡道符号与坡度、花池等内容。

8. 标记

标记是图纸中识别图元的注释，使用“标记”工具将标记附着到选定图元。族库中的每个类别都有一个标记，一些标记会随默认的 Revit 样板自动载入，而另一些则需要手动载入。

当按类别进行标记时，可单击“注释”选项卡→“标记”面板→（按类别标记）工具，如平面视图中的门窗标记［图 13－44（a）］；当按照材质进行标记时，单击“注释”选项卡→“标记”面板→（材质标记）工具，如详图中对细部材质的标注［图 13－44（b）］。

9. 符号

符号是注释图元或其他对象的图形表示，通常用来表示制图中的二维注释图例，如指北针、安全设备标志、排水坡道等，图 13－45 中显示的安全平面中就使用符号来标识安全设备的位置。

切换到“场地”视图中，在项目 4 内容中，已经为场地视图添加了指北针符号，故可以直接将场地中的指北针复制到其他视图中。

Step 01 在“场地”视图中选中指北针，单击“修改 <图元>”选项卡→“剪贴板”面板→（复制）工具，将指北针复制到剪切板。

Step 02 双击“JS－02＿一层平面图”打开一层平面图后，单击“修改”选项卡→“剪贴板”面板→“从剪贴板中粘贴”下拉列表→（与当前视图对齐）工具，如图 13－46 所示。

(a) 类别标记      (b) 材质标记

图 13-44　类别标记和材质标记

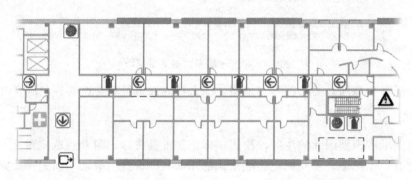

图 13-45　安全平面图中的符号

**Step 03** 粘贴后的指北针如图 13-47 所示。

若使用单击"注释"→"符号"选项重新放置指北针的方式，需要在放置指北针前将视图方向切换为"正北"，然后再放置指北针，完成后再将视图切换回"项目北"方向，如图 13-48 所示。

图 13-46　粘贴到与当前视图对齐　　图 13-47　指北针　　图 13-48　切换方向

依照以上步骤分别将其他平面图进行完善，最终效果如图 13-49 所示。

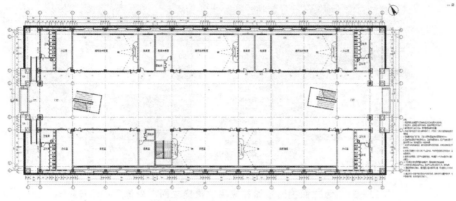

图 13-49 JS-02_一层平面图

## 13.4.2 立面图

立面图（上）

建筑立面图是在与建筑物立面平行的投影面上的房屋正投影图，主要表示建筑物的外形和外貌，反映房屋的高度、层数、屋顶及门窗的形式、大小和位置；表示建筑物立面各部分配件的形状及相互关系、墙面做法、装饰要求、构造做法等，是进行建筑物外装修的主要依据。

对于规则的建筑，建筑图纸一般需要四个立面图表达，各立面根据建筑物两端收尾定位轴线的编号命名；对于平面形状曲折的建筑物，如圆形、曲线形或折边形平面的建筑物，可分段展开绘制立面图，并在图名后加注"展开"字样。

立面图（下）

立面图纸的设计方法与平面十分类似，遵循"创建立面→管理立面视图→应用立面视图样板（如果有）→调整模型显示内容→裁剪视图→添加注释、说明等→布置到图纸"的过程。

### 1. 创建并管理立面

立面图纸的设计内容可以通过新建立面视图或复制已有的立面视图进行创建，具体方法请回顾第 3.3.2 节内容。参照创建"楼层平面（施工图设计）"的方法，创建用于放置施工图设计视图的建筑立面类型，命名为"立面（施工图设计）"，如图 13-50 所示。

### 2. 调整模型显示内容

立面视图调整模型显示内容与平面视图类似，如通过"可见性/图形替换"控制模型对象的显示，通过"视图范围"控制显示模型的内容，通过"裁剪视图"控制模型显示的范

图 13-50 创建立面视图

围、通过新建"建施立面_单体"应用视图样板（图 13-51）等。立面内容的调整推荐结合平面视图进行控制，单击"视图"选项卡→"窗口"面板→▤（平铺）工具，平铺平面

与立面视图，如图 13-51 所示。

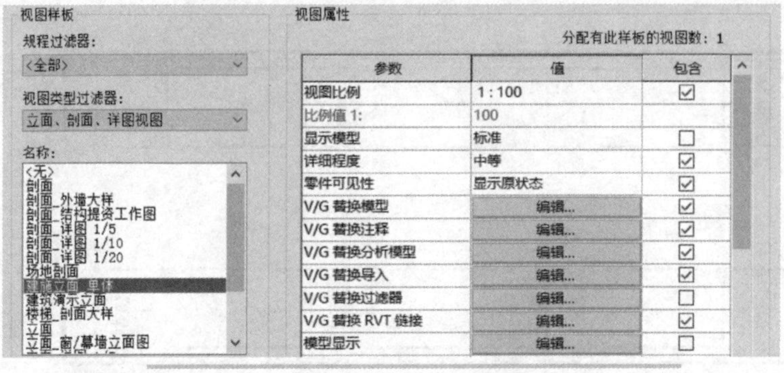

图 13-51　为立面视图添加并应用"建施立面_单体"视图样板

以下皆以"JS-06_①～⑬立面图"（即建筑南立面）为例，介绍如何进行立面图纸设计。

**》》Step 01** 调整立面视图范围。查看立面视图范围属性参数，选中"裁剪视图""裁剪区域可见"的复选框。"远剪裁"方式为"不剪裁"，如图 13-52 所示。

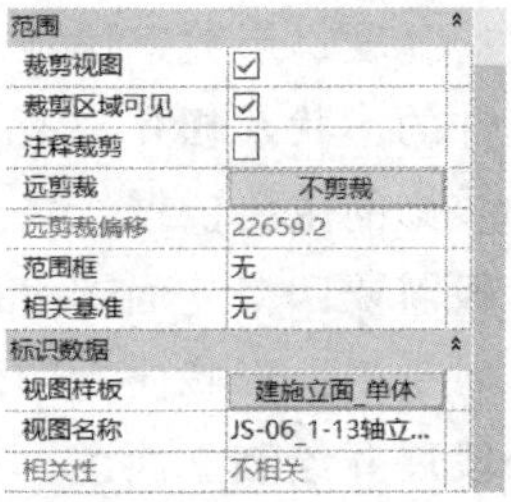

图 13-52　更改立面视图范围

**》》Step 02** 在立面图中单击选中视图裁剪框，通过拖动裁剪框的端点进行裁剪立面，如图 13-53 所示。

图 13-53　调整立面视图深度

**》》Step 03** 通过可见性调整，将植物等对象取消显示。

**》》Step 04** 调整完后，关闭"裁剪区域可见"。

3. 添加注释、说明等内容

立面图与平面图类似，要有必要的说明、注释、尺寸标注与标高等，因此需要进一步添加这些内容，添加的方式与平面图类似，此处不再重复阐述。

此外，对于建筑立面的外轮廓还需用中粗实线进行表示。立面外轮廓可以使用"详图线"进行描绘。

>> Step 01 单击"注释"选项卡→"详图"面板→几（详图线）工具，选择线样式为"宽线"，如图 13-54 所示。

图 13-54 宽线线样式

>> Step 02 沿着建筑立面外轮廓绘制宽线，如图 13-55 所示。局部放大如图 13-56 所示。

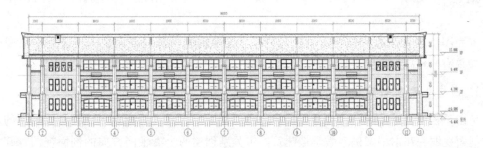

图 13-55 绘制建筑立面外轮廓

图 13-56 建筑立面外轮廓局部图

若在深化立面视图前未新建"建施立面_单体"视图样板，可在应用视图样板情况下深化立面图，然后从当前视图创建视图样板，如图 13-57 所示，创建的视图样板即可应用于其他建筑立面中。最后将各立面视图添加至立面图纸中即可。

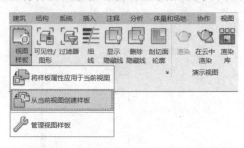

图 13-57　从当前视图创建视图样板

## 13.4.3　剖面图

建筑剖面图是用一个假想的平行于房屋某一个外墙轴线的铅垂剖切平面，从上到下将房屋剖切开，将需要留下的部分向与剖切平面平行的投影面作正投影，由此得到的图。剖切位置应选择能反映建筑物全貌、构造特征及具有代表性的部位，如通过楼梯间梯段、门、窗、洞口等，用以表达建筑内部的结构形式、沿高度方向的分层情况、构造做法、门、窗、洞口、层高等。

剖面图纸的设计方法与立面一致，遵循"创建剖面→管理剖面视图→应用剖面视图样板（如果有）→调整模型显示内容→添加注释、说明等→布置到图纸"的过程。

1. 创建并管理剖面

单击"视图"选项卡→"创建"面板→◇（剖面）工具，为建筑中比较有代表性的位置创建剖面视图。在本书案例（教学楼建筑）中分别创建两个沿轴网方向的剖面视图，其剖面位置如图 13-58 所示。

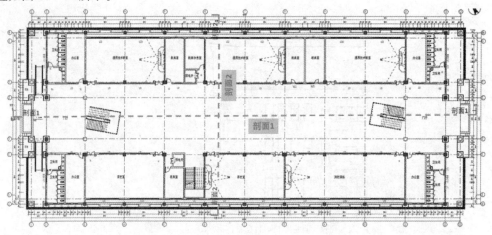

图 13-58　剖面位置

新建类型为"剖面（施工图设计）"视图，并将新建的"剖面1""剖面2"重命名为"JS-06_剖面1-1视图""JS-07_剖面2-2视图"后归置到该类型视图中，如图13-59所示。

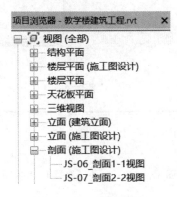

图 13-59　剖面视图

### 2. 调整模型显示内容

与调整立面类似，调整剖面需要调整剖面视图深度、裁剪视图范围，此部分内容不再重复介绍。与立面视图不同的是，剖面视图中需要将被剖切到的楼板、墙、柱、梁等对象用能反映所使用材质的填充图案进行填充，填充图案可以使用"可见性/图形替换"进行设置，如图13-60所示。

| 可见性 | 投影/表面 | | | 截面 | | 半色调 | 详细程度 |
|---|---|---|---|---|---|---|---|
| | 线 | 填充图案 | 透明度 | 线 | 填充图案 | | |
| ☑ 坡道 | | | | | | ☐ | 按视图 |
| ☑ 墙 | | | | | | ☐ | 按视图 |
| ☑ 天花板 | | | | | | ☐ | 按视图 |
| ☑ 家具 | | | | | | ☐ | 按视图 |
| ☑ 家具系统 | | | | | | ☐ | 按视图 |
| ☑ 屋顶 | | | | | | ☐ | 按视图 |
| ☑ 常规模型 | | | | | | ☐ | 按视图 |
| ☑ 幕墙嵌板 | | | | | | ☐ | 按视图 |
| ☑ 幕墙竖梃 | | | | | | ☐ | 按视图 |
| ☑ 幕墙系统 | | | | | | ☐ | 按视图 |
| ☑ 房间 | | | | | | ☐ | 按视图 |
| ☑ 机械设备 | | | | | | ☐ | 按视图 |
| ☑ 柱 | | | | | | ☐ | 按视图 |
| ☑ 栏杆扶手 | | | | | | ☐ | 按视图 |
| ☑ 植物 | | | | | | ☐ | 按视图 |
| ☑ 楼板 | | | | | | ☐ | 按视图 |
| ☑ 楼梯 | | | | | | ☐ | 按视图 |
| ☑ 橱柜 | | | | | | ☐ | 按视图 |
| ☑ 照明设备 | | | | | | ☐ | 按视图 |

图 13-60　填充图案替换

### 3. 添加注释、说明等内容

与平面视图、立面视图类似，剖面图也离不开必要的注释和说明。以"JS-06_剖面1-1视图"为例，需要为之添加尺寸标注、引注说明、高程标注等内容，如图13-61所示。

从当前视图创建视图样板，并命名为"建施剖面_单体"，"剖面2-2"的创建方法可按"剖面1—1"的创建步骤进行完善，然后依次添加至图纸中即可。

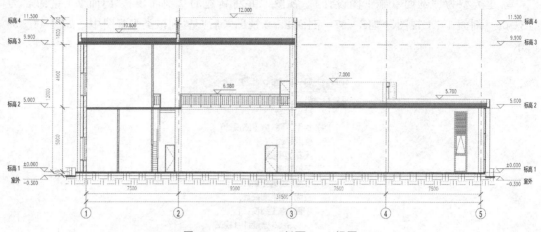

图 13-61　JS-06_剖面 1-1 视图

详图（上）

详图（下）

## 13.4.4　详图

　　建筑详图是用较大的比例绘出的建筑细部的构造图样，可详细地表达建筑细部的形状、层次、尺寸、材料和做法等，是建筑施工、工程预算的重要依据。建筑详图常采用比例为 1:1、1:2、1:5、1:10、1:20、1:50 等。使用较大比例的详图能清晰地表达所绘节点或构配件的做法。

　　常见的建筑详图有门窗详图、墙身节点详图、楼梯详图及其他详图，这些详图的制作方法比较类似，掌握其中一种即可触类旁通绘制出其余类型详图，以下将以墙身详图为例介绍如何在 Revit 中进行建筑详图创建。

　　1.Revit 中二维详图表达方式

　　Revit 中二维详图的表达方式有三种：完全基于模型生成二维图纸、完全使用详图线绘制的二维图纸、模型结合详图线制作二维图纸。

　　方式一：完全基于模型生成二维图纸。

　　这种方式中，模型与图纸相互关联，当修改模型的同时，图纸也将随之更新，但使用这种方式的前提是模型精度足够高，能够满足直接生成图纸的需要。

　　方式二：完全使用详图线绘制的二维图纸。

　　这种方式中，模型与二维图纸毫无关联，读者可以使用 Revit 中自带的详图线、填充图案、文字说明等工具绘制二维详图；也可通过从外部导入 CAD 详图，在 Revit 中完全分解并适当分组。这种方式简单快捷，但失去了模型与图纸关联的效果。

　　方式三：模型结合详图线制作二维图纸。

　　采用基于模型文件切出主体轮廓，然后在详图视图中使用详图线、填充图案、文字注释等方式加以说明，达到出图的要求，这种方式是最常用也较为推荐的图纸设计方法。

　　2.创建并管理详图

　　在 Revit 中详图有两种，一种是剖切详图，另一种是详图索引。前者为比例较大的剖面，后者为局部的放大比例视图，如图 13-62 所示。

本案例中墙身详图采用剖切详图的方式创建，单击"视图"选项卡→"创建"面板→（剖面）工具，在属性面板中选择"详图视图"的剖面类型，如图 13-63 所示。在①轴与⑤轴附近创建"墙身详图 1"详图视图，并调整视图范围，如图 13-64 所示。

创建"详图视图（施工图设计）"，并将"JS-09_墙身详图 1"归类到该类型视图中，如图 13-65 所示。

图 13-62　剖切详图与详图索引

图 13-63　详图视图

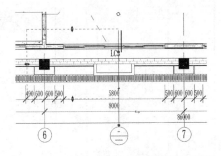

图 13-64　创建"墙身详图 1"详图视图

图 13-65　详图视图（施工图设计）

3. 为主体模型视图添加详图线、填充图案等内容

使用详图剖面创建的详图只有模型主体，还需要进一步完善，包括创建粉刷层线条、添加填充图案、隐藏无须显示的图元等。

**Step 01** 打开"JS-09_墙身详图 1"。

**Step 02** 添加 Revit 样板中自带的"剖面_详图 1/20"视图样板，编辑该视图样板中"V/G 替换 RVT 链接"，将项目所链接的"教学楼结构工程_钢结构屋架.rvt""教学楼结构工程_框架梁.rvt"模型中的注释类别全部关闭显示，如图 13-66 所示。

**Step 03** 将视图样板中的模型图元投影面、界面的线宽替换为"1"号线宽（类别为"线"不做替换）；将"界面线样式"的各个功能层线宽也调整为"1"号线宽。详细做法可参考立面或平面内容。

**Step 04** 修改构件之间的连接顺序。默认情况下在 Revit 中所绘制的模型构件，彼此之间存在诸多重叠或连接顺序不满足出图要求，这种情况下需使用 Revit 的 （连接几

何图形）与 （切换连接顺序）工具进行调整，如图 13-67 所示为连接三层空调板、空调挡板等构件并合理调整连接顺序。

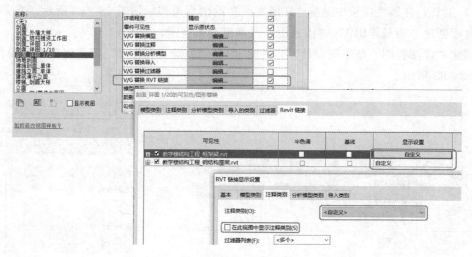

图 13-66　取消链接模型的注释图元的显示

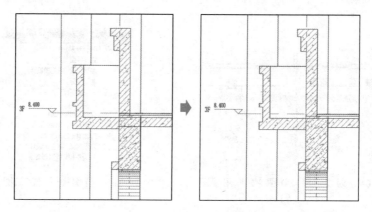

图 13-67　连接、切换连接顺序处理节点

>> Step 05 由于链接的结构模型无法与建筑模型连接，因此建议使用填充图案表示结构模型的剖切截面。

单击"注释"选项卡 → "详图"面板 → "区域"下拉列表 →（填充区域）工具，在结构梁处绘制矩形填充图案，填充图案类型为"混凝土_钢砼"，如图 13-68 所示。

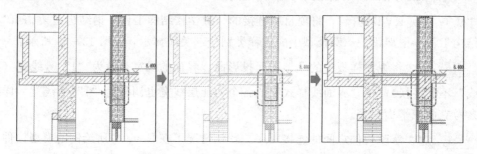

图 13-68　使用填充图案表示结构构件

>> Step 06 参考本书配套的 CAD 图纸中的"墙身详图 1"继续细化该视图，最后添加必要的文字说明、注释等信息即可，如图 13-69 所示。

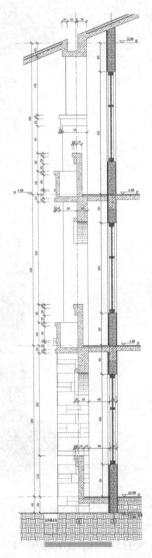

图 13-69　墙身详图 1

>> Step 07 使用同样的方法添加其他墙身详图，在此不再一一详述。

4. 三维详图

>> Step 01 复制三维视图，重命名为"JS-09_墙身详图 1（三维）"，并创建类型为"施工图设计"的视图类型，将"JS-09-墙身详图 1（三维）"归置到该视图类型中，如图 13-70 所示。

>> Step 02 选中"属性"面板中的剖面框，并将剖面框调整至"JS-09_墙身详图 1（三维）"所示的剖切位置，完成后隐藏剖面框，如图 13-71 所示。

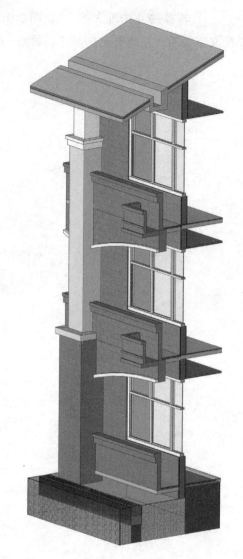

图13-71
三维模型

图 13 - 70　创建"墙身详图 1（三维）"视图　　　图 13 - 71　JS - 09_墙身详图 1（三维）

**>> Step** 03 新建图纸，并将墙身详图的二维详图与三维详图分别放置在详图图纸中，即完成墙身详图的图纸表达。

# 13.5　图纸打印与导出

图纸打印与导出

在 Revit 中，创建完成图纸后，可以将其打印或导出到其他软件中，以便其他项目参与方对项目进行查阅和使用。

## 13.5.1　图纸打印

打印图纸之前，需要先安装虚拟打印机，将图纸打印成 PDF 格式的文件，读者可下载安装"Adobe Acrobat"这款软件实现虚拟打印。安装完成后在 Revit 中单击"文件"选项卡→🖶（打印）选项，进入打印窗口，即可选择名称为"Adobe PDF"的打印机，如图 13 – 72 所示。

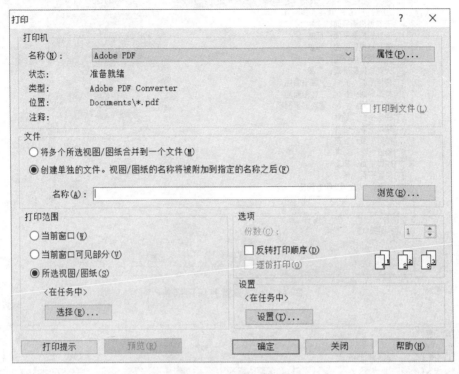

图 13 – 72  打印图纸窗口

在打印窗口中可以设置打印机、打印文件的位置、打印范围和打印份数，其中打印范围可以单击"选择"按钮，进入"视图/图纸集"选择集中需要打印的图纸，如图 13 – 73 所示。如果是需要反复打印的图纸集，还可以另存为打印图纸集，选择将需要打印的平面、立面、剖图、详图图纸命名为"施工图设计"以供以后打印方便。

而图纸的具体打印设置，需单击设置，进入打印设置窗口中对打印参数进行设置，如图 13 – 74 所示。

设置完成后单击"确定"按钮，会弹出"文件保存"窗口，将图纸进行保存，完成打印。

需要注意的是，在 Revit 中的打印输出一般为"所见即所得"，但下面几种情况例外。

① 打印作业的背景颜色始终为白色。

② 默认情况下，不打印参照平面、工作平面、裁剪边界、未参照视图的标记和范围框。要将它们添加到打印机作业中，需在"打印设置"对话框中清除相应的"隐藏"选项。

③ 打印作业包含使用"临时隐藏/隔离"工具在视图中隐藏的图元。

④ 使用"细线"工具修改过的线宽使用其默认线宽进行打印。

如果要在打印前对图纸进行预览，可进入需要预览的视图或图纸中，单击"文件"选项卡→打印→🔍（打印预览）工具，进入该图纸的预览窗口，对打印效果进行观察，如图 13 – 75所示。

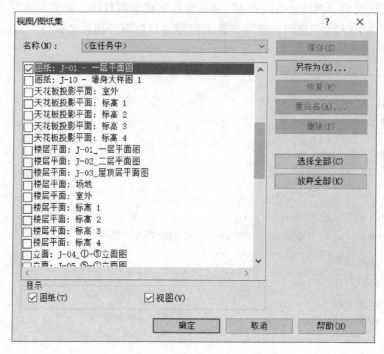

图 13 – 73　设置打印图纸集

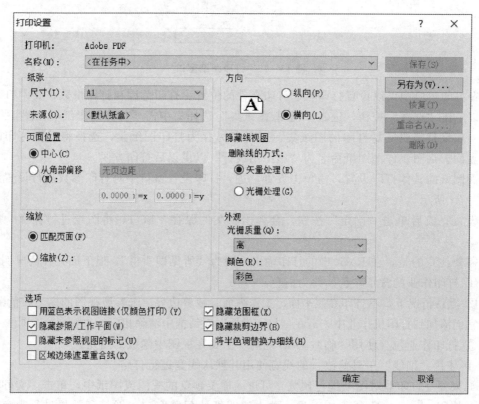

图 13 – 74　打印设置窗口

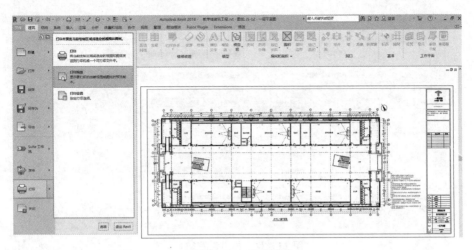

图 13 - 75　打印预览

### 13. 5. 2　图纸导出

在 Revit 中，可以将项目中选定的图纸转为不同格式以在其他软件中使用，对于编辑完成的图纸一般转化为 CAD 格式。CAD 格式包括 (DWG)、 (DXF)、 (DGN) 和 ［ACIS (SAT)］ 四种文件形式，图纸一般导出为 ".dwg" 或 ".dxf" 格式。

单击 "文件" 选项卡→导出→CAD 格式→ (DWG) 或 (DXF) 选项。在 "DWG (或 DXF) 导出" 窗口中单击 "选择导出设置" 选项框右边的 "修改导出设置" 按键，进入 "修改导出设置" 窗口，如图 13 - 76 所示。

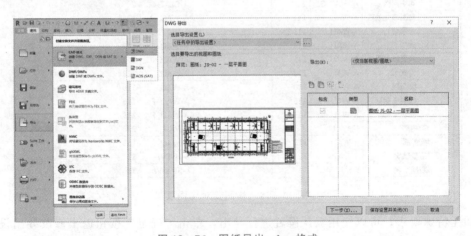

图 13 - 76　图纸导出 .dwg 格式

在 "修改导出设置" 窗口中，分为 "层" "线" "填充图案" "文本和字体" "颜色" "实体" "单位和坐标" "常规" 八个选项卡，在这八个选项卡中，可以根据需要设定 Revit 中的图元对应到 CAD 文件中的设置。在导出设置窗口中，可以新建导出设置，以便重复使用，如图 13 - 77 所示。

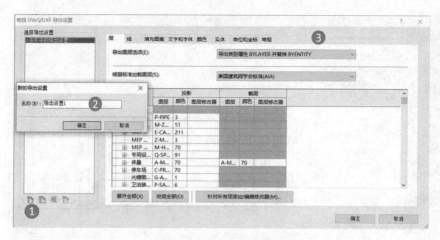

图 13 - 77　导出设置窗口

在导出设置窗口中，比较特殊的是图层的设置，由于 Revit 中不存在图层的概念，因此 Revit 中的一种族文件对应 CAD 中的一个图层，有些还会根据族图元的组成添加子图层，如墙的图层根据功能会有区分，墙具有的多个功能层也会设置默认图层，如图 13 - 78 所示。

| 类别 | 投影 | | | 截面 | | |
|---|---|---|---|---|---|---|
| | 图层 | 颜色 ID | 图层修改器 | 图层 | 颜色 ID | 图层修改器 |
| 墙 | A-WALL | 113 | | A-WALL | 113 | |
| 　保温层/空气... | A-WALL | 113 | | A-WALL | 113 | |
| 　公共边 | A-WALL | 113 | | A-WALL | 113 | |
| 　墙饰条 | A-WALL | 113 | | A-WALL | 113 | |
| 　墙饰条 - 檐口 | A-WALL... | 113 | | A-WALL... | 113 | |
| 　幕墙网格 | A-GLAZ-G... | 2 | | A-GLAZ-G... | 2 | |
| 　截面填充图案 | A-WALL-P... | 111 | | A-WALL-P... | 111 | |
| 　涂膜层 | A-WALL | 113 | | A-WALL | 113 | |
| 　结构 [1] | A-WALL | 113 | | A-WALL | 113 | |
| 　表面填充图案 | A-WALL-P... | 111 | | A-WALL-P... | 111 | |
| 　衬底 [2] | A-WALL | 113 | | A-WALL | 113 | |
| 　隐藏线 | A-WALL-... | 110 | | A-WALL-... | 110 | |
| 　面层 1 [4] | A-WALL-F... | 113 | | A-WALL-F... | 113 | |
| 　面层 2 [5] | A-WALL-F... | 113 | | A-WALL-F... | 113 | |
| 墙/内部 | I-WALL | 2 | | I-WALL | 2 | |
| 墙/外部 | A-WALL | 113 | | A-WALL | 113 | |
| 墙/基础墙 | S-FNDN | 32 | | S-FNDN | 32 | |
| 墙/挡土墙 | L-SITE-W... | 31 | | L-SITE-W... | 31 | |

图 13 - 78　族图元对应图层

如无特殊要求，可以使用默认设置进行导出，单击"确定"按钮退出修改导出设置窗口回到导出窗口中，单击"下一步"按钮，会弹出文件保存窗口，将图纸保存到课程文件→工作文件→图纸→CAD 文件夹内，并设置保存的文件类型为 AutoCAD 2010 文件（＊.dwg），命名规则使用"自动-长（指定前缀）"，并选中"将图纸上的视图和链接作为外部参照导出"，如图 13 - 79 所示。再打开保存 CAD 的文件夹便可查看到导出的图纸。

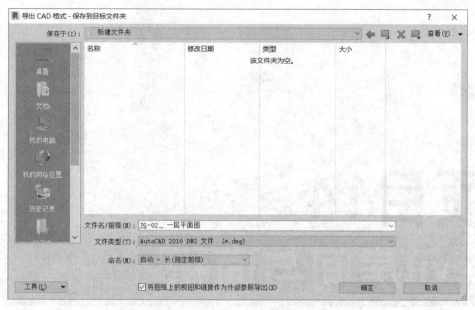

图 13 - 79　导出到文件夹设置

项 目 小 结

　　1. 建筑图纸设计需要遵循规范，其中以《建筑制图标准》（GB/T 50104—2010）、《房屋建筑制图统一标准》（GB/T 50001—2017）、《总图制图标准》（GB/T 50103—2010）需重点掌握。

　　2. 建筑图纸由设计总说明、目录、总平面图、（楼层）平面图、立面图、剖面图、详图构成，对于复杂的建筑还包括人防设计、幕墙设计等。

　　3. 建筑图纸设计一般遵循"平面设计→立面设计→剖面设计→详图设计"的步骤依次进行，同时遵循由总体到局部、逐层深化的原则。

复 习 思 考

1. 完成建筑初设图纸的编辑。

2. 将编辑完的建筑初设图纸打印成 PDF 文本，并导出".dwg"格式。

3. 思考 BIM 建筑设计图纸与传统的 CAD 二维建筑设计图纸的相同点与不同点。

项目13
在线答题

# 项目14
# Revit房间与面积

Revit房间
与面积

在 Revit 中，可以使用房间和面积工具对项目内的空间进行定义。Revit 中的房间是对建筑模型中的空间进行细分的工具，面积是对建筑模型中的空间按照面积方案进行划分后形成的区域，如防火单元、人防单元等。通过布置房间并使用房间图例，可以直观地表示建筑不同功能用房的分布信息。在项目中创建面积方案时，可以为面积方案创建面积平面图，对建筑进行面积计算。

在本章中，将以"教学楼"为案例，讲解在建筑项目中布置房间及创建房间图例，更直观地表达建筑平面内的空间分布关系，以及创建面积方案和面积平面的内容，并对项目的建筑面积进行计算。

## 特别提示

《建筑工程
建筑面积
计算规范
(GB/T 50353
—2013)》

学习本项目内容，需先了解建筑面积的概念，具体内容详见右方二维码。

## 学习目标

| 能力目标 | 知识要点 |
| --- | --- |
| 掌握 Revit 房间工具 | 房间边界<br>房间标记<br>房间创建流程 |
| 掌握 Revit 颜色方案 | 创建颜色方案<br>使用颜色方案 |
| 掌握 Revit 面积工具 | 添加面积方案<br>创建面积平面 |

# 14.1　Revit　房　间

在 Revit 中，使用房间工具可以对建筑内的空间进行定义。房间设置时必须基于模型图元（如墙、楼板、柱等），将这些图元定义为房间边界图元。房间放置时会自动识别边界图元，当空间中不存在房间边界图元时，还可以使用房间分隔线进一步分割空间。

Revit房间
（上）

## 14.1.1　房间边界

在 Revit 中，建筑内的空间划分是以模型图元（如墙、楼板、柱等）和分隔线作为房间边界，创建房间时会自动拾取默认房间边界图元，并且只有闭合的房间边界区域才能创建房间对象，因此在创建房间前应对房间边界的设置有所了解。

默认情况下，房间边界包括以下图元。

① 墙（幕墙、标准墙、内建墙、基于面的墙）；

② 屋顶（标准屋顶、内建屋顶、基于面的屋顶）；

③ 楼板（标准楼板、内建楼板、基于面的楼板）；

④ 天花板（标准天花板、内建天花板、基于面的天花板）；

⑤ 柱（建筑柱、材质为混凝土的结构柱）；

⑥ 幕墙系统；

⑦ 房间分隔线；

⑧ 建筑地坪。

### 1. 设定模型图元的房间边界参数

当启用了模型图元的"房间边界"参数时，Revit 会将该图元用作房间的一个边界，该边界用于计算房间的面积和体积。房间参数设置位于属性面板的"约束"选项组，默认的房间边界都启用了该参数，如要取消该图元作为房间边界，则可以在属性面板的"约束"选项组中取消选中"房间边界"。

以卫生间为例，男、女厕与盥洗间之间均使用墙体隔开，拾取房间时厕所与盥洗间中间墙体默认成为房间边界，在此应取消隔断墙的房间边界参数，确保能够拾取整个卫生间。

选择卫生间中的厕所与盥洗间中间墙体，在属性面板的"约束"选项组中找到"房间边界"，取消选中，如图 14 - 1 所示。

### 2. 添加房间边界——分隔线

在建筑项目中，有些大空间内并没有使用墙体进行分隔。当大空间内有多个功能区需要进一步划分时，使用"房间分隔线"工具可添加或调整房间边界。

本项目中，一层门厅与交流活动区中并不使用墙体进行分隔，而是在添加房间前使用

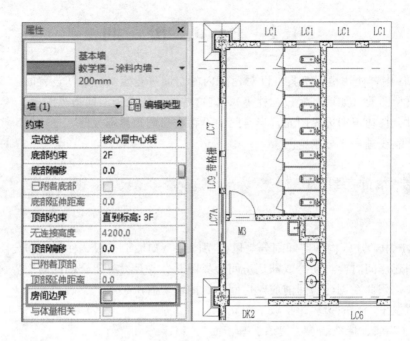

图 14-1　设置图元房间边界参数

分隔线添加房间边界，区分各功能区。

>> Step 01 进入"楼层平面 1F"平面视图中，右击"1F"→选择"复制视图"→"带细节复制"选项，复制新的 1F 平面视图，如图 14-2 所示。

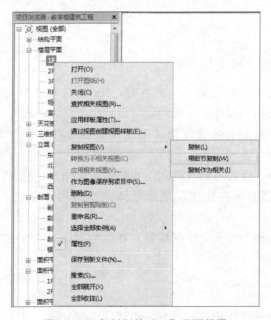

图 14-2　复制新的"1F"平面视图

>> Step 02 选中"1F 副本 1"，单击"属性"面板中的"编辑类型"按钮，复制并创

建"房间与面积"平面类型，如图14-3所示。

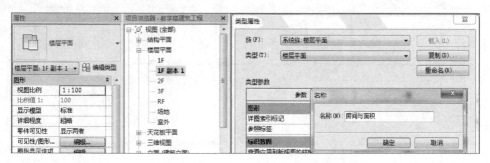

图14-3 复制并创建"房间与面积"平面类型

>> Step 03 创建"房间与面积"平面类型之后，"1F副本1"将自动添加至新创建的"房间与面积"平面类型中，重命名"1F副本1"为"1F-房间与面积"，如图14-4所示。

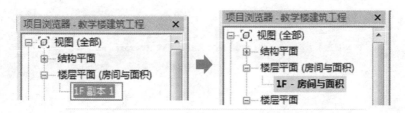

图14-4 重命名"1F副本1"为"1F-房间与面积"

>> Step 04 依照此方法复制新的"2F""3F"平面视图，分别将平面视图添加至"房间与面积"平面类型中，并重命名为"2F-房间与面积""3F-房间与面积"。

>> Step 05 进入"1F-房间与面积"平面视图中，单击"建筑"选项卡 → "房间和面积"面板 →▨（房间分隔线）工具，沿②～⑫轴交ⓒ～Ⓕ轴间区域绘制分隔线，按照平面图中的功能分布将门厅划分为多个区域，如图14-5所示。

## 14.1.2 创建房间

在建筑模型中放置房间需要在平面视图中进行，且房间工具能够自动拾取闭合的房间边界，并在房间边界区域内创建房间。打开项目文件"教学楼建筑工程14.1.rvt"，从项目浏览器中进入"2F-房间与面积"平面图。

1. 房间命令

单击"建筑"选项卡→"房间和面积"面板→▨（房间）工具，进入"修改|放置 房间"上下文选项卡中，在房间面板中提供两个选项，分别为▨（自动放置房间）和▢（高亮显示边界）工具，在标记面板中提供▨（在放置时进行标记）命令，用于标记房间，如图14-6所示。

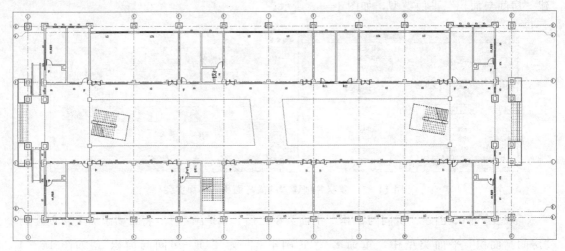

图 14-5　添加房间边界——分隔线

图 14-6　房间命令

### 2. 设置放置房间参数

在"修改|放置 房间"上下文选项卡中，默认自动在放置时进行标记，标记将会随房间创建自动放置。在选项栏上，指定房间的上限为"2F"，偏移为"1201"（由于视图范围剖切面设置在"1200"高度，因此偏移值要高于"1200"）。指定标记的方向为"水平"，不选中引线，房间选择"新建"创建新房间。在"属性"面板中，在类型浏览器下拉列表中选择"标记_房间-有面积-施工-仿宋-3 mm-0-67"，如图 14-7 所示。

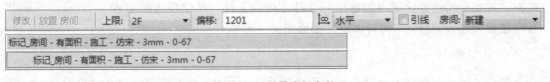

图 14-7　设置房间参数

### 3. 添加房间

房间可以手动添加，也可以自动添加。

① 手动添加时，移动鼠标到封闭的房间边界内，房间边界将会以蓝色高亮显示，单

击即可添加，如图 14 - 8 所示。

② 自动添加时，在房间面板单击 （自动放置房间）工具，房间工具会自动拾取平面中所有封闭区域，并弹出"创建房间"窗口提示已创建房间数量，如图 14 - 9 所示。

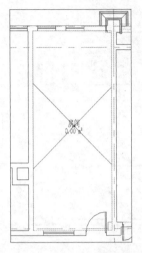 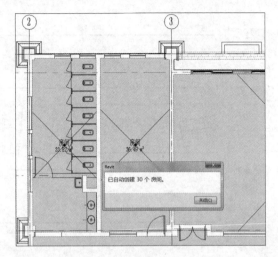

图 14 - 8　手动添加房间　　　　　　图 14 - 9　自动添加房间

### 4. 修改房间标记

房间标记中默认名称为"房间"。为了对房间进行区分，表示各房间用途，应对其进行命名。房间标记有多种类型，不同标记类型的字体及标记内容不同。本案例中，选用的是显示面积的仿宋字体。在房间标记中，单击房间文字时，房间边界会以红色高亮显示，再次单击房间文字进入房间名称编辑，输入房间名称替换该文字，如图 14 - 10 所示。

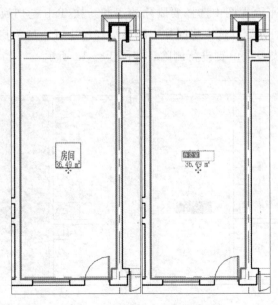

图 14 - 10　修改房间标记名称

**5. 查看房间边界**

在"修改|放置 房间"选项卡的房间面板中，单击▢（高亮显示边界）工具，房间边界图元将以黄色高亮显示，并且在绘图区域右下角会弹出警告窗口。当部分封闭区域无法添加房间时，可使用该功能查看房间边界图元是否闭合，如图 14 - 11 所示。

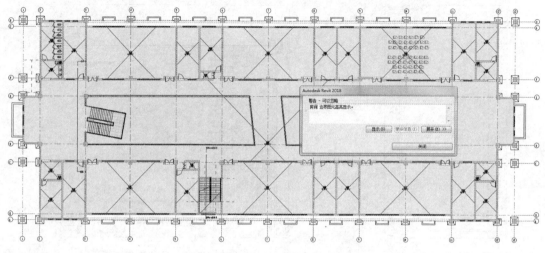

图 14 - 11　查看房间边界

**6. 删除房间**

当房间添加完成后，项目中会储存有关该房间的信息，包括房间名称、使用情况等。创建房间后可以对房间进行暂时删除（当将已添加的房间删除后，房间相关信息仍然会保留在项目中）或永久删除（项目中不再保留该房间及相关信息）。需要删除已放置的房间时，可按照以下方式操作。

① 暂时删除。在平面视图中选择要删除的房间，按 Tab 键切换并观察状态栏确认选中的是房间而不是房间标记（选中房间标记时显示红色边框，选中房间时显示蓝色填充），单击"删除"按钮或按 Delete 键进行删除，如图 14 - 12 所示。

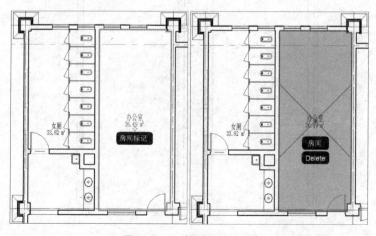

图 14 - 12　暂时删除房间

② 永久删除。在项目的房间明细表中，选择要删除的房间，单击"修改明细表/数量"选项卡→"行"面板→🗏×（删除）工具。

 知识链接

关于明细表的相关知识点，请参阅本书项目 15 学习 Revit 工程量统计相关课程，并请读者思考明细表中数据与模型图元的关系。

### 14.1.3 房间标记

在 Revit 中，房间标记是可在平面和剖面视图中添加并显示房间相关信息的注释图元，可以显示房间相关参数的值，如房间编号、房间名称及房间的面积和体积等。

放置房间时如果没有添加标记，或者需要在剖面及相关视图中进行房间标记，可使用"标记房间"工具在平面或剖面视图中对房间进行标记。

#### 1. 标记指定房间

进入剖面视图中，依次单击"建筑"选项卡→"房间和面积"面板→"标记房间"下拉列表→🔲（标记房间）工具，平面中已经添加了房间的区域会以蓝色填充及交叉线表示，移动鼠标到蓝色区域中，鼠标位置会显示该房间的名称及面积，单击即可向视图中添加该房间的房间标记，如图 14-13 所示。

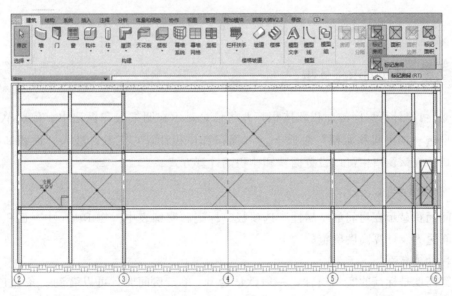

图 14-13　手动标记房间

标记时，选项栏有标记文字相关参数设置，默认文字方向为水平方向且选中引线。文字方向需要根据标记方位调整，如不需要引线，可取消选中。

## 2. 自动标记房间

在剖面视图中，也可使用"标记所有未标记的对象"工具对视图内的房间进行统一标记。

依次单击"建筑"选项卡→"房间和面积"面板→"标记房间"下拉列表→ (标记所有未标记的对象)工具，弹出"标记所有未标记的对象"窗口，默认选中"当前视图中的所有对象"，在"类型"窗口中找到"房间标记"，对其选中并确认标记方向为"水平"，不选中"引线"，单击"确定"按钮，则剖面中的房间都已被标记，如图 14-14 所示。

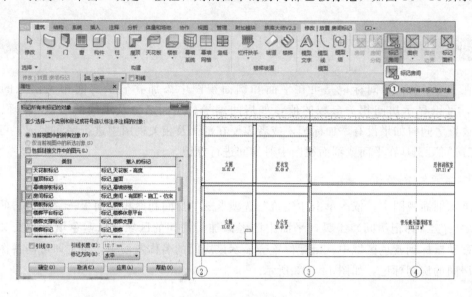

图 14-14　自动标记房间

14.1.4 房间面积和体积

Revit 可以计算房间的面积和体积，并将信息显示在明细表和标记中。依次单击"建筑"选项卡→"房间和面积"面板→ (面积和体积计算)工具，进入"面积和体积计算"窗口。在该窗口中可以设置面积和体积的计算方式。

### 1. 房间面积

房间面积显示在房间的"属性"选项板、标记和明细表中。在 Revit 中，面积计算是根据房间边界及计算高度确定的。

（1）计算高度

计算高度是标高的实例属性，一般默认为 0。单击房间时，可以看到一条黑色虚线，该位置便是房间的计算高度线（默认为 0 时与标高线重叠）。计算高度是在标高线的实例属性中进行调整，在房间的属性中无法进行编辑。

对于不规则形体的房间，例如有斜墙的房间，当调整计算高度时（图 14-15），可以看到面积与体积的数值都发生了变化，这是由于房间面积是在计算高度位置进行计算的。

对于该类不规则房间，可以调整计算高度的位置，以便得出更精确的房间面积和体积。

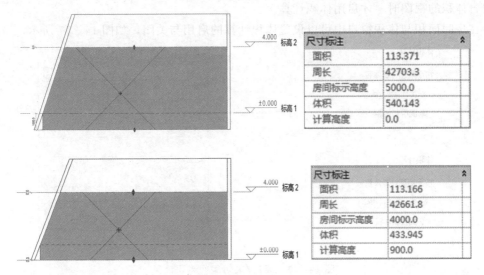

图 14－15　调整计算高度

（2）房间边界

在房间面积计算方式中，关于房间边界的设定有四种分类，不同分类计算出的房间面积有不同定义，如图 14-16 所示。

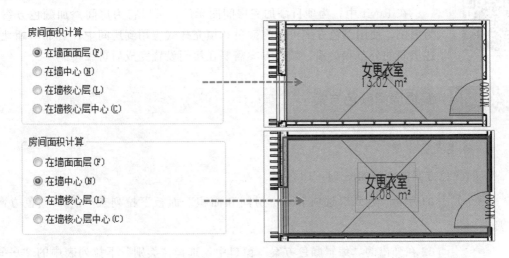

图 14－16　房间面积计算边界规则

在计算房间面积时，不同计算选项对应的房间面积测量规则有所不同。当选择"在墙面面层"时，计算的面积为房间净面积；当选择其他三个选项时，计算的面积中包括墙体结构面积。

2. 房间体积

房间体积显示在房间的"属性"选项板、标记和明细表中，默认情况下，Revit 不计算房间体积。当禁用了体积计算时，可将房间标记和明细表显示的"未计算"作为"体积"参数。由于体积计算可能影响 Revit 性能，因此应该只在需要准备和打印明细表或其他报告体积的视图时，才启用体积计算。

在房间面积与体积窗口中可以设置体积计算的启用与关闭，如图 14-17 所示。

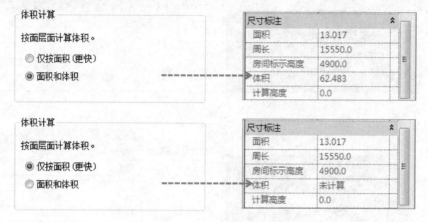

图 14-17　启用/关闭房间体积计算

# 14.2　房 间 图 例

房间图例

在 Revit 中，为项目添加完房间图元后，可以将为房间添加颜色方案作为图例，使用颜色方案可以将颜色和填充样式应用到房间中，更加清晰地表达房间的分布和关系。颜色方案需要在房间设置完成后再编辑。

## 14.2.1　编辑房间颜色方案

### 1. 创建颜色方案

房间颜色方案的创建如图 14-18 所示。

**》Step 01** 单击"建筑"选项卡→"房间和面积"面板下拉列表→🔳（颜色方案）工具。

**》Step 02** 在弹出的"编辑颜色方案"窗口中，选择"类别"下拉列表中的"房间"选项，按照房间名称选择填充颜色。

**》Step 03** 在"方案定义"表格上方的选项中，单击"颜色"下拉列表，选择"名称"选项，随后弹出"不保留颜色"警告窗口，单击"确定"按钮关闭窗口，进入颜色方案编辑。

### 2. 编辑颜色方案

由于已经对房间标记按照房间功能进行命名，因此在"值"一列中会按照房间名称进行罗列。颜色方案的编辑如图 14-19 所示。

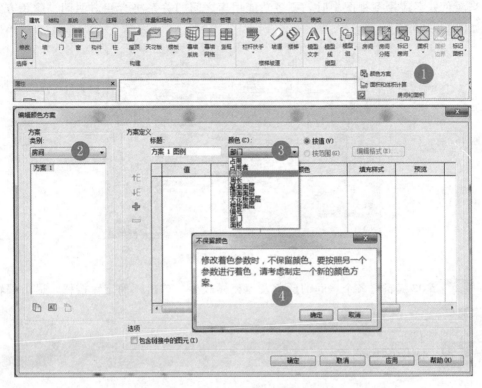

图 14 - 18 创建房间颜色方案

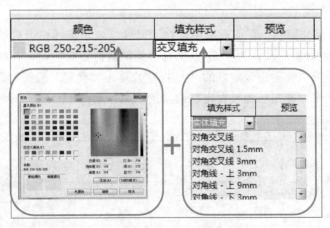

图 14 - 19 编辑房间颜色方案

> **Step** 01 在"颜色"一列中单击,可以在弹出的颜色窗口中选定填充颜色。

> **Step** 02 在"填充样式"一列单击三角形按键下拉列表,选择某一样式,默认样式为实体填充。

编辑颜色时,应按照功能区关系选择颜色。例如,对外的展示区、交流活动区、观赏平台等使用红色系,内部办公人员使用区域(如办公室、休息室等)使用黄色系,而辅助用房(如卫生间和设备间等)则使用绿色系,教师区使用蓝色系,中庭使用灰色系。当颜色方案应用到视图中时，则各功能用房之间的关系将会相对明朗。颜色方案的编辑如图 14 - 20 所示。

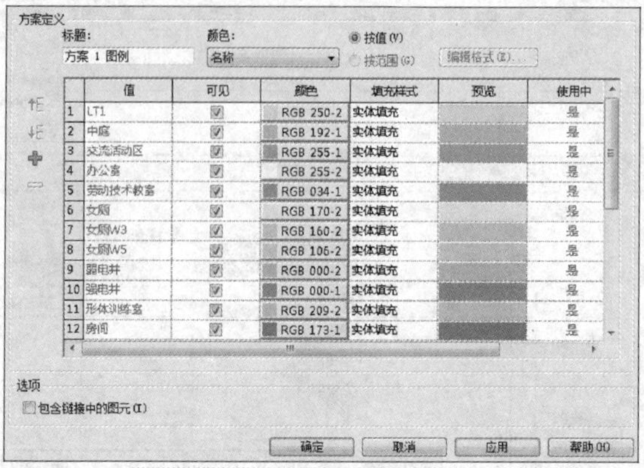

图 14 - 20　颜色方案的编辑

**Step 03** 编辑完各个房间的颜色及填充样式后，单击"确定"按钮，退出编辑颜色方案窗口。

## 14.2.2　使用颜色方案

编辑完颜色方案后，可以在"视图"当中对视图进行注解。

1. 应用颜色方案

进入"2F-房间与面积"平面视图中，在"属性"选项板的图形选项组中找到"颜色方案"，此时"颜色方案"默认为"无"。单击"编辑颜色方案"窗口，在类别选项下拉列表中选择"房间"选项，单击设定好的"方案 1"，单击"确定"按钮，退出编辑颜色方案窗口，可以观察到平面视图已经被设定好的颜色填充，如图 14 - 21 所示。

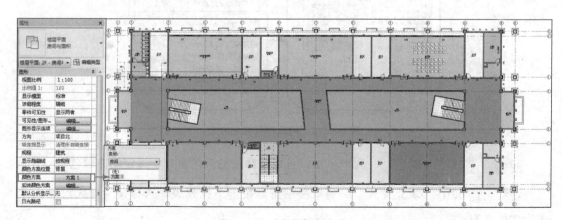

图 14 - 21　应用颜色方案

2. 设置颜色方案位置

在平面视图的"属性"选项板中，"颜色方案"的上一栏为"颜色方案位置"。"颜色方案位置"有两个选项，分别是"背景"和"前景"，默认为背景模式。在背景模式下，颜色方案只应用于视图的背景，如在楼层平面视图中，只会将颜色方案应用于楼板；在剖面视图中，只会将颜色方案应用于背景墙或表面。在前景模式下，颜色方案应用于视图中的所有模型图元，如图 14 - 22 所示。

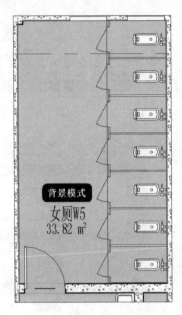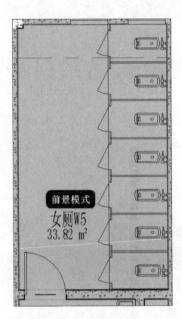

图 14 - 22　颜色方案位置

在背景模式下，墙柱和家具图元的显示更为清晰直观，如无特殊要求，一般默认设置颜色方案位置为"背景模式"。

## 14.2.3　颜色方案图例

对于使用颜色方案的视图，可以在视图中添加颜色填充图例来对图面进行注释，使读图者对于填充图案的表示内容有一个对照，能够更加清楚地识读图纸内容。

1. 添加图例

单击"注释"选项卡→"颜色填充"面板→（颜色填充图例）工具，鼠标指针所在位置会出现一串图标，在绘图区中单击即可添加颜色方案图例，如图 14 - 23 所示。

2. 编辑图例

单击图例，在图例边上会显示一个矩形框，矩形框顶部有三角形控制柄用于控制图例的列宽，底部有圆形控制点用于控制图例的高度。拖动控制点可以调整单列高度，拖动三角形控制柄可以调整列宽。

此外，还可以在"类型参数"中对图例的样式进行调整，可以编辑图例的整体宽度与高度及文字样式，调整如图 14 - 24 所示。

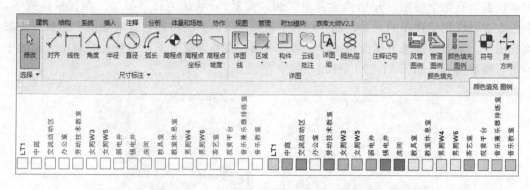

图 14-23　添加图例

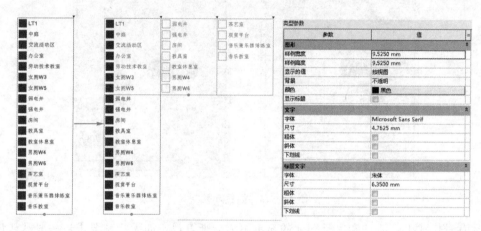

图 14-24　编辑图例样式

# 14.3　Revit 房间面积

在 Revit 中，面积是对建筑模型中的空间按照面积方案进行划分后形成的区域，面积的边界可以是模型图元，也可以是根据需要绘制的面积边界。在 Revit 中，可以使用面积命令创建面积平面，并根据面积方案对项目中的面积指标进行分析。

在本节中以"教学楼项目"作为示范，讲解使用 Revit 面积工具计算总建筑面积和建筑占地面积的具体操作。

## 14.3.1　面积方案

Revit房间
面积

面积方案指定义空间关系的条件关系，例如可以使用面积方案来表示总建筑面积或办公楼中的办公区域面积。在项目样板中，Revit 已经创建了以下 4 个基础面积方案。

① 总建筑面积，用于计算建筑的总建筑面积。

② 人防分区面积，用于统计各个人防分区的面积。

③ 防火分区面积，用于统计各个防火分区的面积。

④ 净面积,用于统计建筑中的净使用面积。

Revit 样板中创建的面积方案基本可以满足面积分析需要,如果有其他需要,还可以自行创建面积方案,或编辑已有的建筑方案。但是在已有的面积方案中,"总建筑面积"方案是不可编辑或删除的。

在本节中,我们需要统计的面积为建筑占地面积和总建筑面积,因此还需要新建一个面积方案为"建筑占地面积",创建新的面积方案可按图 14 – 25 所示步骤操作。

**》Step** 01 单击"建筑"选项卡→"房间和面积"面板→ (面积和体积计算)工具,弹出"面积和体积计算"窗口。

**》Step** 02 单击"面积方案"选项卡,单击"新建"按钮,并在"名称"中输入"占地面积",在"说明"中输入"建筑物水平方向的投影面积"。

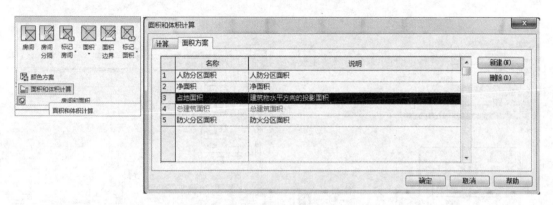

图 14 – 25 创建面积方案

**》Step** 03 单击"确定"按钮,即完成创建面积方案。

## 14.3.2 面积平面

面积平面是根据面积方案创建的用于表示不同标高中的空间关系的视图。面积平面创建必须基于面积方案,每个面积方案的面积平面视图互不相同且相互之间不存在干扰。因此,需要在面积平面创建前确定面积方案。

在建筑样板中创建的面积方案会根据添加的标高自动生成各个楼层的面积平面,生成的面积平面在项目浏览器的"面积平面"单元中列出,每个面积方案将在"项目浏览器"中获得一个单独的单元。默认情况下,面积平面按照对应的标高进行命名,如图 14 – 26 所示。

1. 创建面积平面

在项目中新建面积方案时需要创建面积平面,创建面积平面步骤如图 14 – 27 所示。

**》Step** 01 单击"建筑"选项卡→"房间和面积"面板→"面积"下拉列表→ (面积平面)工具,弹出"新建面积平面"窗口。

**》Step** 02 单击"类型"选项下拉列表,选择"占地面积",并为面积平面视图选择

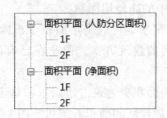

图 14-26 默认面积平面视图

楼层"2F"，单击"确定"按钮，完成新建面积平面。

在退出"新建面积平面"窗口时，会弹出提示窗口，提示自动创建面积边界线，在窗口中单击"是"，面积平面中将会沿着闭合的环形外墙放置紫色的面积边界线，如图14-28所示。

图 14-27 创建面积平面

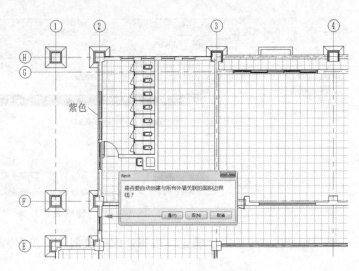

图 14-28 自动添加面积边界

### 2. 面积边界

面积边界定义了建筑内的空间划分，可以通过绘制面积边界，或拾取墙来定义这些面积的区域范围。自动添加的面积方案平面图中没有添加相应的面积边界，需要手动进行添加，如图14-29所示。

>> Step 01 单击"面积平面（总建筑面积）"→"2F"选项，进入二层的面积平面视图中。

>> Step 02 单击"建筑"选项卡→"房间和面积"面板→▨（面积边界）工具，进入"修改|放置 面积边界"上下文选项卡。

>> Step 03 单击"绘制"面板→▨（拾取线）工具，在外墙上单击"拾取"形成闭合环。

添加面积边界时，选项栏上会显示并默认选中"应用面积规则"。选中该选项表示当面积类型改变时，Revit 会自动改变面积边界相对于墙体的位置，与 Revit 房间的计算规则类似。为方便更改面积类型时同步调整面积边界的位置，默认情况下，放置边界时应选中该选项，如图14-30所示。

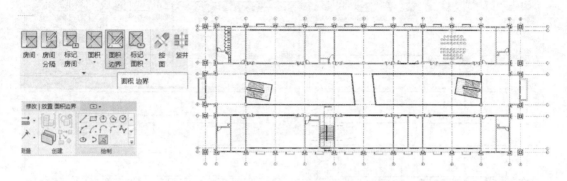

图 14 - 29   手动添加面积边界

图 14 - 30   选项栏设置

3. 面积和面积标记

面积和面积标记与房间和房间标记的关系类似，面积在 Revit 中是模型图元，面积标记则是添加到面积平面视图中的注释图元，且添加面积时同样可以同步添加面积标记。

需要添加面积和面积标记时可以按以下步骤操作。

**Step 01** 单击"建筑"选项卡→"房间和面积"面板→"面积"下拉列表→▨（面积）工具，进入"修改|放置 面积"上下文选项卡，并确认已选择₊⏷（在放置时进行标记）工具。

**Step 02** 移动鼠标到闭合的边界线内，此时边界线以黄色高亮显示，且鼠标所在位置会以淡显标识面积标记，单击放置面积，如图 14 - 31 所示。

面积标记显示了面积边界内的面积名称和面积数值。放置面积标记时，可以给面积指定一个唯一的名称。只有在将面积添加到面积平面之后，才可以添加面积标记。如果在创建面积时没有选中"在放置时进行标记"选项，可以使用"标记面积"工具添加面积标记。

添加面积标记的具体操作如图 14 - 32 所示。

**Step 01** 单击"建筑"选项卡→"房间和面积"面板→"标记面积"下拉列表→▨（标记面积）工具，进入"修改|放置 面积标记"上下文选项卡。

**Step 02** 在选项栏中确认标记文字方向为"水平"，不选中引线。

**Step 03** 在绘图区内的面积已经以黄色高亮显示，单击即可添加面积标记，按 Esc 键可退出面积标记模式。

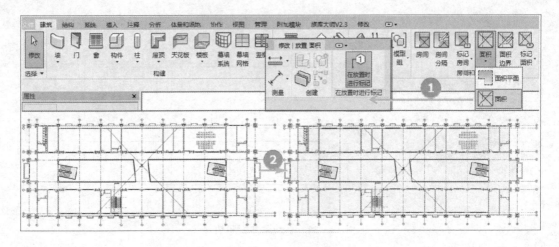

图 14－31　放置面积

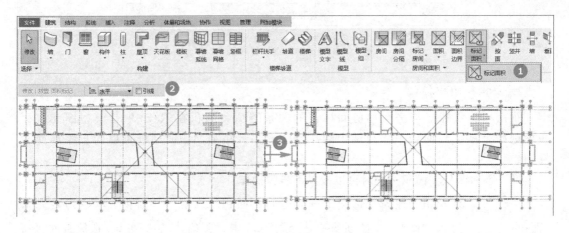

图 14－32　添加面积标记

项 目 小 结

1. 建筑面积指标和经济指标计算是建筑项目中的重要控制项，在计算之前应了解各个指标的具体定义。

2. Revit 中的房间也是模型图元，在项目中添加房间和房间标记可以直观有效地观察项目用房面积分布。

3. Revit 中的面积工具需要先创建面积方案后才能创建对应的面积平面，从而根据面积方案的设定在面积平面中划分面积进行指标统计。

复习思考

1. 完成建筑 2F 平面视图中房间和房间标记的添加。
2. 在 2F 平面视图中添加颜色方案图例。
3. 思考 Revit 面积和房间之间的相同点和不同点。

项目14
在线答题

# 项目15
# Revit工程量统计

Revit工程量
统计

在 Revit 中，建筑工程量统计明细表是以表格形式来显示从项目中的图元构件中提取的信息，对于项目的任何修改，明细表中都将自动更新来反映这些修改，快速分析工程量，对成本费用进行实时核算，还能够通过变更管理对项目的变动进行实时跟踪。明细表是基于 BIM 的全过程造价管理中的重要一环，不止在单个项目的造价计算中发挥作用，还有助于建设项目全过程的造价控制，提升工程造价管理水平，更有助于数据库的构建，为可持续发展奠定基础。

在本项目中以"教学楼项目"为示范，讲解建筑工程中明细表的类型和创建，重点讲解构件明细表，如门明细表的创建和面积明细表的编辑，以及门明细表数据的导出，完成 Revit 明细表工具的使用要点的学习。

## 学习目标

| 能力目标 | 知识要点 |
|---|---|
| 了解 Revit 明细表的类型和用途 | 明细表的类型 |
| 掌握 Revit 构件明细表的创建与编辑 | 创建构件明细表的流程<br>构件明细表的编辑与修改<br>明细表单元格与模型图元的关系 |
| 掌握 Revit 明细表数据的导出 | 明细表数据导出<br>将明细表数据导入 Excel |

# 15.1 Revit 明细表概述

Revit明细
表概述

在 Revit 中，明细表是显示项目中已有类型图元及数量等信息的列表。使用明细表工具，可以创建、注释和整理项目信息，向团队成员、顾问、客户和承包商传达项目工程量的具体组成。

明细表可以在任何设计过程中创建。对项目模型的修改会同步影响明细表，明细表将自动更新以反映这些修改。可以将明细表添加到图纸中作为项目注解，也可以将明细表导出到其他软件程序中，如电子表格程序，以方便在其他平台中进行查阅。

## 15.1.1 明细表定义

明细是显示项目中任意类型图元的列表，创建完成的明细表示例如图 15-1 所示。它能够以表格的形式按照限定条件或图元类别显示项目组成构件的相关信息，表格中的数据都是从图元的属性中提取的类型及实例属性。

明细表可以在项目中的任何阶段进行创建，创建的表格内容会随项目的变动自动同步最新信息。这种实时性、准确性和同步性正是 BIM 所具有的特质，所有的信息都是和建筑模型紧密相关的，这种特征有利于在设计过程中更精确地对项目规模进行把控，实现精细化、规范化和信息化。

### 门明细表

| 门编号 | 尺寸 | | 标高 | 樘数 |
|---|---|---|---|---|
| | 宽度 | 高度 | | |
| FHM(丙)1021 | 1000 | 2100 | 标高 1 | 2 |
| M0821 | 800 | 2100 | 标高 1 | 6 |
| M1021 | 1000 | 2100 | 标高 1 | 9 |
| FHM(丙)0921 | 900 | 2100 | 标高 2 | 1 |
| M0606 | 600 | 600 | 标高 2 | 1 |
| M0721 | 700 | 2100 | 标高 2 | 2 |
| M0821 | 800 | 2100 | 标高 2 | 3 |
| M1021 | 1000 | 2100 | 标高 2 | 13 |
| 门樘数: 37 | | | | 37 |

图 15-1 明细表示例

## 15.1.2 明细表类型

在 Revit 中，明细表工具位于"视图"选项卡的"创建"面板中，单击明细表工具下的三角形箭头，会弹出六个具体的明细表工具，如图 15-2 所示，使用这些明细表可以创建多种类型的统计表格，主要包括以下几种类型。

### 1. 明细表/数量——构件明细表

构件明细表是针对"建筑构件"按类别创建的明细表，例如门、窗、幕墙嵌板、墙、楼板等构件，在明细表中可以列出构件的类型、个数、尺寸等常用信息。

构件明细表的创建步骤如图 15-3 所示。

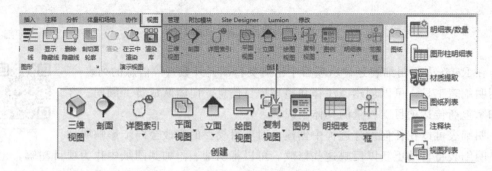

图 15-2　明细表工具

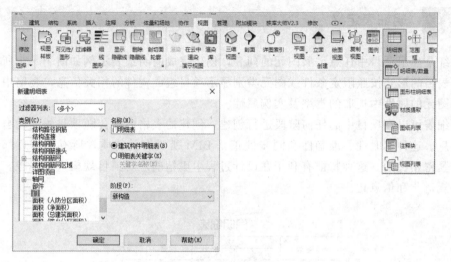

图 15-3　创建构件明细表

**» Step** 01 单击"视图"选项卡→"创建"面板→"明细表"下拉列表→▥（明细表/数量）工具，弹出"新建明细表"窗口。

**» Step** 02 在弹出的"新建明细表"窗口中，首先需要从"类别"选项中选择构件，例如图中选择的是门类别，则该窗口中会自动填写表格名称，并自动选中"建筑构件明细表"，阶段默认为"新构造"。

单击"确定"按钮后，会弹出"明细表属性"窗口，需要在窗口中对明细表做进一步的设置，其中"添加字段"是明细表创建中的重要步骤。除此之外，还可以设置表格排序规则、筛选表格内容、调整表格外观等，再次单击"确定"按钮后，生成的门明细表就会显示在绘图区域中，如图 15-4 所示。

2. 图形柱明细表

图形柱明细表是用于统计结构柱的图形明细表，其样式如图 15-5 所示。

在图形柱明细表中，结构柱通过相交轴线及其顶部和底部的约束和偏移来标识，根据这些标识将结构柱添加到柱明细表中。依次单击"视图"选项卡→"创建"面板→"明细表"下拉列表→▥（图形柱明细表）工具可以创建图形柱明细表，如图 15-6 所示。

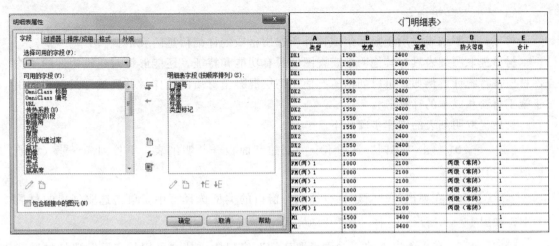

图 15 - 4 生成门明细表

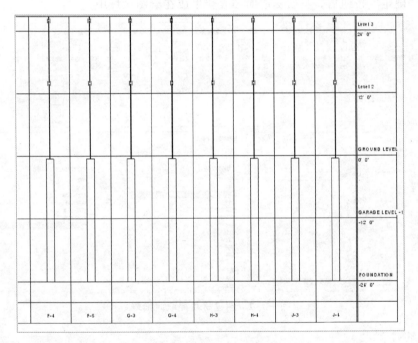

图 15 - 5 图形柱明细表样式

图 15 - 6 创建图形柱明细表

### 3. 材质提取明细表

材质提取明细表是用于显示组成构件所选用材质的详细信息的表格。

材质提取明细表具有其他明细表视图的所有功能和特征，还能够针对建筑构件的子构件材质进行统计。例如，可以列出所有使用砌块混凝土材质的墙体，并且统计其面积，用于施工材料和成本的计算。

材质提取明细表的创建步骤如下。

**Step 01** 单击"视图"选项卡→"创建"面板→"明细表"下拉列表→（材质提取）工具。

**Step 02** 在弹出的"新建材质提取"窗口的类型选择框中，单击选取创建的材质类别，如图15-7所示，选择"墙"选项，单击"确定"按钮。

**Step 03** 在接着出现的"材质提取属性"窗口中，从"可用的字段"选择材质特性，单击"确定"按钮后，材质提取明细表会生成在绘图区域中。

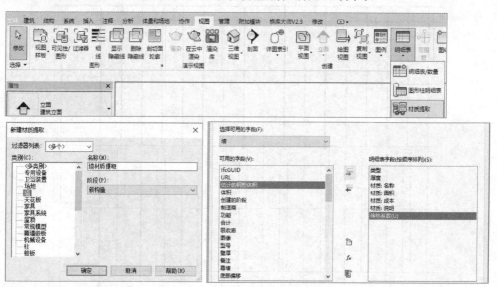

图 15 - 7　创建材质提取明细表

### 4. 图纸列表

图纸列表是项目中图纸的明细表，也可以称为图形索引或图纸索引，将图纸列表用作施工图文档集的目录。在图纸列表中可以列出项目中所有的图纸信息，如图15-8所示。

图纸列表的创建步骤如图15-9所示。

**Step 01** 单击"视图"选项卡→"创建"面板→"明细表"下拉列表→（图纸列表）工具。

**Step 02** 在"图纸列表属性"窗口的"字段"选项卡上，选择要包含在图纸列表中的字段，选中窗口左下角的"包含链接中的图元"，以便将任意数量的占位符图纸与项目浏览器关联。

## 图纸目录

| 图纸编号 | 图纸名称 |
| --- | --- |
| J-01 | 总设计说明 |
| J-02 | 总平面图 |
| J-03 | 一层平面图 |
| J-04 | 二层平面图 |
| J-05 | 屋顶平面图 |
| J-06 | 东立面 西立面 |
| J-07 | 南立面 北立面 |
| J-08 | 1-1剖面图 2-2剖面图 |

图 15-8 图纸列表

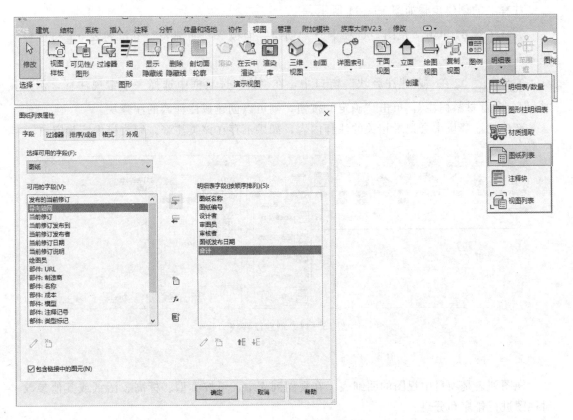

图 15-9 创建图纸列表

5. 注释块明细表

注释块明细表是一种非常规明细表，只用于统计项目中使用的同一类注释。在图面中有时需要注释的内容多而繁复，这种情况可以使用数字指代注释内容，简化明朗图面表达，而注释的内容记录在注释块（表格）当中，再将明细表添加到图纸中，如图 15-10所示。

| 立面注释表 | |
|---|---|
| 1 | 灰色成品瓦片 |
| 2 | 乳白色 |
| 3 | 小红砖 |
| 4 | 浅驼色 |
| 5 | 文化石 |

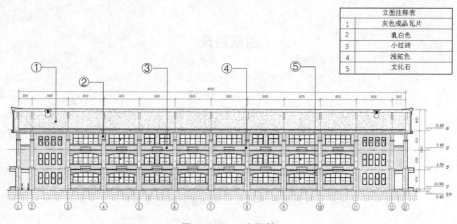

图 15 - 10　注释块

注释块的创建步骤如图 15 - 11 所示。

>> Step 01 单击"视图"选项卡→"创建"面板→"明细表"下拉列表→▤（注释块）工具。

>> Step 02 在"新建注释块"窗口中，在"族"选项框中选择一个常规注释，例如"标记_多重材料标注"，单击"确定"按钮，则可以创建该注释族的注释块。

新建的注释块中会记录相关的注释内容，如果不存在该类注释，则表格内容为空白。

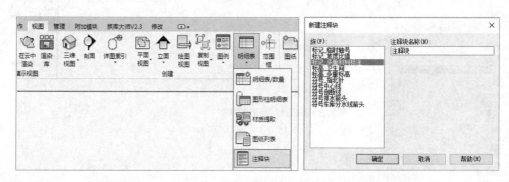

图 15 - 11　创建注释块

6. 视图列表

视图列表是项目中视图的明细表。在视图列表中，可按类型、标高、图纸或其他参数对视图进行排序和分组。

视图列表可用于执行下列操作。

① 管理项目中的视图；② 跟踪视图的状态；③ 确保重要视图会显示在施工图文档集的图纸上；④ 确保视图使用一致并且进行适当的设置。

使用视图列表可以一次查看并修改多个视图的参数。例如，某一视图列表中包含"详细程度"和"比例值"参数，从该视图列表中，可将选定视图的详细程度修改为"粗略""中等""精细"，或修改视图比例以便使用一致的设置。还可以修改图纸上显示的视图名称或视图标题，如图 15 - 12 所示。

<视图列表>

| A | B | C | D | E | F |
|---|---|---|---|---|---|
| 视图名称 | 图纸名称 | 图纸编号 | 详细程度 | 比例值1: | 规程 |
| 总平面图 | 总平面图 | JC-01 | 粗略 | 200 | 建筑 |
| 北立面 | 南立面 北立面 | JC-05 | 中等 | 100 | 建筑 |
| 南立面 | 南立面 北立面 | JC-05 | 中等 | 100 | 建筑 |
| 二层平面图 | 二层平面图 | JC-03 | 中等 | 100 | 结构 |
| 东立面 | 东立面 西立面 | JC-04 | 中等 | 100 | 机械 |
| 西立面 | 东立面 西立面 | JC-04 | 中等 | 100 | 电气 |
| 一层平面图 | 一层平面图 | JC-02 | 中等 | 100 | 卫浴 |
| 1-1剖面图 | 1-1剖面图 2-2剖面 | JC-06 | 中等 | 100 | 协调 |
| 2-2剖面图 | 1-1剖面图 2-2剖面 | JC-06 | 中等 | 100 | 建筑 |

图 15-12　视图列表

视图列表的创建步骤如图 15-13 所示。

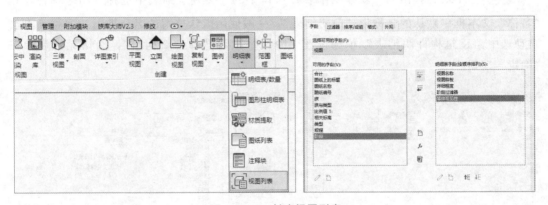

图 15-13　创建视图列表

>> Step　01 在项目中，单击"视图"选项卡→"创建"面板→"明细表"下拉列表→（视图列表）工具，弹出"视图列表属性"对话框。

>> Step　02 在"视图列表属性"对话框的"字段"选项卡上，选择要包含在视图列表中的字段。默认情况下，视图列表中将包含所有项目视图。单击"确定"按钮，生成的视图列表会显示在绘图区域中。

# 15.2　创建和编辑明细表

在建筑项目的施工图设计阶段中，最常使用的统计表格为门窗统计表和经济技术指标表。

在 Revit 中，可以使用构件明细表来创建门窗明细表，在门窗明细表中可以对项目中所有门窗构件的宽度、高度、数量等进行统计。由于门和窗属于不同构件，因此需要分开统计。在本节中将以"门明细表"为例演示明细表的创建流程。

在经济技术指标中，房间面积大小是项目设计初期就需要重点把控的指

创建和编辑明细表

标内容，房间明细表也是项目创建时样板中自带的明细表，但是表格的样式及组织方式不一定符合我们的使用习惯，需要进一步调整和编辑。因此，本节中以房间明细表为例讲解明细表的编辑方法。

## 15.2.1　明细表创建流程

### 1. 新建门明细表

门明细表属于构件统计明细表，其创建过程如图 15-14 所示。

>> Step 01 单击"视图"选项卡→"创建"面板→"明细表"下拉列表→▦（明细表/数量）工具。

>> Step 02 在弹出的"新建明细表"窗口中的"类别"列表中选择"门"构件，在"名称"文本框中默认的名称为"门明细表"，一般使用默认填写的名称即可，表格类型会自动选中"建筑构件明细表"单选按钮，阶段中默认选择"新构造"，确认无误后单击"确定"按钮。

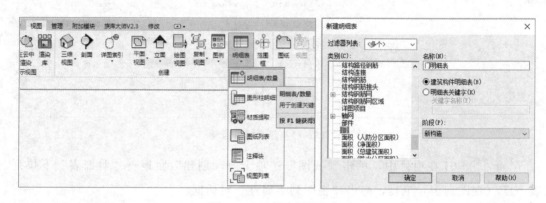

图 15-14　创建门明细表

### 2. 选择明细表字段

在新建明细表窗口中单击"确定"按钮后，弹出明细表属性窗口。在"字段"选项卡中，"可用的字段"列表框中显示的是门构件类型中所有可以在明细表中显示的实例参数和类型参数。单击"可用的字段"列表框中的字段名称，然后单击▭（添加参数）工具，可用字段就将添加到明细表。字段在"明细表字段"列表框中的顺序（从上到下），就是它们在明细表中的显示顺序（从左到右）。

依次在列表框中选择"类型""宽度""高度""标高""合计"，如图 15-15 所示。

需要删除明细表中的列时，则需要从"明细表字段"列表中选择该名称并单击▭（移除参数）工具。如果需要调整表格中参数列的顺序，则选择字段，然后单击▦（上移）或▦（下移）工具进行调整。

单击"确定"按钮后，生成的门明细表会显示在绘图区域中，在项目浏览器中会显示在"明细表/数量"下，如图 15-16 所示。

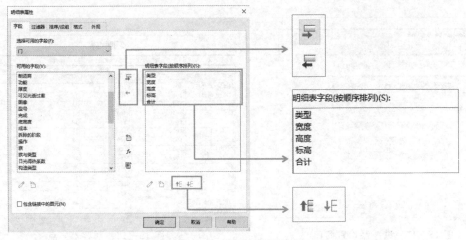

图 15-15　设置明细表字段

| | | 〈门明细表〉 | | |
|---|---|---|---|---|
| **A** | **B** | **C** | **D** | **E** |
| 类型 | 宽度 | 高度 | 标高 | 合计 |
| 门嵌板_单开门2 | 800 | 2300 | 1F | 1 |
| 门嵌板_单开门2 | 800 | 2300 | 1F | 1 |
| M3 | 1000 | 2300 | 1F | 1 |
| M2 | 1000 | 3400 | 1F | 1 |
| M3 | 1000 | 2300 | 1F | 1 |
| FM(丙)1 | 1000 | 2100 | 1F | 1 |
| M2 | 1000 | 3400 | 1F | 1 |
| ⋮ | | | | |
| FM(丙)1 | 1000 | 2100 | 3F | 1 |
| M1 | 1500 | 3400 | 3F | 1 |
| M4 | 900 | 2300 | 3F | 1 |
| M4 | 900 | 2300 | 3F | 1 |
| M1 | 1500 | 3400 | 3F | 1 |
| M4 | 900 | 2300 | 3F | 1 |
| 门嵌板_单开门2 | 800 | 2300 | 3F | 1 |
| 门嵌板_单开门2 | 800 | 2300 | 3F | 1 |

明细表/数量（全部）
- A_使用率明细表
- A_图纸目录
- A_幕墙明细表
- A_总建筑面积明细表
- A_房间明细表
- A_材料构件明细表
- A_防火分区面积明细表
- A_面积明细表（人防国…
- B_内墙明细表
- B_外墙明细表
- B_屋面明细表
- B_栏杆扶手明细表
- B_楼板明细表
- B_楼梯明细表
- B_结构架构明细表
- B_结构柱明细表
- 图纸列表
- 墙材质提取
- 注释块
- 视图列表
- 门明细表

图 15-16　生成门明细表

## 3. 设置明细表过滤条件

在生成的门明细表中，不仅统计了常规门构件，还统计了内嵌在幕墙中的门嵌板，这类门嵌板可以使用过滤器从门明细表中筛选出去。

单击"属性"面板上"过滤器"的编辑按钮可以进入"明细表属性"窗口的"过滤器"选项卡，在该选项卡中可以创建限制明细表中数据显示的过滤器，最多可以创建 8 个过滤器，且所有过滤器都必须满足数据显示的条件，如图 15-17 所示。

明细表字段中许多类型可以用来创建过滤器，包括文字、编号、整数、长度、面积、体积、是/否、楼层和关键字明细表参数；但部分字段不支持过滤，包括族、类型、族和类型、面积类型（在面积明细表中），从房间到房间（在门明细表中），材质参数。

由于不能使用类型作为过滤字段，需要再观察表格中普通门与门嵌板之间是否存在明确的差异点，是否能够用于过滤器筛选，否则的话就需要为表格添加其他存在差异的字段。

仔细观察表格可以看到表格中的门嵌板宽度都在 800 mm 以上，而普通门的宽度都大于或等于 900 mm，如图 15-18 所示。由于表格中要保留的是普通门，因此可以将筛选条件设置为宽度大于 800 mm。

图 15－17　过滤器设置窗口

| | | | 〈门明细表〉 | | |
| --- | --- | --- | --- | --- | --- |
| A | B | C | D | E |
| 类型 | 宽度 | 高度 | 标高 | 合计 |
| 门嵌板_单开门2 | 800 | 2300 | 1F | 1 |
| 门嵌板_单开门2 | 800 | 2300 | 1F | 1 |
| M3 | 1000 | 2300 | 1F | 1 |
| M2 | 1000 | 3400 | 1F | 1 |
| M3 | 1000 | 2300 | 1F | 1 |
| FM(丙)1 | 1000 | 2100 | 1F | 1 |
| M2 | 1000 | 3400 | 1F | 1 |
| FM(丙)1 | 1000 | 2100 | 3F | 1 |
| M1 | 1500 | 3400 | 3F | 1 |
| M4 | 900 | 2300 | 3F | 1 |
| M4 | 900 | 2300 | 3F | 1 |
| M1 | 1500 | 3400 | 3F | 1 |
| M4 | 900 | 2300 | 3F | 1 |
| 门嵌板_单开门2 | 800 | 2300 | 3F | 1 |
| 门嵌板_单开门2 | 800 | 2300 | 3F | 1 |

图 15－18　观察差异点

　　单击"属性"面板上"过滤器"的编辑按钮进入"明细表属性"窗口的"过滤器"选项卡，在过滤条件处下拉选项框，选择"宽度"字段，中间选项框下拉列表选择条件为"大于"，末端的文本框中输入"800"，单击"确定"按钮以应用该过滤条件。再回到门明细表中，可以观察到门嵌板族已经不统计在门明细表内了，如图 15－19 所示。

| | | | 〈门明细表〉 | | |
| --- | --- | --- | --- | --- | --- |
| A | B | C | D | E |
| 类型 | 宽度 | 高度 | 标高 | 合计 |
| M3 | 1000 | 2300 | 1F | 1 |
| M2 | 1000 | 3400 | 1F | 1 |
| M3 | 1000 | 2300 | 1F | 1 |
| FM(丙)1 | 1000 | 2100 | 1F | 1 |
| M2 | 1000 | 3400 | 1F | 1 |
| M1 | 1500 | 3400 | 1F | 1 |
| FM(丙)1 | 1000 | 2100 | 3F | 1 |
| M1 | 1500 | 3400 | 3F | 1 |
| M4 | 900 | 2300 | 3F | 1 |
| M4 | 900 | 2300 | 3F | 1 |
| M1 | 1500 | 3400 | 3F | 1 |
| M4 | 900 | 2300 | 3F | 1 |

图 15－19　设置明细表过滤条件

4. 编辑明细表排序/成组

　　单击"属性"面板中"排序/成组"的编辑按钮可以进入"明细表属性"窗口的"排序/成组"选项卡，在该选项卡中可以指定明细表中行的排序选项，还可以将页眉、页脚以及空行添加到排序后的行中。

　　在排序/成组选项卡的窗口底部有"总计"与"逐项列举每个实例"选项。

　　在"总计"选项卡中有四种选项，分别是"标题、合计和总数""标题和总数""合计和总数""总数"。使用"总计"可以对明细表进行统计，在明细表底部单列一行提供总计的数目。

　　在"明细表属性"窗口中默认选中"逐项列举每个实例"选项，图元的每个实例都会单独用一行显示。如果取消选中此选项，则多个实例会根据排序参数压缩到同一行中。例如在门明细表中有多个相同类型，则可以取消选中此选项，相同类型用一行表示即可。

在窗口中设置第一个排序方式为"类型"，次排序方式为"标高"，并设置两种排序方式都按升序排列，表格中则会体现每种门类型，并且按类型拼音首字母排序，不同标高中的相同门类型也会进行区分。

在窗口底部使用"总计"的"标题、合计和总数"选项，并在"自定义总计标题"文本框中填写"门樘数"，可以得出项目中使用的门的总数。取消选中"逐项列举每个实例"选项，回到明细表中，行的排列顺序就会按照新的排序方式进行，如图 15 - 20 所示。

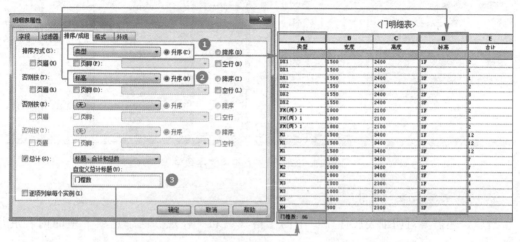

图 15 - 20 设置明细表排序/成组

### 5. 观察表格并调整

在完成排序/成组之后表格中的内容就相对精简并且便于观察了，观察表格可以发现，类型名称过长且与门窗表中门编号的规范表达不相符，而使用类型标记表示门编号则相对规范，可以使用类型标记字段替换类型字段。

单击属性面板中"字段"的编辑按钮，❶添加"类型标记"字段，❷移除"类型"字段，调整字段顺序，使"类型标记"位于首位。调整前后的字段如图 15 - 21 所示。

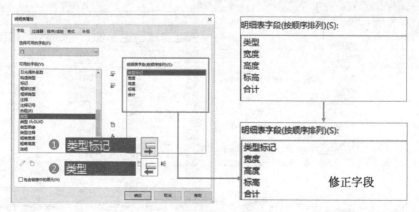

图 15 - 21 调整表格字段

由于表格中删除了"类型"字段，且之前排序/成组中是以"类型"字段作为优先排序方式，并取消选中"逐项列举每个实例"选项，如果不调整排序方式，表格中就不会体现调整字段后的类型标记，如图 15 - 22 所示，需要再次在"排序/成组"选项卡中添加按照"类型标记"进行"升序"排序。

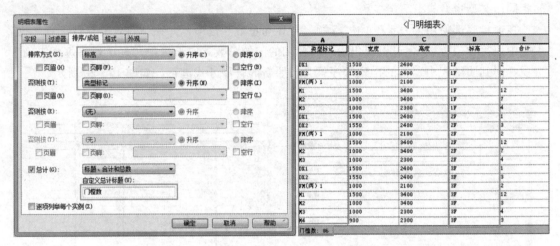

图 15 - 22　调整表格排序字段

6. 设置明细表格式及外观

最后，还需要对明细表属性窗口中的"格式"和"外观"两个选项卡中的内容进行设置。

"格式"选项卡是用于设置字段及列的格式，包括列标题的修改、列标题的方向、列当中的文字对齐方式；而"字段格式"和"条件格式"只适用于单元格内容为数字的列，其中"字段格式"可调整单位或小数位数，默认使用项目设置，"条件格式"中可以对列进行计算，包括提取最大值、最小值及求和。

在当前表格中的"合计"字段中，可将标题修改为"樘数"，并对"合计"字段"计算总数"，调整"格式"选项卡之后的表格格式如图 15 - 23 所示。

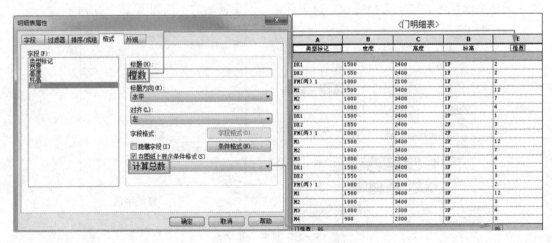

图 15 - 23　调整表格格式

列标题的修改还可以直接在表格列标题的单元格中修改。单击"类型标记"单元格，选中"类型标记"四个字，将其删除，并在单元格内输入"门编号"，列标题就修改完成了。如再打开"明细表属性"窗口的"格式"选项卡，就会发现字段"类型标记"的标题文本框中填写的也是"门编号"，如图15-24所示。

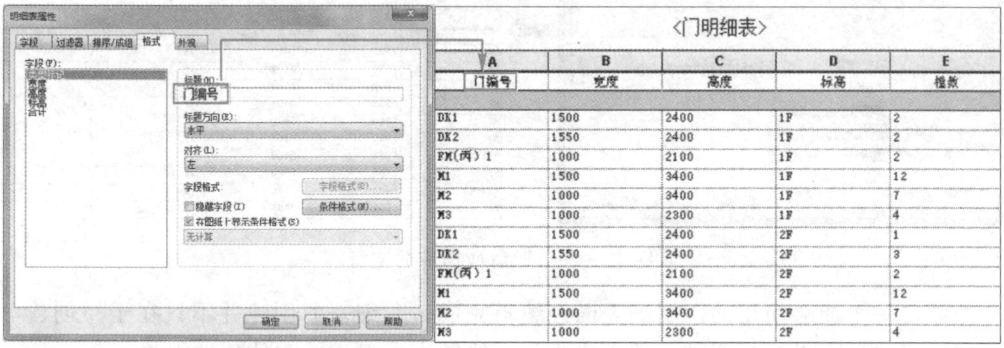

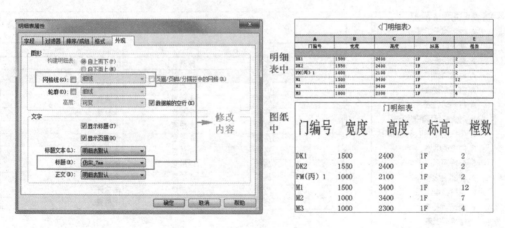

图 15-24 在单元格中修改列标题

"外观"选项卡中分为两部分，一是用于调整网格线及轮廓线条样式的"图形"相关选项，二是用于设置文字样式，包括标题及正文的"文字"相关选项。部分选项包括网格线样式和正文及标题的字体样式，在设置后并不会体现在明细表中，需要将明细表添加到图纸当中才能够观察到设置选项。

例如，在"外观"选项卡中，取消选中"网格线"复选框，并调整标题字体为"仿宋_7mm"，单击"确定"按钮后可以观察到明细表中没有任何变化，而图纸当中的表格外观已经根据"外观"选项卡中的设置进行了调整，如图15-25所示。

图 15-25 修改线条及文字样式

线条及文字样式可以在将表格添加到图纸中之后再根据图纸的需要做进一步的调整，在创建流程中一般不做编辑。

需要注意的是对标题的样式修改会同时反映在明细表和图纸中。此外，同样需要注意的是在"图形"相关设置中，有一个默认启用选项"数据前的空行"，启用该选项会用一个空行打断了表格标题和表格数据，可以取消选中该选项，保存表格的连贯性，取消后如图15-26所示。

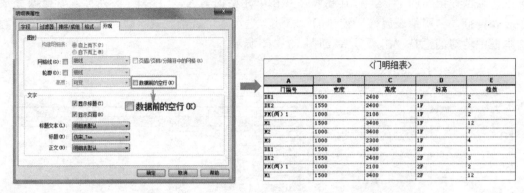

图 15 – 26　取消数据前的空行

　　至此，一个能够使用的门明细表已经编辑完成。明细表的创建并不只在于"创建"二字，还需要经过一系列的调整，使它成为一个能够供项目或工程使用的表格。

明细表编辑

## 15.2.2　明细表编辑

　　使用建筑样板创建的项目中已经创建了一些明细表，位于项目浏览器的明细表子项中。这些明细表中已经添加了一些字段，当项目中添加了相应的内容时，明细表会同步进行更新。以"房间明细表"为例，表格中已经添加了"编号""名称""标高""面积"四个字段，当项目中添加房间时，明细表中会同步记录这些房间的编号、名称、标高和面积信息，如图 15 – 27 所示。

图 15 – 27　房间明细表

　　对已经存在于项目中的明细表，可以打开"明细表属性"窗口查看各个选项卡中的设置。如果需要对明细表进行修改，一方面，可以在"明细表属性"窗口中调整表格的架构，使用上下文选项卡"修改明细表 | 数量"中的明细表编辑工具调整表格；另一方面，也可以直接编辑单元格修改项目实例。本节将以"房间明细表"的编辑为例进一步讲解各

种编辑工具的使用。

1. 编辑明细表属性设置

单击属性面板中"字段"的编辑按钮，进入到"明细表属性"编辑窗口，浏览各个选项卡中的设置可以对表格的组成架构有一个初步的认识。首先观察"字段"选项卡，选用的明细表字段包括"编号""名称""标高""面积"；其次在"排序/成组"选项卡中是以"编号"进行升序排序，"格式"选项卡中将"编号"字段的列标题更改为"数量"，"面积"字段的列标题更改为"面积（平方米）"。

在"房间明细表"中，主要需要统计的信息包括房间的名称、标高及面积，可适当根据需求添加如"部门""周长"等信息作为补充，因此可删除不必要字段"编号"，并设置新的排序方式为按"面积"字段进行升序排序，如图 15-28 所示。

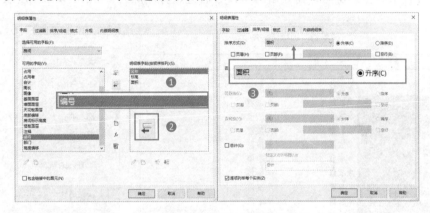

图 15-28 编辑房间明细表属性设置（一）

为了保持表格的连贯性，可在"外观"选项卡中取消选中"数据前的空行"复选框。编辑完成后单击"确定"按钮退出"明细表属性"设置窗口，观察调整明细表属性设置后的明细表，如图 15-29 所示。

图 15-29 编辑房间明细表属性设置（二）

2. 编辑明细表单元格

单元格中的信息与项目中的图元是一一对应的关系，当单元格中的信息进行修改或删除时，项目中的图元也会相应地被修改或删除。

调整明细表属性设置后，可以观察到房间明细表中存在一些未放置的房间，这是由于在平面视图中删除房间时，房间图元只是从平面中被删除，但仍然存在于项目中。在进行"删除房间"的操作时，绘图区域中会弹出"警告"窗口，如图 15-30 所示。

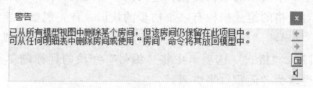

图 15-30    删除房间时的"警告"窗口

因此，要彻底删除项目中未使用的房间，需要在明细表中对这些未放置的房间再次删除。选中所有未放置的房间，在弹出的窗口中右键选择删除列，如图 15-31 所示。

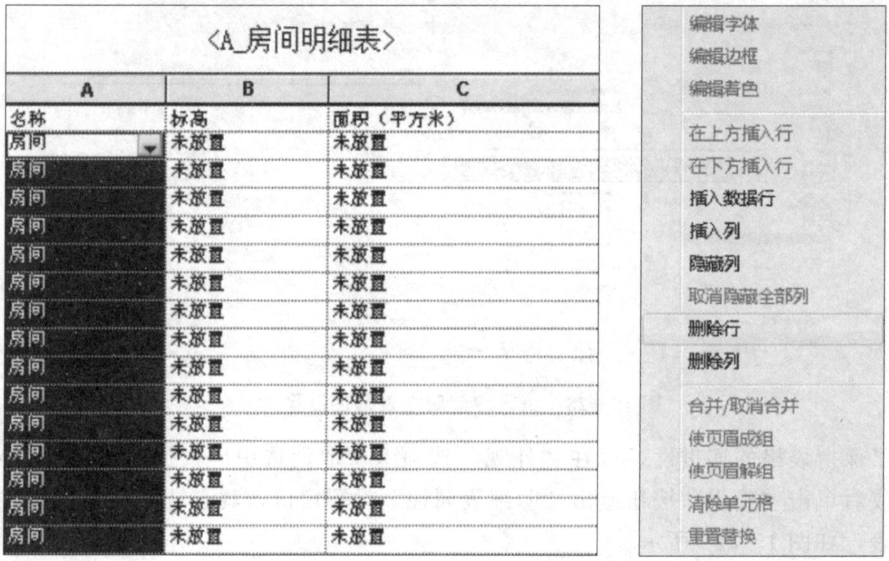

图 15-31    从明细表中删除房间

在项目开始时，也可以直接在明细表中添加项目中所需要的房间，使用❶"插入数据行"工具添加多个房间，并在❷单元格中输入房间名称——"办公室"，添加房间时，就可以从选项栏中选用已编辑好的房间❸"办公室"进行放置，操作步骤如图 15-32 所示。

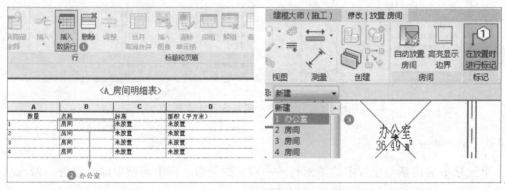

图 15-32    在明细表中预设房间

　　编辑明细表单元格的值等同于对项目中的图元进行修改，例如房间明细表中的名称，当表格中的名称修改完成后，项目中的图元也会同步进行更新。而房间面积和周长等信息是从项目中直接计算得出的，与所处房间相互关联，无法通过明细表进行修改，只能通过项目图元进行编辑。因此对明细表的单元格的编辑和删除应慎重。

### 3. 修改明细表|数量选项卡工具

　　在 Revit 中切换到明细表视图中时，选项卡会自动切换到"修改明细表|数量"上下文选项卡中。该选项卡中主要提供了"参数""列""行""标题和页眉""外观"几个面板，这几个面板中提供的工具也能够对明细表进行全方位的编辑。

　　① "参数"面板中提供了 4 个编辑工具，如图 15-33所示。

图 15-33　参数面板编辑工具

　　从左往右，在选择框中可以直接更改字段参数，（设置单元格式）和 $f_x$（计算）工具则与"格式"选项卡中部分功能重合。值得注意的是，（合并参数）工具能够编辑现有合并参数或创建合并参数以显示在当前选定列中。例如，可以将周长和面积合并到一列，如图 15-34 所示。

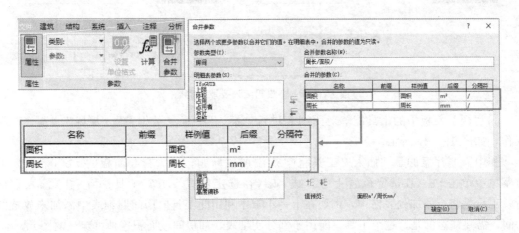

图 15-34　在明细表中合并参数

　　**Step 01** 单击"参数"面板中的"合并参数"工具，弹出"合并参数"窗口。

　　**Step 02** 在"合并参数"窗口中，添加"面积"和"周长"两个参数。

　　**Step 03** 分别设置周长的后缀为"mm"，面积的后缀为"m²"，确认无误后单击"确定"退出"合并参数"窗口。

　　② "列"面板中提供了 5 个工具，如图 15-35 所示。

　　面板中的工具部分与"字段"选项卡中的功能重合。例如，（插入）和（删除）这两个工具的实质都是对字段本身进行调整。"插入"即添加字段，"删除"即移除字段。而在选择列后单击（调整）工具，可以直接输入数字对列的宽度进行精确控制。另外在"列"面板中，还提供了（隐藏）和（取消隐藏全部）工具。

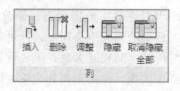

图 15-35　列面板编辑工具

当房间明细表按照房间编号进行排序，但表格中不显示"编号"列，即可将该列进行隐藏，有使用需求时再"取消隐藏全部"工具。选中"编号"列，单击"隐藏"工具，"编号"列从明细表中隐藏，隐藏后"取消隐藏全部"工具不再灰显，单击后隐藏的"编号"列再次出现，如图 15-36 所示。

| ‹A_房间明细表› | | | | ‹A_房间明细表› | | | |
|---|---|---|---|---|---|---|---|
| **A** | **B** | **C** | **D** | **A** | **B** | **C** | |
| 编号 | 名称 | 标高 | 周长/面积/ | 名称 | 标高 | 周长/面积/ | |
| 47 | 弱电井 | 3F | 6464mm/2.41㎡/ | 弱电井 | 3F | 6464mm/2.41㎡/ | |
| 53 | 形体训练室 | 3F | 58266mm/167.21 | 形体训练室 | 3F | 58266mm/167.21 | |
| 54 | 形体训练室 | 3F | 58266mm/167.21 | 形体训练室 | 3F | 58266mm/167.21 | |
| 55 | 更衣室 | 3F | 26665mm/36.49㎡/ | 更衣室 | 3F | 26665mm/36.49㎡/ | |
| 56 | 女卫 | 3F | 29131mm/33.82㎡ | 女卫 | 3F | 29131mm/33.82㎡ | |
| 57 | 教室休息室 | 2F | 21865mm/26.99㎡ | 教室休息室 | 2F | 21865mm/26.99㎡ | |
| 58 | 弱电井 | 2F | 6464mm/2.41㎡/ | 弱电井 | 2F | 6464mm/2.41㎡/ | |

图 15-36　隐藏明细列及取消隐藏

③ "行"面板中的工具能够对明细表进行"插入""插入数据行""删除""调整"等操作，如图 15-37 所示。

其中需要注意的是"插入"工具将空行添加到标题，从"行"面板的 ▭┇（插入）下拉菜单中单击 ▭┇（在选定位置上方）或 ▭┺（在选定位置下方）工具；而 ▦（插入数据行）工具是将行添加到表格中，例如在上一小节中利用此工具向房间明细表中添加未放置的房间。需要注意的是，这个工具只能用于部分明细表，如房间或面积这种可定义的图元。

此外 ▤（删除）工具删除行的同时，项目中的图元也会被同步删除，例如在上一小节中删除未放置的房间，项目中的房间会被同步彻底删除。而 ⇕（调整）工具不同于列的"调整"工具，只能对标题行的高度进行调整。

④ "标题和页眉"面板中提供了 5 个工具，如图 15-38 所示。

图 15-37　"行"面板编辑工具

图 15-38　"标题和页眉"面板编辑工具

▦（合并/取消合并）工具可以将多个标题单元格合并成一个单元格，▧（插入图像）工具可以向标题中插入图片，与普通表格中的使用方法相同，▨（清除单元格）工具可以清除页眉单元的文字和参数间的关联。日常编辑时比较常用的工具是 ▦（成组）与 ▨（解组）工具。

例如，在上一节当中创建的"门明细表"，"宽度"与"高度"都属于尺寸，可以使用 ▦（成组）工具，在"宽度"和"高度"上添加一个新的标题行"尺寸"，具体的创建步骤如图 15-39 所示。

**》Step 01** 按住 Shift 键同时选中"宽度"和"高度"两个标题单元格，单击 ▦（成组）工具。

**》Step 02** 单击工具后标题单元格上方增加了一个空格，在此单元格内输入"尺寸"二字。

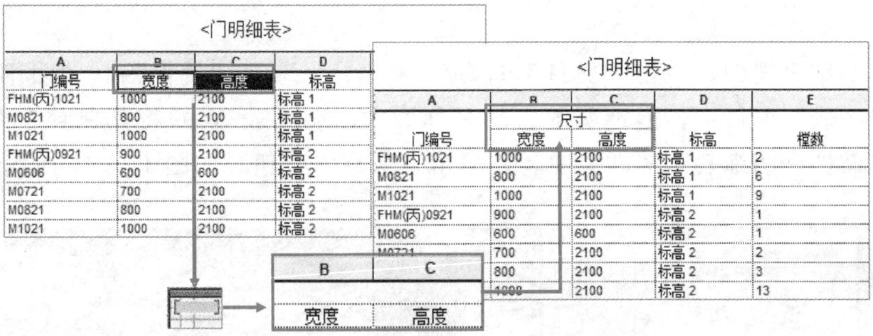

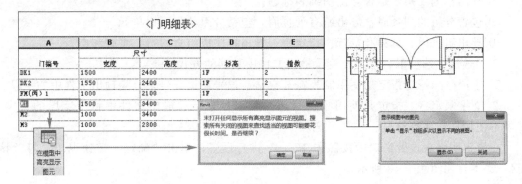

图 15-39　使用成组工具添加列标题

如要删除添加的列标题，则只需选中该标题单元格后单击 ▨（解组）工具即可。

⑤"外观"面板中的工具与明细表属性窗口中"外观"选项卡和"格式"选项卡中部分设置基本相同，只是编辑方法比选项卡的设置更加细致。

⑥"图元"面板中提供了一个特殊的 ▦（在模型中高亮显示）工具。由于明细表中的每一行都对应项目中的一个图元，因此明细表中的每个数据都是可以查询的。

例如，在"门明细表"中选中任意第三行中的单元格"FM（丙）1"，再单击 ▦（在模型中高亮显示）工具，会弹出提示窗口，单击"确定"按钮后跳转到含有该图元的视图中高亮显示该图元，并且在视图中显示提示窗口，可以单击窗口中的"显示"按钮在不同视图中查看该图元，如图 15-40 所示。

图 15-40　在模型中高亮显示图元

明细表与
Excel的
数据交互

# 15.3　明细表与 Excel 的数据交互

在 Revit 中，明细表中的数据可以导出到电子表格 Excel 中进行查看和编辑。从明细表中导出的文件为一个分离符文本，该 TXT 文件可以被许多电子表格程序打开。

在本节中将以"教学楼项目"中的门明细表数据的导出作为示范，讲解使用 Revit 明细表与 Excel 的数据交互。

## 15.3.1　明细表数据导出

打开门明细表视图，单击"文件"选项卡→"导出"→"报告"→"明细表"选项。在"导出明细表"窗口中，指定明细表的名称为"门明细表"，并将其保存在路径"课程文件→工作文件→明细表"文件夹中，并单击"保存"按钮，如图 15-41 所示。

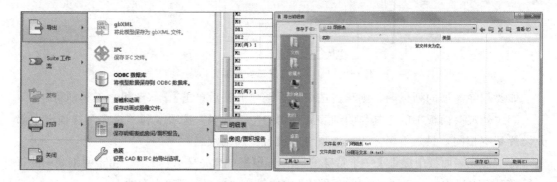

图 15-41　导出明细表命令

单击"保存"按钮后将出现"导出明细表"窗口。在"明细表外观"下，选择导出选项。

① 导出列页眉：指定是否导出 Revit 列页眉。

② 导出标题：指定是否导出明细表标题。

③ 包含分组的列页眉：导出所有列页眉，包括分组的列页眉单元。

④ 导出组页眉、页脚和空行：指定是否导出排序成组页眉行、页脚和空行。

在"输出"选项下，指定要显示输出文件中数据的方式。

① 字段分隔符：指定是使用制表符、空格、逗号还是分号来分隔输出文件中的字段。

② 文字限定符：指定是使用单引号还是双引号来括起输出文件中每个字段的文字，或者不使用任何注释符号。

在导出明细表设置窗口中按照图 15-42 进行设置，单击"确定"按钮退出。打开该 TXT 文本，如图 15-43 所示。

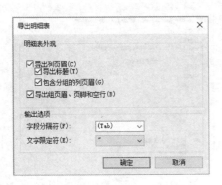

图 15-42　导出明细表设置

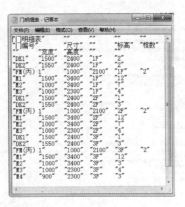

图 15-43　导出的明细表文本

## 15.3.2　使用 Excel 打开明细表文本

打开 Excel 软件，本文中使用 2016 版的 Excel 软件进行示范演示。

>> Step **01** 单击"打开"→"浏览"按钮，在打开的窗口右下角的选项框中❶设置文件格式为"文本文件（ \* . prn；\* . txt；\* . csv）"，从门明细表的保存路径❷"课程文件"→"05 配套文件"→"15 明细表"中找到"门明细表 . txt"文件，单击❸"打开"按钮，如图 15-44 所示。

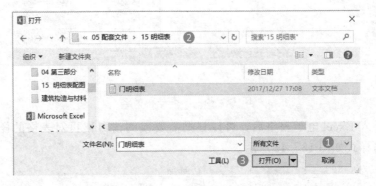

图 15-44　打开明细表文本

>> Step **02** 打开后，进入文本导入向导窗口中，在第一步窗口中设置原有文本内容，在预览窗口中可以观察到文本内容，在窗口中选中"数据包含标题"选项，其余选项使用默认设置，单击"下一步"按钮，如图 15-45(a) 所示。

>> Step **03** 在 Step 02 窗口中设置的数据的分列，在预览窗口中可以观察到分列效果。由于在导出设置中使用的分隔符为 Tab，因此在分隔符号中选中"Tab 键"选项，单击"下一步"按钮，如图 15-45(b) 所示。

>> Step **04** 在 Step 03 窗口中设置的是单元格的数据格式，由于数据中同时包含数值和文本，因此在此窗口中默认设置为常规，单击"完成"按钮完成设置，进入表格中，如图 15-45(c) 所示。

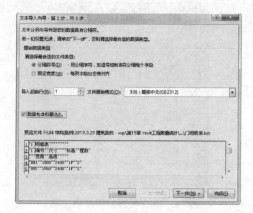

(a) 第1步

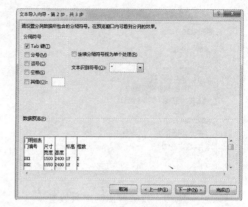

(b) 第2步

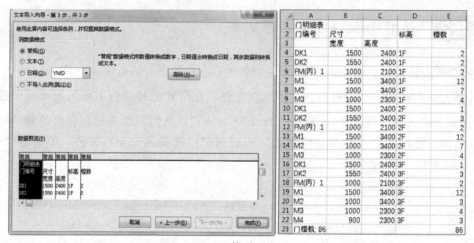

(c) 第3步

图 15 - 45　文本导入设置

将文本导入 Excel 电子表格后，可以根据需要或阅读习惯再对表格的样式进行设置。调整后的表格样式如图 15 - 46 所示。

| | 门明细表 | | | |
|---|---|---|---|---|
| 门编号 | 尺寸 | | 标高 | 樘数 |
| | 宽度 | 高度 | | |
| DK1 | 1500 | 2400 | 1F | 2 |
| DK2 | 1550 | 2400 | 1F | 2 |
| FM(丙) 1 | 1000 | 2100 | 1F | 2 |
| M1 | 1500 | 3400 | 1F | 12 |
| M2 | 1000 | 3400 | 1F | 7 |
| M3 | 1000 | 2300 | 1F | 4 |
| DK1 | 1500 | 2400 | 2F | 1 |
| DK2 | 1550 | 2400 | 2F | 3 |
| FM(丙) 1 | 1000 | 2100 | 2F | 2 |
| M1 | 1500 | 3400 | 2F | 12 |
| M2 | 1000 | 3400 | 2F | 7 |
| M3 | 1000 | 2300 | 2F | 4 |
| DK1 | 1500 | 2400 | 3F | 1 |
| DK2 | 1550 | 2400 | 3F | 3 |
| FM(丙) 1 | 1000 | 2100 | 3F | 2 |
| M1 | 1500 | 3400 | 3F | 12 |
| M2 | 1000 | 3400 | 3F | 3 |
| M3 | 1000 | 2300 | 3F | 4 |
| M4 | 900 | 2300 | 3F | 3 |
| 门樘数：86 | | | | 86 |

图 15 - 46　修改 Excel 表格样式

## 项目小结

1. 工程量计算的特点在于多次计价，不同工作阶段需要根据项目实际进展进行计算，Revit 创建的明细表能够实时反映项目变化，有助于项目全过程的造价控制。

2. Revit 中的明细表包括构件明细表、材质明细表、图纸列表等多种类型。

3. Revit 中的明细表可以导出到电子表格中进行再次编辑和整理后传阅，方便项目各参与方在不同平台上了解项目工程量，对数据的导出流程应牢固掌握。

## 复习思考

1. 完成"教学楼项目"中窗户明细表的创建和编辑。

2. 将编辑完的窗户明细表导出 Revit，并导入 Excel 中编辑整理。

3. 思考 BIM 建筑明细表与传统的工程量统计方式的优缺点，如何相互结合提高计算效率。

项目15
在线答题

# 项目16
# Revit建筑表现

Revit 软件中使用的是 Autodesk Raytracer 渲染引擎，它是基于物理的无偏差渲染引擎。渲染过程根据物理方程式和真实着色（照明）模型模拟光线流以精确地表示真实的材料，可以创建高质量的渲染图像和动画。渲染场景基于物理上精确的光源、材质和反射光生成，用户可以通过调整渲染参数，达到生成建筑模型的照片级图像，如图 16-1 所示。本章将以教学楼项目的建筑表现

Revit建筑
表现

图 16-1　教学楼入口透视图（白天场景）

为例，演示 Revit 建筑表现，包括静态和动态表现的具体流程和操作步骤。

## 学习目标

| 能力目标 | 知识要点 |
| --- | --- |
| 掌握材质和贴花设置的方法 | 材质设置要点<br>贴花设置要点 |
| 掌握 Revit 渲染的流程及方法 | 渲染前的准备工作<br>渲染设置及操作<br>渲染图像的保存及导出 |
| 掌握 Revit 漫游的流程及方法 | 创建漫游路径<br>编辑漫游路径及漫游帧<br>导出漫游成果 |

# 16.1 渲染外观：材质及贴花

渲染外观：
材质

材质是建筑构件表皮颜色、图案、纹理、质地等外观特性的呈现，控制模型图元在视图和渲染图像中的显示方式。通过为构件赋予材质或为构件表面赋予贴花，可以在渲染时模拟出建筑构件的真实外观形态。

## 16.1.1 认识材质

### 1. 材质用途

在 Revit 中，材质控制模型图元在视图和渲染图像中的显示方式。单击"管理"选项卡→"设置"面板→ （材质）工具可以进入"材质浏览器"窗口，对材质进行编辑，如图 16-2 所示。

图 16-2 "材质浏览器"窗口

在"材质浏览器"窗口中可以指定图元的"标识""图形""外观""物理""热度"属性，定义以下内容。

① 控制材质在未渲染图像中外观的图形特性，包括图元表面显示的颜色和填充样式，剪切图元时显示的颜色和填充样式。

② 有关材质的标识信息，如说明、制造商、成本和注释记号。

③ 在渲染视图、真实视图或光线追踪视图中显示的外观。

④ 用于结构分析的物理属性。

⑤ 用于能量分析的热度属性。

进行静态图像渲染时，主要是设置材质的外观选项卡，并将材质应用到模型图元。

2. 材质类型

从"材质浏览器"窗口左下角单击 ▤（打开/关闭资源浏览器）工具，可以进入"资源浏览器"窗口。在"资源浏览器"窗口的外观库中可以查看到软件自带的外观材质，如图 16-3 所示。

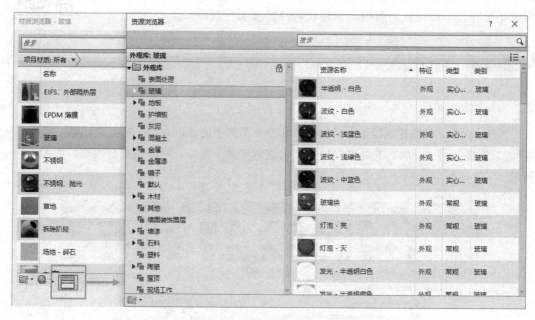

图 16-3　"资源浏览器"窗口

在外观库中，Revit 的材质是按照材质类型及使用部位进行划分的，如"玻璃""混凝土"之类的材质类型和"地板""屋顶"等使用部位。材质效果在"资源浏览器"窗口中的资源名称前提供小图片以供预览，部分材质效果如图 16-4 所示。

陶瓷　　　　织物　　　　玻璃　　　　皮革　　　　不锈钢

花岗岩　　　大理石　　　砖墙　　　　木材　　　　混凝土

图 16-4　部分材质效果

材质库中基本覆盖了建筑项目中使用所需的材质类型，当系统提供的材质无法满足设计要求时，用户还可以自定义新的材质并设置相关参数。

## 16.1.2 设置材质参数

在 Revit 中，用户可以在"材质浏览器"窗口中完成材质的设置，并赋予模型对象。材质的设置包括创建新材质及设置材质参数。

### 1. 创建新材质

材质的创建包括直接创建材质和复制已有材质。由于项目中没有相似的石材材质，本节中选择在"材质浏览器"窗口中直接创建"教学楼-花岗岩地砖"材质，按照以下步骤依次进行，如图 16-5 所示。

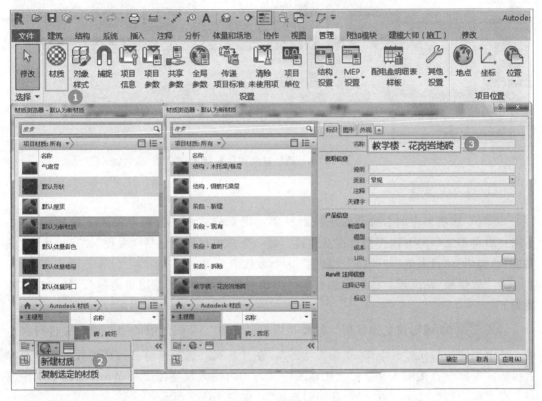

图 16-5　创建新材质流程

>> Step 01 单击"管理"选项卡→"设置"面板→ 🎨（材质）工具，打开"材质浏览器"窗口。

>> Step 02 在"材质浏览器"的工具栏上，单击 🔩 下拉菜单→"新建材质"选项，即可观察到在"材质浏览器"的项目材质列表中添加了命名为"默认新材质"的材质。

>> Step 03 切换到"材质浏览器"的"标识"选项卡，在名称文本框中为新材质输入描述性名称"教学楼-花岗岩地砖"以替换默认名称（或单击该材质，右键选择重命名，在材质名称位置输入"教学楼-花岗岩地砖"）。

通过复制创建新材质的方式与直接创建新材质的方法基本相同，先选定需要复制的材质，如材质"默认墙"，单击 下拉菜单→"复制选定的材质"选项，项目材质列表中添加了命名为"默认墙（1）"的材质，如图16-6所示。

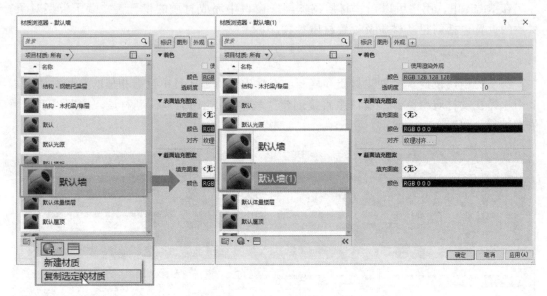

图 16-6　通过复制创建新材质

2. 编辑外观属性

"外观"选项卡中的参数及信息控制材质在视觉样式为"着色"模式下的显示方式。不同材质类型之间的参数控制也存在差异，如一个常规材质中包括"常规""反射率""透明度""剪切""自发光""凹凸""染色"7个参数组。

为"教学楼-花岗岩地砖"添加材质，编辑材质"教学楼-花岗岩地砖"，具体操作步骤如下。

**≫Step 01** 编辑信息参数组。材质是通过"信息"参数组中的"名称"来进行区分的，选定创建的材质"教学楼-花岗岩地砖"，在"外观"选项卡单击信息参数，在信息参数组的文本框中直接输入文字时无法输入中文，如需输入汉字需要从 Word 或记事本中复制，在名称中粘贴文字"教学楼-花岗岩地砖"，如图16-7所示。

**≫Step 02** 添加"教学楼-花岗岩地砖"图像材质，在"外观"选项卡中单击常规参数，选择常规参数中的"图像"参数，单击"图像"下方的"未选定图像"，❶选择配套文件中"花岗岩地砖.jpg"图片，❷单击"图像"右侧三角形按钮，选择"编辑图像"工具，打开"纹理编辑器"，在"纹理编辑器"窗口中单击"源"后的链接，❸选择配套文件中"花岗岩地砖.jpg"图片，❹选中"链接纹理变换"并锁定纵横比，❺在"比例"参数中输入样例尺寸值，宽度为"500.00 mm"，高度为"500.00 mm"，其余的参数可不做调整，如图16-8所示。

**≫Step 03** 为了使石材在"着色"模式下显示真实模式的效果，在"图形"选项卡中单击"着色"参数，❶在"着色"参数中选中"使用渲染外观"，❷在"表面填充图案"参

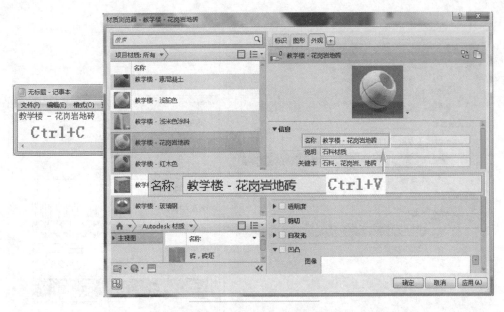

图 16 - 7　修改材质名称文本

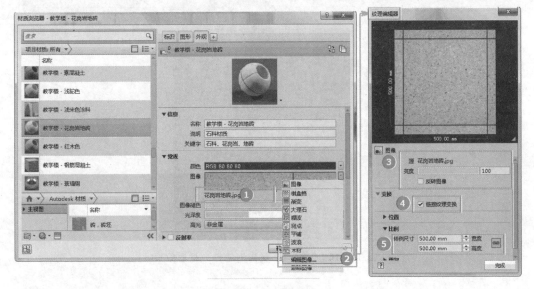

图 16 - 8　修改材质贴图

数中，选择填充样式，❸在"填充图案类型"中选择"模型（M）"，❹在下方样例中选择"正方形- 500 mm"类型，单击"确定"按钮完成设置，如图 16 - 9 所示。

> **Step** 04 至此，"教学楼-花岗岩地砖"材质已经设置完，单击"确定"按钮退出材质编辑窗口，切换到三维视图中，调整图形"视觉样式"为真实，可以观察到三维视图中地砖的材质效果，如图 16 - 10 所示。

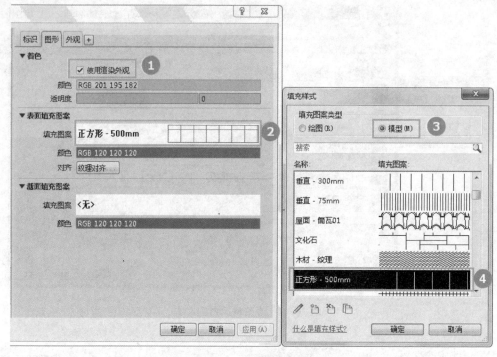

图 16 - 9　修改表面样式

图 16 - 10　"教学楼–花岗岩地砖"材质效果

## 16.1.3　认识贴花

渲染外观：
贴花

　　贴花与材质功能相似，主要用于创建"标志""绘画""广告牌"等独立而具体的图像，如图 16 - 11 所示。
　　但贴花与材质的不同之处在于以下几点。
　　① 贴花是依附于物体表面的特殊模型图元，而材质则是模型图元的属性。
　　② 贴花是放置在物体表面的单个图像，只能调整图像的大小和位置，

图 16 - 11　使用贴花进行渲染

而材质则可以根据一定规律进行平铺，实现物体表面的完全覆盖。

③ 贴花只可以放置在水平表面和圆筒形表面上，而材质对于任何表面都适用。

## 16.1.4　创建和使用贴花

在项目中使用贴花创建用于渲染的图像前必须先在贴花类型中对使用的图像进行预设，随后才能在二维或三维正交视图中放置贴花。

### 1. 创建贴花类型

贴花类型的创建可以使用 BMP、JPG、JPEG 和 PNG 中任意一种格式的图像，为更好地区别材质与贴花，本小节中将使用"蘑菇石文化石 .jpg"贴图创建贴花类型。

**>> Step** 01 单击"管理"选项卡→"管理项目"面板→ (贴花类型) 工具，打开"贴花类型"窗口，如图 16 - 12 所示。

图 16 - 12　打开"贴花类型"窗口

**>> Step** 02 在"贴花类型"窗口中，单击左下角的 (创建新贴花) 工具，弹出"新贴花"对话框，在对话框中为贴花输入名称"蘑菇石文化石"，然后单击"确定"按钮，如图 16 - 13 所示。

**>> Step** 03 单击"确定"按钮后，"设置"面板中出现了相关参数设置。❶单击 (浏览) 按钮定位到本节项目文件中的"蘑菇石文化石 .jpg"，❷设置"凹凸填充图案"为

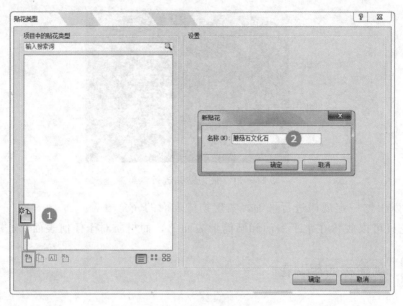

图 16 - 13　创建贴花类型

"图像文件"。单击"源"一栏中的 ... （浏览）按钮定位到本节项目文件中的"花岗岩凹
凸贴图 .jpg"，如图 16 - 14 所示。

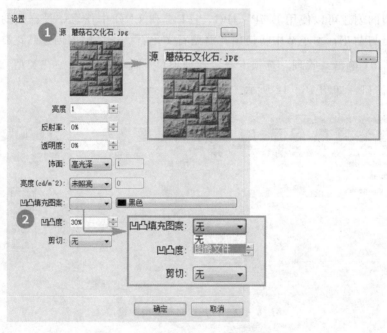

图 16 - 14　指定贴花类型的图像文件

>> Step 04 除了图像文件以外，还可以对图像的"亮度""反射率""透明度""凹凸
度""剪切"等参数进行设置，使其与现实中的真实效果更加贴近。在"蘑菇石文化石"
贴图中，按参数的默认设置不做修改。确认无误后，即可单击"确定"按钮关闭"贴图类
型"窗口，结束"蘑菇石文化石"贴图的设置。

2. 放置贴花

贴花的放置可在三维正交及二维平面视图中进行。切换到三维视图中前立面方向，并调整视图图形显示方式为真实，将贴花放置在"教学楼–文化石"外墙上，以方便对两种贴图方式进行比较。具体操作步骤如图 16 – 15 所示。

>> Step **01** 单击"插入"选项卡→"链接"面板→"贴花"下拉列表→ (放置贴花）工具，并在"类型选择器"中选择刚刚创建的贴花"蘑菇石文化石"。

>> Step **02** 在选项栏中设置贴图宽度为"1000"，高度为"1000"，移动鼠标到外墙合适位置处单击，贴图即成功放置在外墙上。

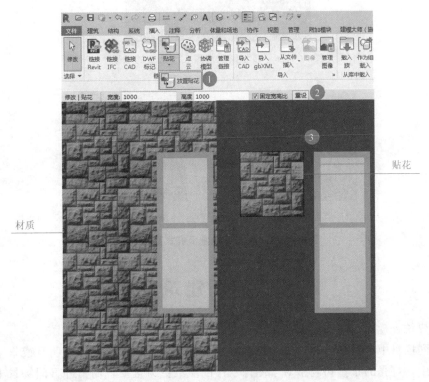

图 16 – 15　放置贴花

如果需要在视图中放置更多贴花，如想使用"蘑菇石文化石"贴花填充整个墙面，则可以在墙面上反复放置贴花，并调整贴花尺寸。多张贴花放置在墙面上的效果如图 16 – 16 所示。

墙面中使用多张贴花时，在墙面被门窗打断的位置，贴图会自动被剪切。此外，贴花边界会有明显痕迹，无法达到材质的无缝贴图效果。因此，贴花只适用于创建"标志""绘画""广告牌"等独立而具体的图像。

当视图的图形显示方式为"真实"以外的模式时，贴花中并不会显示图像内容，只表示为矩形框，如图 16 – 17（a）所示。详细的贴花图像仅在已渲染图像及"真实"模式中可见，如图 16 – 17(b) 所示。

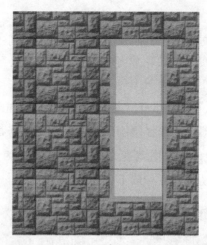

图 16 - 16　多张贴花放置在墙面上的效果

(a) "真实" 以外的模式　　　　　　　　　　(b) "真实" 模式

图 16 - 17　贴花不同显示模式下的外观

# 16.2　静态建筑表现

静态建筑表现即为建筑模型创建照片及真实感图像进行渲染。

在不同场景中，对材质和灯光的把握有所差别。例如，在黄昏、黎明及夜景中，或者室内场景中，灯光的布置和调整对于图像氛围的渲染更为重要。而室外日间场景中，主要的光照为日光，若阳光充足，则材质的各个细节都表现得很明显，因此在该场景中，对材质的把控尤为重要。

在 Revit 中，使用软件的渲染功能前需要先完成如下的准备工作。

① 创建建筑模型的三维视图；

② 指定材质的渲染外观；

③ 为建筑模型定义照明；

④ 添加建筑环境配景 （可选）。

完成准备工作后，即可进入渲染窗口中设置渲染参数，对图像进行渲染并保存渲染图像。为完整演示渲染的全过程，本节中将以 "教学楼项目" 的入口透视——黎明场景的渲染为例进行演示 （图 16 - 18）。

图 16－18　教学楼入口透视图

## 16.2.1　渲染前准备工作：相机

由于在真实的物理世界中，人眼观察到的物体都是以透视方式呈现的，即近大远小、近宽远窄和近实远虚。因此，为了模拟真人视线中观察到的图像，在软件中需要使用相机创建透视图。打开本节项目文件"教学楼建筑工程"创建门厅入口透视图。

渲染前准备
工作：相机

1. 创建相机视图

>>Step **01** 从项目浏览器中打开"平面视图-场地"。

>>Step **02** 单击"视图"选项卡→"创建"面板→"三维视图"下拉列表→"相机"工具，并注意查看选项栏，确认此时选项栏中已选中"透视图"，如未选中，创建的视图为正交三维视图。选项栏中"偏移"的数值为相对于选定的标高高度的视点高度，将视点高度调整为"6000.0"，如图 16－19 所示。

图 16－19　使用相机命令并设置视点高度

**Step 03** 在建筑左下角一定距离处单击以放置相机，相机所在位置即视线起点位置。单击后向右上角方向拖动鼠标，使视线范围覆盖整个教学楼，在视线终点处再次单击，如图 16 - 20 所示。

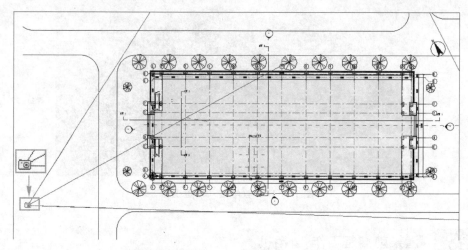

图 16 - 20 确定视线起点及终点

**Step 04** 在视线终点处单击后视图将自动切换到创建的"门厅入口透视"三维视图中。将视图名称修改为"门厅入口透视"，并将视图显示模式切换到"真实"模式，如图 16 - 21 所示。

图 16 - 21 修改视图名称及显示模式

2. 调整相机视图

调整视图显示模式后，应注意观察视图中是否存在影响图面的图元，隐藏这些图元，并调整视图范围及视图深度，或将透视角度进行微调，调整后的"门厅入口透视"如图 16 - 22 所示。

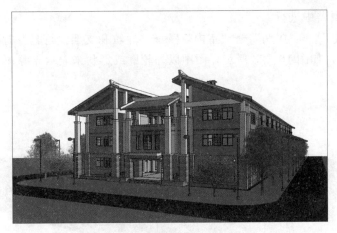

图 16 – 22   调整后的"门厅入口透视"

透视图调整一般包含以下几个步骤。

▶▶Step **01** 隐藏视图中的多余图元。视图顶部的黑色图元为创建地形时导入的 CAD 图元，选中图元，右击选择"在视图中隐藏"→"图元"选项。

▶▶Step **02** 调整视图范围。单击视图边框，选中后边框上会出现圆形控制点，拖动圆形控制点可以调整视图的范围，即相机的广角。

▶▶Step **03** 调整视图深度。视图属性面板中"远剪裁偏移"的数值即是相机的深度，调整该数值将影响视野的长短，将数值调整为"100000"。

▶▶Step **04** 对透视角度进行微调。同时按 Shift 键和鼠标中键可以对视图角度进行调整。调整角度可以选中视图的图元作为参照和旋转中心，防止调整角度过大产生大偏差。

至此，门厅入口透视图的三维视图已创建完成，可参照此流程创建更多三维透视视图。

## 16.2.2   渲染前的准备工作：灯光

灯光是表达设计意图的一个重要因素。渲染建筑模型的三维视图时，自然灯光、人造灯光两者都可作为建筑的照明。其中，对于自然灯光，可以指定日光的方向或位置、日期、时间来获得日光在建筑上的真实表现；对于人造灯光，需要将照明设备添加到建筑模型中，通过启用或禁用各个照明设备或灯光组以获得所需的效果，尤其是在渲染夜晚场景或室内场景时，添加人造灯光可以补充亮度，提升空间氛围。

渲染前准备工作：灯光

在本小节中将以"教学楼项目"为例重点讲解人造灯光的布置和光源参数的相关设置，以及对于自然光的调节。

### 1. 认识光源

光源是发光的照明设备的组成部分，光源的形状可以确定从照明设备发出的灯光的形状。在项目中一般通过添加带有光源的照明设备添加人造光。而光源形状的编辑则需要在照明设备的族编辑器中进行。

从族库"机电"→"照明"→"室内灯"→"导轨和支架式灯具"打开族文件"双管吸顶式灯具-T8"，如图16-23所示，图中以外轮廓或形状来表示光源。

图 16-23 双管吸顶式灯具族

单击"光源"按钮，在属性面板上可以看到该光源的相关属性，包括光源的长度、宽度、倾斜角和光域网文件。这些属性需要在族类型和光源定义窗口中才能进行设置，如图16-24所示。

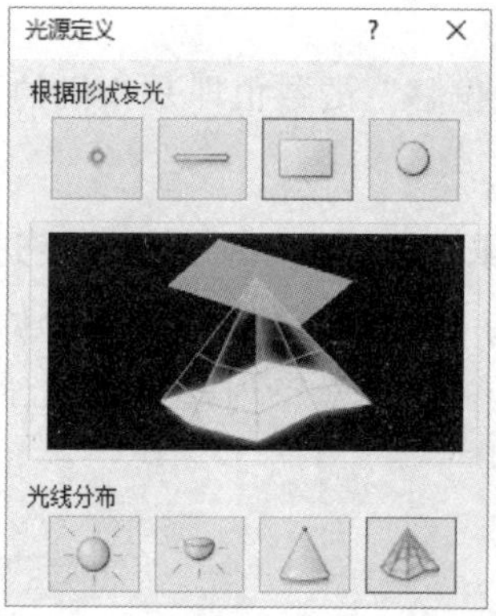

| 光域 | | | |
|---|---|---|---|
| 倾斜角 | -90.00° | = | ☐ |
| 光域网文件 | CL2x36WT8.ies | = | |
| 光损失系数 | 1 | = | |
| 初始亮度 | 72.00 W @ 93.10 lm/W | = | |
| 初始颜色 | 4230 K | = | |
| 沿着矩形宽度发光 | 250.0 | =宽度 | ☑ |
| 沿着矩形长度发光 | 1240.0 | =长度1 | ☑ |
| 渲染时可见发光形状 | ☐ | = | |
| 暗显光线色温偏移 | <无> | = | |
| 颜色过滤器 | 白色 | = | |

图 16-24 光源定义及具体属性

族类型光域的参数会根据光源定义中选定的光源形状和关系分布方式发生变化，由于当前设置的光源形状为面光源，光线分布方式为光域网，因此在族类型参数中可以选择"光域网文件"，并可以设置矩形发光面的长度和宽度。因此，在设置光域参数前应先确定光源形状。

*2. 光源的选择*

**》Step 01** 选择从光源发光的灯光形状。根据发光形状，光源分为点光源、线光源、面光源、球光源，当光线分布保存"球状"不变时，最终光源照射区域会根据光源形状发生变化并显示在预览图中，如图16-25所示。

选择光源形状时，应贴近所使用的照明设备灯具形状，如灯泡应选择点光源，灯带应选择线光源，吸顶灯可根据形状选择面光源或球光源。

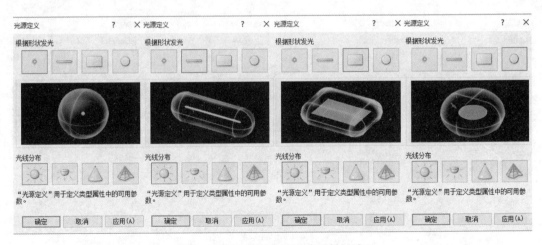

图 16-25 光源形状影响照射区域

当选择点光源时，族类型中没有形状控制相关参数；当选择线光源时，族类型中可以调整光源长度；当选用面光源时，可以调整长度及宽度参数；当选择球光源时，则族类型中会提供半径参数。不同光源对应的形状参数如图 16-26 所示。

| 光域 | |
| --- | --- |
| 光损失系数 | 1 |
| 初始亮度 | 72.00 W @ 93.10 l |
| 初始颜色 | 4230 K |
| 暗显光线色温偏移 | <无> |
| 颜色过滤器 | 白色 |

(a) 点光源

| 光域 | |
| --- | --- |
| 光损失系数 | 1 |
| 初始亮度 | 72.00 W @ 93.10 l |
| 初始颜色 | 4230 K |
| 暗显光线色温偏移 | <无> |
| 沿着线长度发光 | 609.6 |
| 颜色过滤器 | 白色 |

(b) 线光源

| 光域 | |
| --- | --- |
| 光损失系数 | 1 |
| 初始亮度 | 72.00 W @ 93.10 l |
| 初始颜色 | 4230 K |
| 暗显光线色温偏移 | <无> |
| 沿着矩形宽度发光 | 609.6 |
| 沿着矩形长度发光 | 1219.2 |
| 渲染时可见发光形状 | |
| 颜色过滤器 | 白色 |

(c) 面光源

| 光域 | |
| --- | --- |
| 光损失系数 | 1 |
| 初始亮度 | 72.00 W @ 93.10 l |
| 初始颜色 | 4230 K |
| 暗显光线色温偏移 | <无> |
| 沿着圆直径发光 | 609.6 |
| 渲染时可见发光形状 | |
| 颜色过滤器 | 白色 |

(d) 球光源

图 16-26 不同光源对应的形状参数

**》Step** 02 选择光源的光线分布形式。根据光线形状分布情况分为"球形""半球形""聚光灯""光域网"，其中"球形""半球形""聚光灯"均为具体的形状，而选择"光域网"选项可以在族类型中指定"IES"文件控制光线分布形式。

当光源形状保持"面状"不变时，光源照射区域会根据光线分布形状发生变化并显示在预览图中，如图 16-27 所示。

需要注意的是，当光线分布形式选择"光域网"时，并非按照预览图中的形式发射光线，而是按照族类型参数中选择的光域网文件，即"IES"文件。Revit 中可以使用 IES 文件来描述光源及光线分布情况，渲染图像时能够产生更加准确的照明效果。

IES 文件是由照明设备制造商提供的一个文本文件，它用于描述球形轴网上各点处光源的亮度，并且定义了灯光从照明设备（光域网）发出来时所形成的几何图形。软件中自

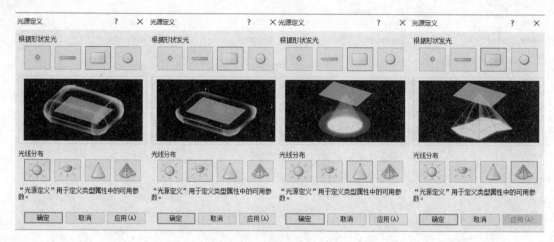

图 16 - 27　光线分布形式影响照射区域

带的 IES 文件位于"RVT2018"→"IES"文件夹中，更换 IES 文件时，在族类型窗口中单击光域网文件参数右侧的 ... （浏览）按钮可以打开"IES"文件夹进行选择，如图 16 - 28 所示。

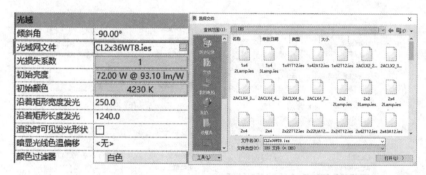

图 16 - 28　更换光域网文件

### 3. 灯光参数调节

由于光域参数会随光源定义发生变化，因此参数分为两部分，一部分是固有参数，不随光源定义变化；另一部分为关联参数，只有选择对应的光源类型时才会出现。

| 光域 | |
|---|---|
| 光损失系数 | 1 |
| 初始亮度 | 72.00 W @ 93.10 lm/W |
| 初始颜色 | 4230 K |
| 暗显光线色温偏移 | <无> |
| 颜色过滤器 | 白色 |

图 16 - 29　光域固有参数

固有参数包括"光损失系数""初始亮度""初始颜色""暗显光线色温偏移""颜色过滤器"这五个参数，这些参数是用于控制光源照度的物理参数，如图 16 - 29 所示。

关联参数一部分与光源形状相关，用于调整光源的尺寸，如图 16 - 26 所示。另一部分则与光线分布情况相关，如图 16 - 30 所示。当选用"球形"和"半球形"时，光线环绕光源四周分布，无须通过参数控制；当选用"聚光灯"时，则可以调整光线方向"倾斜角""聚光灯光场角""聚光灯光束角"；当选用"光域网"时，可以调整"倾斜角"和"光域网文件"。

| 光域 | 聚光灯关联参数 |
|---|---|
| 倾斜角 | -90.00° |
| 光损失系数 | 1 |
| 初始亮度 | 72.00 W @ 93.10 lm/W |
| 初始颜色 | 4230 K |
| 沿着矩形宽度发光 | 250.0 |
| 沿着矩形长度发光 | 1240.0 |
| 渲染时可见发光形状 | ☐ |
| 暗显光线色温偏移 | <无> |
| 聚光灯光场角 | 90.00° |
| 聚光灯光束角 | 30.00° |
| 颜色过滤器 | 白色 |

| 光域 | 光域网关联参数 |
|---|---|
| 倾斜角 | -90.00° |
| 光域网文件 | CL2x36WT8.ies ... |
| 光损失系数 | 1 |
| 初始亮度 | 72.00 W @ 93.10 lm/W |
| 初始颜色 | 4230 K |
| 沿着矩形宽度发光 | 250.0 |
| 沿着矩形长度发光 | 1240.0 |
| 渲染时可见发光形状 | ☐ |
| 暗显光线色温偏移 | <无> |
| 颜色过滤器 | 白色 |

图 16 - 30 光源形状关联参数

调整关联参数时应考虑照明设备的形状、摆放位置、打光方向等因素，使照明设备能够起到补充光线、烘托氛围的作用。

4. 布置室外光源

进行渲染时，照明方案首先按场景分为室内和室外，再根据光源的来源分为日光和人造光。进行室外场景渲染选择渲染白天的场景时，只需要设置阳光照射方向，软件中可以指定具体日期和时刻阳光的照射或相对视图的具体角度的光照，在门厅入口透视的白天场景渲染中，设置的照明方案为"室外：仅日光"，设置的日照时间为"春分"日中午"12:00"，如图 16 - 31 所示。

图 16 - 31 白天场景照明设置

选择渲染夜晚或傍晚时分的场景时，则需要补充人造光，增加画面亮度和气氛。选择控制面板"插入"→"载入族"→"机电"→"照明"→"室外灯"→"街灯-古典"选项，以同样的方法载入"路灯-标准"。进入楼层平面"室外"，将"街灯-古典""路灯-标准"族布置于相应位置，并选中任意"街灯-古典"，在选项栏上灯光组的下拉列表中选择"编辑/新建"进入人造灯光设置窗口，新建组"室外照明组"，将室外景观灯从解组的灯光移入室外照明组，具体操作详见图 16 - 32。

将室外景观灯都移入室外照明组后，渲染设置时更方便对所有室外人造光进行统一调控。

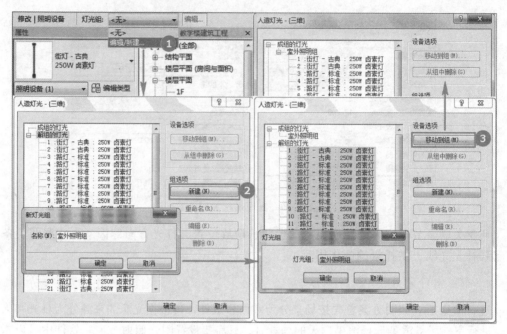

图 16-32　设置灯光组

　　黎明场景中设置的照明方案为"室外：日光和人造光"，设置的日照时间为"夏至"日"6:00"时，渲染成图的光照如图 16-33 所示。

图 16-33　黎明场景照明设置

## 16.2.3　渲染前准备工作：材质

渲染前准备工作：材质

　　材质控制模型图元在视图和渲染图像中的显示方式，因此在渲染前对材质进行调试是非常重要的一环。材质设置的具体操作参见 16.1.2 节中的内容。

　　在门厅入口透视中影响渲染成像的材质主要包括草地、外墙面的涂料、花岗岩及墙饰条、水池中的水和幕墙的玻璃材质。在此前的章节中，对于材质的设置多数使用常规材质，为了实现更高的渲染质量，需要对部分材质进行调整。

>> Step 01 调整外墙面涂料材质，调整结果如图 16 – 34 所示。

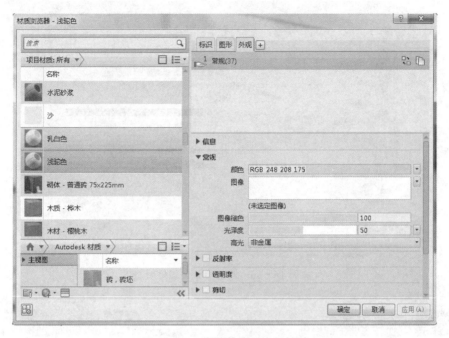

图 16 – 34　调整外墙面涂料材质

>> Step 02 调整墙饰条材质，调整结果如图 16 – 35 所示。

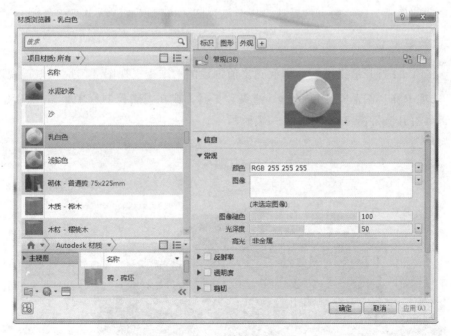

图 16 – 35　调整墙饰条材质

>>Step 03 调整门窗玻璃材质，调整结果如图 16 - 36 所示。

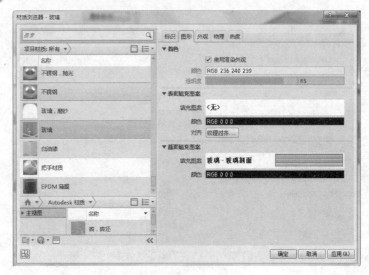

图 16 - 36　调整门窗玻璃材质

## 16.2.4　渲染设置

完成前期的准备工作后便可以开始设置渲染参数，尝试渲染小样，查看渲染效果，并根据渲染效果进一步调整参数。在渲染设置的参数中，需要先定义控制照明、曝光、分辨率、背景和图像质量，一般可按默认设置渲染视图，再根据渲染结果调整参数。

1. 设置渲染参数

>>Step 01 打开渲染窗口。切换到之前创建的三维透视视图"门厅入口透视"，单击"视图"选项卡→"图形"面板→💭（渲染）工具，或在视图控制栏中单击💭（显示渲染窗口）工具打开渲染窗口，如图 16 - 37 所示。

图 16 - 37　打开渲染窗口

Step 02 定义渲染的视图区域。此功能的作用是为了方便测试模型材质局部效果或缩短渲染时间。在渲染窗口中选中区域，在三维视图中会显示红色渲染区域边界。选择渲染区域并使用边界上的蓝色控制点来调整区域尺寸，如可以使用该功能选中饰面砖外墙测试渲染效果，如图 16 - 38 所示。

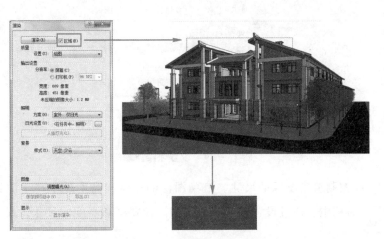

渲染设置及
渲染成果
导出

图 16 - 38　定义渲染视图区域

当测试完成后需要对整个视图进行渲染时，取消选中区域，视图中不再显示红色边界。此时再对视图进行渲染，得到的是完整的视图。

Step 03 设置渲染质量。为了演示设计，通常需要渲染一个高质量的图像，但生成高质量渲染图像耗时较长。因此，在测试阶段可以选择渲染一个较低质量的图像，确认无误后再调高渲染质量，重新渲染。具体的渲染质量及效果详见表 16 - 1。

表 16 - 1　渲染质量及效果

| 质量 | 相对渲染速度 | 说　　明 |
| --- | --- | --- |
| 绘图 | 最快 | 极快渲染，生成预览图像。模拟照明和材质，阴影缺少细节 |
| 中等 | 中等 | 极速渲染，生成预览图像，获得模型的总体印象。模拟粗糙和半粗糙材质。该设置最适用于没有复杂照明或材质的室外场景 |
| 高 | 慢 | 相对中等质量，渲染所需时间较长。照明和材质更准确，尤其对于镜面（金属类型）材质。对软性阴影和反射进行高质量渲染。该设置最适用于有简单照明的室内和室外场景 |
| 最佳 | 最慢 | 以较高的照明和材质精确度渲染。以高质量水平渲染半粗糙材质的软性阴影和柔和反射。此渲染质量对复杂的照明环境尤为有效，生成所需的时间最长 |
| 自定义 | 变化 | 使用"渲染质量设置"对话框中指定的设置。渲染速度取决于自定义设置（若要编辑自定义渲染质量设置，请在"设置"下拉列表中选择"编辑"） |

"质量"参数默认为"绘图"，因此在测试阶段一般按默认即可，而在最终渲染成图时，可在下拉列表中重新选择"高"或"最佳"，如图 16-39 所示。

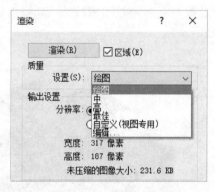

图 16-39　设置渲染质量

>> Step **04** 控制渲染图像的尺寸。渲染图像的宽度和高度显示在"渲染"对话框上的"输出设置"面板中。通过设置分辨率，调整图像宽度和高度的尺寸。尺寸越大，渲染耗时越长。

当选择"屏幕"选项时，图像尺寸并不是固定的，放大或缩小视图时，宽度和高度的像素数值也会随之变化；而选择"打印机"时，可以按 DPI（每英寸点数）指定图像分辨率，宽度和高度的尺寸并不会改变，但分辨率提高时图像大小会发生变化，如图 16-40 所示。

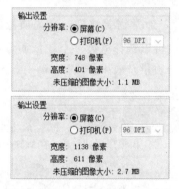
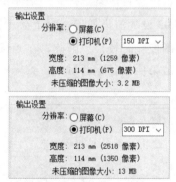

图 16-40　控制渲染图像的尺寸

>> Step **05** 设置照明方案。在照明参数中需要先选定方案，照明方案分为六种，室内、室外各三种："仅日光""仅人造光""日光和人造光"，确定方案后再对日光和人造光进行设置。例如，渲染室外白天场景中选用"室外：仅日光"方案，单击 ⋯ （浏览）按钮进入日光设置窗口，参照图 16-41 进行设置。

日光设置时主要考虑阳光的照射方向，确保渲染角度能够得到充足的光线，因此了解不同时间段太阳相对于建筑的方位非常重要。此外，不同时间段阳光光线的强度有变化，早晚较弱而午间较强，因此白天场景渲染的默认时间为"12:00"时。

而渲染黎明场景时，选用"室外：日光和人造光"，并单击 ⋯ （浏览）按钮进入日光设置窗口，参照图 16-42 进行设置。

图 16 – 41  白天场景照明设置

图 16 – 42  黎明场景日光设置

其中，选择渲染黎明而非傍晚场景是因为傍晚的阳光在西侧，该时间段的阳光无法照射到门厅入口透视这个渲染角度，且 6:00 时为夏至日太阳刚升起的时段，可以营造初升的太阳打在玻璃幕墙上的景象。

由于照明方案中还选用了人造光，可以单击"人造灯光"按钮进入"人造灯光-门厅入口透视"窗口中对灯光的开启与关闭及明暗度进行设置。在该窗口中打勾即表示在场景中使用该照明设备。"暗显"选项通过"0～1"之间的数字控制灯的明亮度，其中"0"表示完全暗显（关闭状态），"1"表示完全打开。此处选中灯光组"室外照明组"，并默认暗显数值为"1"，如图 16 – 43 所示。

**» Step 06** 指定渲染背景。在"渲染"对话框中，可以使用"背景"设置为渲染图像指定背景。背景样式有多种选择，包括"颜色（自定义颜色）""图像（自定义图像）""透明度"等，如图 16 – 44 所示。

"天空"相关选项可能会影响渲染图像中的光照效果，并且产生较多漫射自然光，且当透视图视线高于地面人视角（即 1750 mm）时会产生白底，因此为了模拟真实的天空效果，此处选用图像样式。

单击"自定义图像"按钮进入"背景图像"窗口，单击窗口中的"图像"按钮，定位到本节的配套文件"sunrise.jpg"，并在比例中选择按"高度"缩放，且在偏移中设置宽

图 16-43  黎明场景人造灯光设置

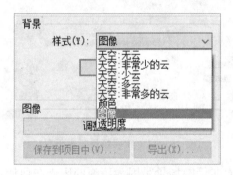

图 16-44  背景样式选项

度的偏移值为"50 mm"，如图 16-45 所示，设置完成后即可单击"确定"按钮返回渲染窗口。

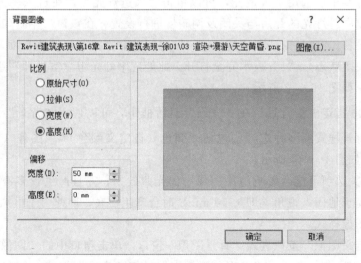

图 16-45  设置背景图像

至此，门厅入口透视黎明场景已完成全部设置，渲染其他场景可参照此流程完成参数设置。

2. 渲染调试

**»Step** **01** 渲染测试。参数设置完毕后即可对图像进行渲染测试。确认质量设置为"绘图"后，单击渲染面板上的"渲染"按钮，软件左上角会出现"渲染进度"窗口，当进度条走完后，小样即渲染完成，如图 16-46 所示。

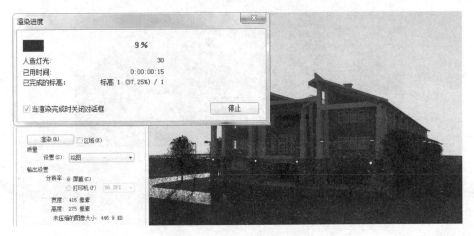

图 16-46　渲染测试

**»Step** **02** 调整曝光。在渲染图像后可以通过调整曝光设置来改善图像。曝光中的参数与摄影机中的曝光一样，都是模仿人眼对颜色、饱和度、对比度和眩光有关的亮度值的反应。例如在黎明场景中，默认曝光设置与场景不符，应调整白点（即白平衡）偏向暖，饱和度及高亮显示的数值应适度提高，调整前后的数值如图 16-47 所示。

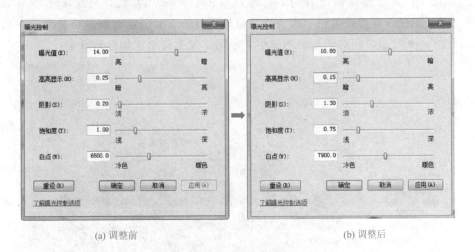

(a) 调整前　　　　　　　　　　　　(b) 调整后

图 16-47　调整曝光参数

曝光调整完单击"确定"按钮后，图像会根据调整的参数重新显示，无须重新渲染，如图 16-48 所示，可以观察到调整完曝光参数后的图像相较于图 16-46 而言，更符合场景需求。调整后的曝光设置将作为视图属性的一部分保存起来。下次渲染此视图时，将使用相同的曝光设置，无须重新调整。

图 16-48　调整曝光参数后的图像

在渲染测试中，如发现材质、灯光等设置与期望值偏差较大，可重复 16.2.2～16.2.3 节中的操作对渲染场景进行修正，以达到预期效果。

## 16.2.5　渲染及成果导出

### 1. 渲染

渲染测试并调整参数确认无误后，即可正式对图像进行渲染。将质量设置调整为"高"或"最佳"并更改输出设置为"打印机（P）：300DPI"后，再次单击"渲染"按钮，重新对场景进行高质量渲染。当渲染质量越高时，渲染所需时间越长。渲染完成后的图像如图 16-49 所示，相对于渲染测试中的小图，细节显示更加贴近真实。

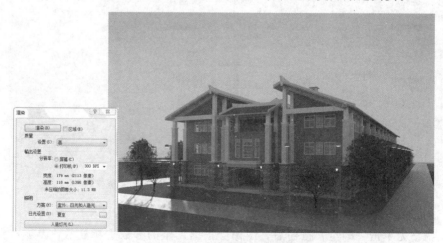

图 16-49　高质量渲染图像

2. 保存渲染成果

渲染完成后，图像只存在于当前渲染窗口，并未保存到项目文件中，当前渲染窗口关闭后，图像将会一同关闭。因此，应及时将渲染成果保存到项目文件或导出并存储在项目的配套文件中。

（1）保存图像到项目文件中。

在"渲染"窗口的"图像"下，❶单击"保存到项目中"，弹出"保存到项目中"窗口，❷在文本框中输入渲染视图的名称"门厅入口透视_黎明场景"，然后单击"确定"按钮。❸保存的渲染图像会显示在"项目浏览器"的"视图（全部）"→"渲染"→"门厅入口透视_黎明场景"选项处，如图 16 - 50 所示。

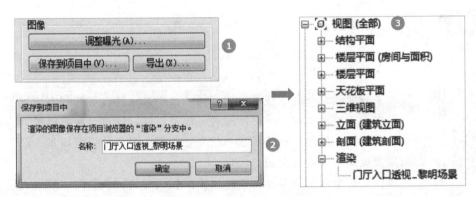

图 16 - 50　保存图像到项目文件中

（2）导出并保存图像。

在"渲染"窗口的"图像"下，单击"导出"按钮，弹出"保存图像"窗口，"保存位置"定位到本节的配套文件中，设置保存文件类型为 JPEG 格式，并命名文件为"门厅入口透视_黎明场景"，确认无误后单击"保存"按钮，如图 16 - 51 所示。

图 16 - 51　导出并保存图像

# 16.3　动态建筑表现

　　漫游即建筑动画，在 Revit 中是通过定义游览建筑模型的路径，从而创建一系列图像生成动画，用以向客户展示模拟建筑建成后人在其中的游览效果。

　　创建漫游之前应该先对动画要表现的内容进行规划，才能确定漫游路径。例如，动画内容是表现建筑外观及环境处理，还是着重体现建筑内部空间关系，以及表现内部空间关系时是否需要穿越多个楼层，视线的落脚点在什么位置，等等。必须对以上问题进行思考后建立起整个动画的架构、场景及表现力。

　　漫游不仅仅是为了创建动画，还需要对建成后的建筑场景进行模拟，并且重点体现建筑核心概念及整体空间关系。本节将以"教学楼项目"为例，演示创建漫游的具体操作。

## 16.3.1　构思并创建漫游

构思并创建
漫游

　　1. 构思漫游内容

　　为了表现建筑外观和建筑内部空间，漫游必须经过室外和室内区域。室内场景中为了展现室内空间必须经过一层及二层，这对于漫游路径而言就需要高度的转换。此外，室外场景不仅需要表现人视角的视野场景，还需要通过俯瞰为观众呈现建筑全貌。

　　所以，整个漫游的路径为室外（俯瞰视角环顾）→室内一层（人视角上楼梯）→室内二层（人视角环顾一周下楼梯）→室内一层（走出门厅入口）。

　　2. 创建漫游路径

　　**» Step 01** 打开要放置漫游路径的视图。通常情况下，在平面视图中创建漫游路径，但是也可以在其他视图（包括三维视图、立面视图及剖面视图）中创建漫游。在此进入"1F"平面视图。

　　**» Step 02** 单击"视图"选项卡→"创建"面板→"三维视图"下拉列表→ 📷（漫游）工具，进入"修改|漫游"选项卡，如图 16-52 所示。

　　此时在"选项栏"上默认选择"透视图"选项，贴近人眼观察效果，取消选中后将以正交三维视图创建漫游，一般不做更改。而"偏移"的数值表示相机相对于所选择标高的高度，当路径所经过位置的高度发生变化时，需要及时进行调整。

　　**» Step 03** 将光标放置在视图中并单击以放置关键帧。按照漫游构思所规划路线移动光标以绘制漫游路径，并在关键位置单击放置关键帧，如图 16-53 所示。

　　在放置关键帧时，尤其是从室内一层到室内二层的关键帧，由于层高转换，视线高度、视线方向转换较多，因此在该位置需要多放置几个关键帧，并注意调整关键帧的高度。路径创建期间不能修改这些关键帧的位置，如果放置位置有问题，则无需理会继续放置下一个关键帧，等路径创建完成后再对关键帧、路径和相机进行统一编辑。

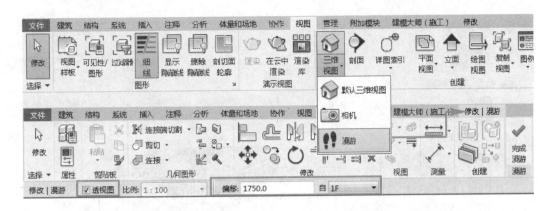

图 16-52　漫游功能

完成漫游路径绘制后，可单击"完成漫游"按钮，双击或按 Esc 键结束路径创建。Revit会在"项目浏览器"的"漫游"分支下创建漫游视图，并为其指定名称"漫游1"，如图 16-54 所示。

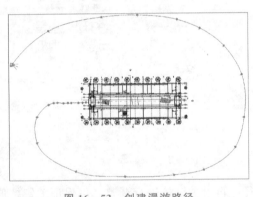

图 16-53　创建漫游路径

图16-54　完成漫游路径

3. 漫游路径预览

创建漫游后，可以对漫游路径进行预览，查看未经过编辑的漫游路径创建的动画效果。

**» Step 01** 编辑漫游。从项目浏览器中打开"漫游1"，选中漫游窗口，单击"修改｜相机"选项卡→"漫游"面板→ (编辑漫游) 工具，如图 16-55 所示。

**» Step 02** 预览漫游。进入"编辑漫游"上下文选项卡中，可以看到漫游面板上有"播放"按钮（当相机位于最后一帧时，播放按钮灰显），单击后可以在漫游窗口中预览该动画，如图 16-56 所示。

漫游预览中已经可以窥见整个漫游的大体效果，但由于路径是在一层平面视图中绘制，因此会存在部分路径位置与设想存在偏差的情况，且关键帧之间的衔接也不够流畅，这些都需要做进一步的编辑。

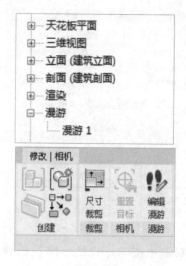

图 16 - 55　编辑漫游路径

图 16 - 56　预览漫游

## 16.3.2　编辑漫游

在漫游的编辑中，需要先确定漫游路径，再对关键帧进行调整，以保证关键帧的拍摄内容不会因为路径的更改而发生变化。

1. 编辑漫游

>> Step 01 编辑漫游。从项目浏览器中打开"漫游1"，选中漫游窗口，单击"修改丨相机"选项卡→"漫游"面板→ (编辑漫游)工具，如图 16 - 55 所示。

>> Step 02 控制路径。在漫游窗口中，选项栏上控制命令旁的选项灰显，这是由于路径和活动路径的编辑只能在平面视图、立面视图、剖面视图和三维视图中才能编辑。切换到"1F"平面视图中，将控制的选项更改为"路径"，视图中关键帧位置显示圆形控制点，通过移动这些圆形控制点可以调整漫游的路径，如图 16 - 57 所示。

>> Step 03 控制相机。选择"活动相机"作为"控制"项，沿路径将相机拖曳到所需的帧或关键帧，相机将捕捉关键帧。此时可以在漫游视图中查看关键帧相机所捕捉到的场景，如图 16 - 58 所示。

在编辑视图（平面视图、立面视图或剖面视图）中可以对相机的目标点和远剪裁进行

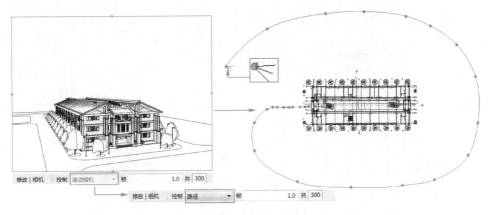

图 16-57 调整漫游路径

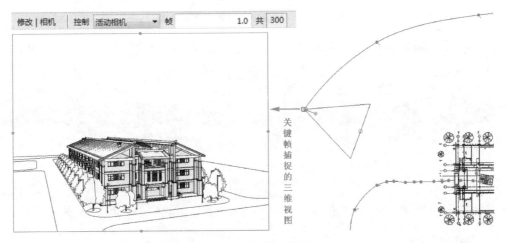

图 16-58 编辑漫游相机

修改。相机位置附件的红心原点为目标点，控制视图的方向，从相机位置打开的三角形表示相机的捕捉范围，可以拖动三角形上的空心圆形控制点调整相机的视野范围，也可以通过在属性面板上取消选中"远剪裁激活"复选框消除对相机视野的控制，如图 16-59 所示。

此处为方便编辑，节约调整每个相机的远剪裁偏移值的时间，取消选中"远剪裁"。

**》Step 04** 添加关键帧。选择"添加关键帧"作为"控制"项，沿路径放置光标并单击以添加关键帧。此功能主要用于补充路径中的观察点，例如上下楼梯时，当原有关键帧不足以控制视线转换时，可通过添加关键帧保证视线转换顺畅，如图 16-60 所示。

**》Step 05** 删除关键帧。选择"删除关键帧"作为"控制"项，将光标放置在路径上的现有关键帧上，并单击以删除此关键帧。当关键帧过多时可使用该功能进行删除，如图 16-61 所示。

漫游路径的编辑重点在于路径中相机的编辑。调整完成后需要再预览漫游动画观察调整效果，这是一个反复调试的过程，需要耐心和细心，这样才能保证漫游效果自然流畅。

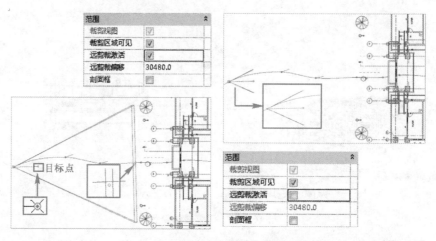

图 16-59　编辑相机目标点和远剪裁

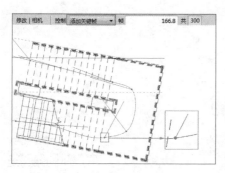

图 16-60　添加关键帧

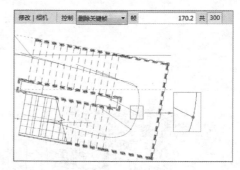

图 16-61　删除关键帧

2. 编辑漫游帧

在动画中，帧指的是动画中最小单击的单幅影像画面，相当于电影胶片上的每一格镜头。而关键帧则相当于二维动画中的原画，指物体运动或变化中关键动作所处的那一帧，不以其他帧图像做参考。关键帧与关键帧之间的动画可以由软件来创建，这部分称之为过度帧或中间帧。

在 Revit 漫游中，动画是由一个个关键帧串联而成，这些关键帧不仅形成了路径，而且捕捉的图像将作为动画中的关键环节。在前后关键帧之间，软件可根据漫游路径行进过程中所捕捉的图像自动补充以形成一个完整的动画。

漫游中默认总帧数为 300 帧，每秒 15 帧，则总共会得到 20 s 的动画。因此，控制动画时长一方面可以控制总帧数，另一方面可以调整每秒的帧数。

关键帧的修改同样需要在任何视图中进行。进入"编辑漫游"上下文选项卡，在选项栏上单击漫游帧编辑按钮 300 。"漫游帧"窗口中具有五个显示帧属性的列，如图 16-62 所示。

①"关键帧"列显示了漫游路径中关键帧的编号和数量。单击某个关键帧编号，可显示该关键帧在漫游路径中的位置，应用后相机图标将显示在选定关键帧的位置上。

②"帧"列显示了对应关键帧的所在帧数。

③"加速器"列显示的是一个数字，用于修改特定关键帧之间漫游播放的速度。

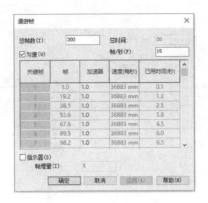

图 16-62　关键帧编辑窗口

④ "速度"列显示了相机沿路径移动通过每个关键帧的速度（mm/秒）。

⑤ "已用时间"列显示了从第一个关键帧开始的已用时间。漫游的总时间取决于帧数和每秒的帧数。

**》Step** 01 更改漫游的持续时间。默认情况下，相机沿整个漫游路径的移动速度保持不变，漫游的总时间取决于帧数和每秒的帧数，可通过增加或减少帧总数或者每秒的帧数来调整动画总时长。

**》Step** 02 更改关键帧的数值。若要修改关键帧的数值，需要先取消选中"匀速"，并在"加速器"列中为所需关键帧输入值。"加速器"的有效值介于 0.1～10 之间，用作系数，更改相机从一个关键帧到下一个关键帧的速度。例如，调整位于楼梯处的"28～34帧"的加速器值为 0.1，降低相机通过楼梯的速度，如图 16-63 所示。

图 16-63　调整关键帧用时

**》Step** 03 使用指示器查看帧分布。为了帮助理解沿漫游路径分布的中间帧，可以使用窗口左下角的"指示器"功能。选中"指示器"复选框，在帧增量文本框中输入数值（默认为5），可在漫游路径中看到蓝色小方块（红色圆点为关键帧），如图 16-64 所示。

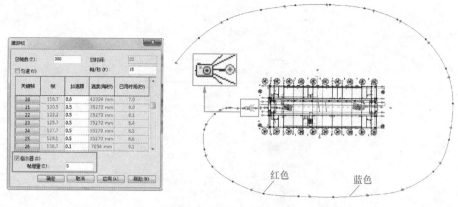

图 16 - 64　查看中间帧分布

关键帧调整完整后同样需要预览漫游动画观察调整效果，观察调整的时长是否过长或过短。关键帧的编辑要结合漫游路径一同编辑，并且同样需要反复调整才能保证动画效果自然流畅。

## 16.3.3　导出漫游成果

导出漫游成果

漫游编辑完成后可将其导出项目文件并保存为 AVI 或图片文件，方便展示。在本节中，以"漫游1"的导出为例演示漫游动画导出的具体操作。

>> Step **01** 导出漫游。打开漫游视图"漫游1"，单击"文件"选项卡→"导出"→"图像和动画"→"漫游"→"长度/格式"窗口，如图 16 - 65 所示。

>> Step **02** 设置导出选项。在弹出的"长度/格式"中有"输出长度"和"格式"两组参数，如图 16 - 66 所示。

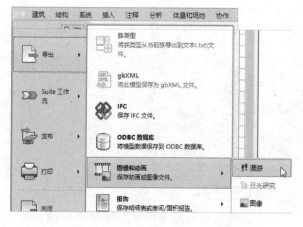

图 16 - 65　导出漫游命令

图 16 - 66　"长度/格式"设置窗口

① 在"输出长度"参数组中，可以选择输出视频的范围。

选择"全部帧"，将所有帧包括在输出文件中。

选择"帧范围",仅导出特定范围内的帧。选中选项,需要在输入框内输入帧范围。并可以指定"帧/秒"的数值,通过改变每秒的帧数从而改变动画总时长。

② 在"格式"参数组中,可以对"视觉样式""尺寸标注""缩放"做自定义编辑。

对于视觉样式,如果选择"渲染",可将为漫游视图指定的"渲染设置"导出。此外的视觉样式与视图中设置的视图样式一致。

对于尺寸,一般默认按漫游窗口尺寸大小,如需调整可以调整尺寸标注的数值或调整百分比数值。是否添加时间戳可以根据自己的需要进行选择。确认无误后即可单击"确定"按钮,完成"长度/格式"窗口的设置。

>> Step 03 指定保存位置及保存格式。将文件保存位置定位到本章的项目文件中,并设置保存文件名为"教学楼室内外漫游",指定保存格式。

文件的保存格式包括 AVI 或图像文件(JPEG、TIFF、BMP 、GIF 或 PNG)。选择 AVI 文件时,文件将保存为视频格式,选择图像文件(JPEG、TIFF、BMP 、GIF 或 PNG)时,漫游的每个帧都会保存为单个图像文件。此处选择保存为"AVI 文件"格式。确认无误后即可单击"保存"按钮。

>> Step 04 视频压缩设置。在"视频压缩"窗口中,可从已安装在计算机上的压缩程序列表中选择视频压缩程序,对视频进行压缩或按默认设置选择"全帧(非压缩)"。例如,此处选择微软自带压缩程序,可再对压缩质量进行自定义设置,如图 16-67 所示。

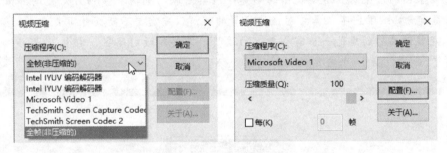

图 16-67 "视频压缩"设置窗口

不同压缩程序的设置存在差异,可在了解后自行选择并编辑,此处不做深入介绍,按默认设置选择"全帧(非压缩)"。

>> Step 05 单击"确定"按钮后软件左下角会显示导出进度条,同时漫游视图按设置进行播放。当进度条走完后,视频文件会显示保存位置,如图 16-68 所示。

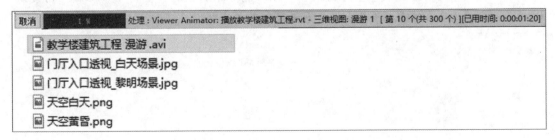

图 16-68 导出进度条提示

中途若要停止导出 AVI 文件，可单击屏幕底部的进度指示器旁的"取消"按钮，或按 Esc 键。此时，会弹出提示窗口，确认停止选择"是"，如图 16‑69 所示。

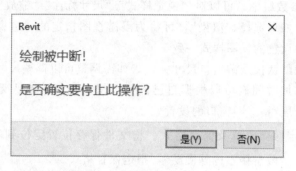

图 16‑69　中断导出操作

## 项目小结

1. 建筑表现分为两种：一种是静态建筑表现（一般称为效果图）；另一种是动态建筑表现（一般称为建筑动画）。

2. 效果图的渲染基于透视视图的创建，渲染图像的编辑和室内外灯光的布置，制作一张高质量的效果图不仅需要对渲染设置的理解，更需要不断提升审美水平。

3. 建筑动画的创建是一个需要耐心的过程，需要对漫游路径、相机及漫游帧反复进行调整，才能得到一个自然流畅的动画视频。

## 复习思考

项目16
在线答题

1. 材质和贴花的区别是什么？完成教学楼项目材质的编辑。

2. 完成俯瞰透视视图的创建。

3. 使用课程文件中的"Cloudy.jpg"练习完成"图 16‑1 教学楼门厅入口透视图（白天场景）"的渲染。

4. 完成"室外俯瞰→室外人视角环绕一周→室内一层环顾"的漫游动画创建，并导出保存到课程配套文件中。

# 项目17
## Revit二次开发

现在越来越多的项目要求必须使用 BIM，因此越来越多的建设单位、施工单位、运营单位也对 BIM 有着更深刻的认识。BIM 的本质是体现人的意志，是人的思想对于建筑、模型、信息的综合应用和管理。BIM 最基础、最核心、最根本的是信息化模型。Revit 是一个类似平台的软件，若想更便捷地应用它，需要依靠大量的二次开发软件（即插件）来辅助实现。所以，目前国内的软件开发商投入大量的成本来进行 Revit 二次开发，为大家提供符合国内工程师使用习惯和便捷性的 Revit 插件。

## 学习目标

| 能力目标 | 知识要点 |
|---|---|
| 了解 Revit 二次开发能给建模带来哪些改变 | Revit 二次开发的概念和插件的产生 |
| 了解目前国内有哪些 Revit 插件可以使用 | Revit 插件的分类<br>常见 Revit 插件 |
| 了解建模大师插件的快速翻模功能 | 建模大师插件快速翻模的操作 |

# 17.1 Revit 二次开发概述

"工欲善其事，必先利其器"。在我们实际应用 Revit 的过程中，为了更快速、更简单地进行建模工作，需要用到不同的 Revit 插件。

## 17.1.1 Revit 二次开发的含义

Revit 二次开发即指 Revit 插件，是为了帮助工程师更方便地应用 Revit。在我们安装 Revit 插件之前，计算机必须已经安装了相应的 Revit 版本。不同的插件对 Revit 版本的支持是不一样的，有的插件可以同时支持多个 Revit 版本，而有的插件只能支持某个 Revit 版本，所以在使用相应的插件之前应对其有所了解。

## 17.1.2 Revit 二次开发的意义

Revit 作为一个功能强大的 BIM 建模软件，在实际使用过程中，对于我国工程师在使用习惯上还是有很多的差异。针对不同类型的项目和建模要求，仅仅依赖 Revit 本身是无法实现的，所以需要不同类型的插件来达到这些要求。

使用 Revit 二次开发有哪些好处？

（1）导出数据

在将 Revit 模型导出到第三方软件进行数据处理时，需要对应的导出插件来实现数据格式的交互，比如将 Revit 模型导出为 NWC 格式，以应用在 Navisworks 软件里。

（2）管理数据

在对 Revit 模型信息和相关文件进行管理时，需要一个数据管理平台来帮助我们更系统、更方便地管理模型内数据和模型外文件，比如对于族的文件管理和数据加密。

（3）建模功能

在实现某些建模功能时，Revit 本身并没有这类直接的功能模块，这就需要通过复杂的建模手段来实现，但若有了插件就可以轻松地实现这些功能。比如对于面层装饰的添加，在 Revit 中并没有直接的功能模块，需要做更多叠层墙、多层墙体或多个内建模型来完成，但第三方插件却可以轻松地实现对墙体、楼板、梁等构件的面层装饰处理。

（4）快速建模

在目前的整个行业中各个流程是相对分散的，很多咨询企业或施工企业的 BIM 团队需要根据现有的 CAD 施工图进行翻模，从而快速地创建 Revit 模型。若进行原始手工的建模工作量是很大的，因此现在市场上已经有多款翻模软件可以快速地根据处理好的 CAD 图纸进行建模。

以上功能只是简单的总结，插件的功能远远不止于此。插件功能是根据市场的需求来开发的，未来会有更多好用的插件被国内的软件厂商开发出来服务于广大 BIMer（BIM 工程师）。

## 17.1.3　Revit 二次开发需要哪些技术

Autodesk 公司为 Revit 系列产品提供了 API（Application Programming Interface），以使开发者能根据需求开发更多应用嵌入到 Revit 平台中。

当用户进行 Revit 的二次开发时，需要掌握哪些技术呢？

（1）掌握 Revit

作为一个 Revit 开发者，必须能够熟练地应用 Revit，对每个功能模块足够熟悉。

（2）掌握开发语言

虽然 Autodesk 有大量的 API 帮助文档，但熟悉 C♯并且具有 ".net" 开发经验可以让用户更适应 Revit 二次开发工作。

（3）熟悉 Revit API

在整个开发过程中都必须依赖于 Revit API。熟悉 Revit API 可以帮助用户判断可以做哪些功能的开发，又有哪些功能是无法实现的。通过模仿学习 API 中的样例，可以尝试开发出用户专属的 Revit 插件。

目前国内的 Revit 二次开发团队和企业已经很多了，但相对于市场本身来说还远远不够。Revit 二次开发的前景随着国内各种标准和地方性政策推动会有更大的需求。相对 Autodesk，AutoCAD 的二次开发市场会更大，也更有价值，未来在装配式、造价、施工图、幕墙、市政等方面都会有很大的发展空间。

 知识链接

（1）软件下载：https：//www.autodesk.com.cn/products/revit – family/free – trial。
（2）API 获取：从 Revit 产品安装包里可以找到 SDK 文件。
（3）开发环境：https：//www.visualstudio.com/zh – hans/。
（4）帮助社区：https：//forums.autodesk.com/t5/revit – api – forum/bd – p/160。

# 17.2　Revit 插件分类及常见插件介绍

Revit 插件种类繁多，在众多的插件中，唯有实用方便方可被用户认可接受，本节将介绍几款在国内知名度高、使用频繁的插件。

## 17.2.1　Revit 插件分类

Revit 现在有大量的插件可以使用，目前国内外有许多非常优秀的插件，大致分为以下几类。

功能类型：建模插件、转换插件、族库插件、辅助插件、管理插件。

专业类型：土建插件、机电插件。

## 17.2.2　Revit 常见插件介绍

### 1. 快速翻模类

建模插件的主要功能是帮助用户实现快速建模或便捷建模，市面上常见的建模插件有以下几种。

（1）建模大师（建筑）

根据 DWG 文件可以实现建筑和结构模型的快速翻模，插件具有一键转换轴网、桩基、承台、柱、墙、门窗、梁的建模功能，还具有一键成板、一键剪切、一键开洞、一键添加装饰层、局部三维等辅助功能。

（2）建模大师（机电）

根据 DWG 文件可以实现机电模型快速翻模，插件具有一键转换管道、风管、桥架的建模功能，还具有一键翻弯、一键算管径、管线连接、管道登高等辅助功能。

（3）橄榄山快模

根据 DWG 文件可以实现建筑和结构模型的快速翻模，插件具有将天正 DWG 文件中的主要构件：轴线、轴线编号、墙、门窗（含门窗编号、门窗开启方向）、柱子（含异形柱）、房间转换成 Revit 模型对象，可以将结构平法 DWG 转换成结构模型。

（4）IsBIM 模术师

根据 DWG 文件可以实现建筑和结构模型的快速翻模，插件具有实现 DWG 翻模为 Revit 模型功能，并且具有快速添加装饰面层功能。

### 2. 辅助设计类

（1）建模大师系列软件

建模大师系列软件可以辅助建筑结构、水暖电专业的设计出图，支持一键标注洞口、标注墙，标注管道、风管横管、立管、水阀、风阀，快速配置机电专业的管线系统颜色线型，支持快速导出符合国标标准的 DWG 图纸。

（2）理正 BIM 系列软件

理正 BIM 系列软件可以辅助建筑设计、水暖设计及翻模功能、出图功能，理正 BIM 一系列软件。

（3）BIMSpace

BIMSpace 是鸿业科技开发的一款 BIM 设计平台，共分为两个部分，一部分是族库管理、资源管理、文件管理；另一部分是民用建筑、给排水、暖通、电气、机电深化、装饰。

（4）数据（格式）转换插件

数据（格式）转换插件主要帮助工程师实现数据格式的转换，以使 Revit 模型能够被第三方软件或平台兼容，多数为第三方软件厂商为了实现 Revit 数据转换为兼容己方软件而开发的插件，如下列 5 种插件。

① Revit to Lumion Bridge：实现 Revit 数据导出，".dae"格式用于支持 lumion。

② Revit export Twinmotion：实现 Revit 数据导出，".fbx"格式用于支持 Twinmotion。

③ Autodesk STL Exporter：实现 Revit 数据导出，".stl"格式用于支持 3D 打印。

④ Revit Export IFC：实现 Revit 数据导出，".ifc"格式用于支持 IFC 格式软件交互。

⑤ FBX Exporter：实现 Revit 数据导出，".fbx"格式用于支持 FBX 格式软件交互。

（5）族库插件

族库插件是为企业或个人提供基础族的一个插件，用户通过族库软件下载开发商远程服务器的族构件，为当前项目进行族构件的布置，如族库大师、毕马汇族助手、八戒云族、型兔 BIMto 等。

（6）其他辅助插件

为实现某项建模功能或为辅助某个专业的建模而开发的插件，这类软件功能通常是针对特定需求进行单独开发的插件。例如，Dynamo 既可以是独立运行的参数化软件，也可作为 Revit 插件进行使用；Revit Extensions 主要用来辅助 Revit 钢筋设计；Autodesk Steel Connections for Revit 主要用来辅助 Revit 钢结构设计；Vray for Revit 帮助解决 Revit 本身平台渲染效果不佳的问题。

# 17.3　插件实例：建模大师（建筑）

建模大师为目前翻模插件中比较优秀的商业插件，拥有强大的依托 DWG 文件进行快速翻模的功能，图 17-1 所示为建模大师（建筑）工具栏。

图 17-1　建模大师（建筑）工具栏

 知识链接

插件下载地址：http://www.tuituisoft.com/chajianlist/1.html

## 17.3.1　快速转化轴网

▶▶Step 01 打开软件，在 Revit 欢迎界面"项目"中选择"建筑样板"新建项目，并将项目保存为"快速转化练习.rvt"文件。

▶▶Step 02 单击建模大师（建筑）选项卡中"链接 CAD"，并选择转化样例文件中"01 轴网_桩_承台转化.dwg"，如图 17-2 所示。

图 17-2　链接 CAD

**》Step** 03 在"轴网转化"窗口中分别选择对象。

**》Step** 04 在轴线层中单击"提取"→选择 CAD 的轴网→按 Esc 键退出选择。

**》Step** 05 在"轴符层"中单击"提取"→分别选择轴网号与轴网标头→按 Esc 键退出选择，如图 17-3 所示。

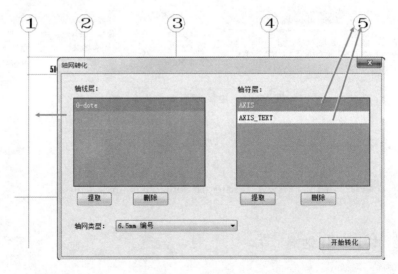

图 17-3　轴网转化

**》Step** 06 单击"开始转化"按钮，查看轴网转化后的成果，如图 17-4 所示。

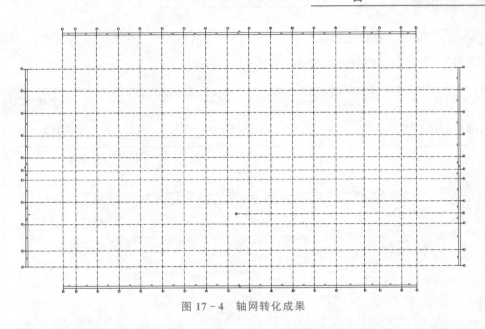

图 17-4 轴网转化成果

## 17.3.2 快速转化基础

快速转化基础包括两部分：桩和承台。下面以快速转化桩为例。

>> Step 01 单击建模大师（建筑）选项卡中"桩转化"，在"桩转化"窗口中分别选择对象。

>> Step 02 在边线层中单击"提取"→选择 CAD 的桩图层→按 Esc 键退出选择。

>> Step 03 在"标注及引线层"中单击"提取"→选择桩的标高→按 Esc 键退出选择→单击"开始识别"按钮，如图 17-5 所示。

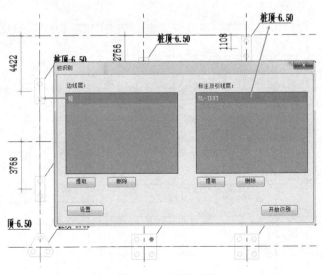

图 17-5 桩转化

>> Step 04 在"桩转化预览"窗口中分别对"名称""尺寸""上部高度""深度""顶部偏移""数量"等内容进行检查，如图 17 - 6 所示。

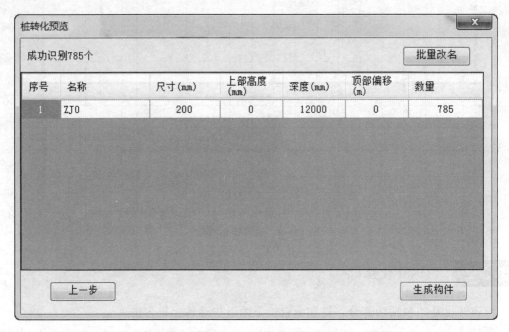

图 17 - 6　桩转化预览

>> Step 05 单击"生成构件"按钮，查看桩转化后的成果，如图 17 - 7 所示。

承台的转化方法与桩的转化方法一样，唯一不同的是选择"承台转化"。

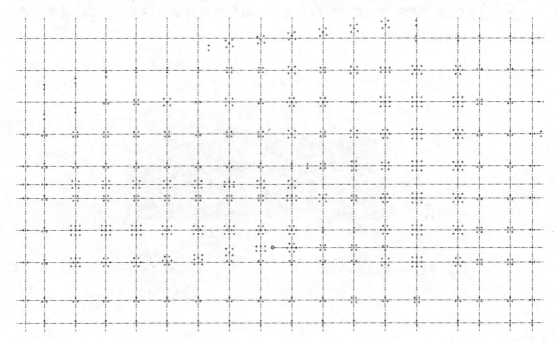

图 17 - 7　桩转化成果

### 17.3.3　快速转化柱

**》Step 01** 单击建模大师（建筑）选项卡中的"链接CAD"，并选择转化样例文件中的"02暗柱转化"。

**》Step 02** 单击建模大师（建筑）选项卡中的"柱转化"，在"柱转化"窗口中分别选择对象。

**》Step 03** 单击"提取"→选择CAD的柱图层→按Esc键退出选择。

**》Step 04** 在"标注及引线层"中单击"提取"→选择柱编号→按Esc键退出选择→单击"开始识别"按钮，如图17-8所示。

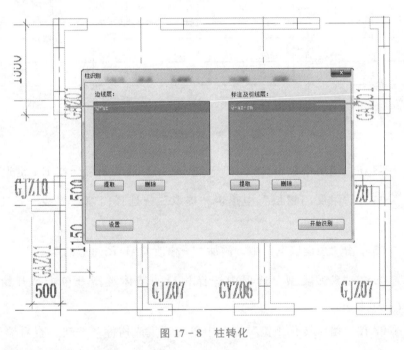

图17-8　柱转化

**》Step 05** 在柱转化预览窗口中单击"生成构件"按钮，查看柱转化成果，如图17-9所示。

### 17.3.4　快速转化墙

**》Step 01** 单击建模大师（建筑）选项卡中的"链接CAD"，并选择转化样例文件中的"03墙-门窗转化"。

**》Step 02** 单击建模大师（建筑）选项卡中的"墙转化"，在"墙转化"窗口中分别选择对象。

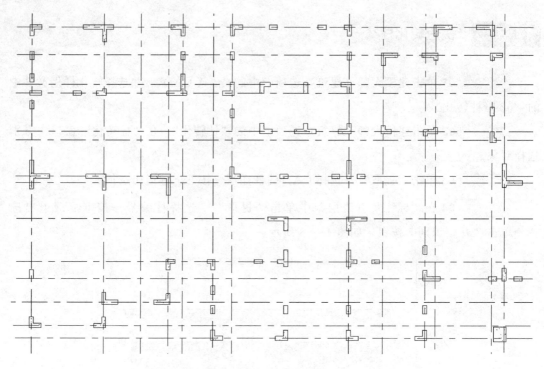

图 17 - 9  柱转化成果

**Step 03** 在边线层中单击"提取"→选择 CAD 的墙图层→按 Esc 键退出选择。

**Step 04** 在"附属门窗层"中单击"提取"→选择门窗边界线→按 Esc 键退出选择。

**Step 05** 单击"预设墙宽"中"添加"→修改 CAD 图对应的墙厚。

**Step 06** 在"参照类型"选项中选择相应的墙体类型→单击"开始识别"按钮，如图 17 -10 所示。

**Step 07** 在"墙体转化预览"窗口中单击"生成构件"按钮，查看墙转化成果，如图 17 -11 所示。

## 17.3.5　快速转化门窗

由于墙与门窗都在同一张 CAD 图中，因此可以在墙体转化的基础上进行门窗的转化。

**Step 01** 单击建模大师（建筑）选项卡中"门窗转化"，在"门窗转化"窗口中分别选择对象。

**Step 02** 在门窗边线层中单击"提取"→选择 CAD 的门窗图层→按 Esc 键退出选择。

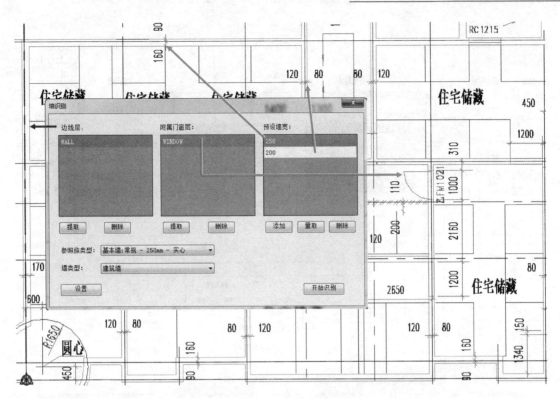

图 17 - 10　墙转化

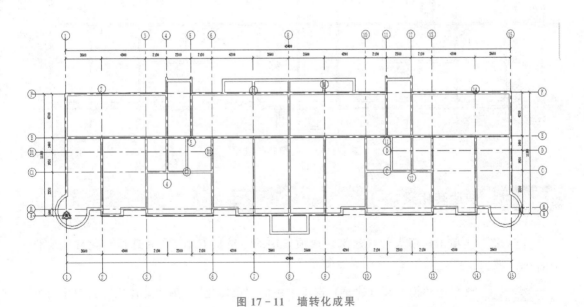

图 17 - 11　墙转化成果

>>Step **03** 在"门窗标注及引线层"中单击"提取"→选择门窗的编号→按 Esc 键退出选择→单击"开始识别"按钮，如图 17 - 12 所示。

>>Step **04** 在"门窗转化预览"窗口中单击"生成构件"按钮，查看门窗转化成果，如图 17 - 13 所示。

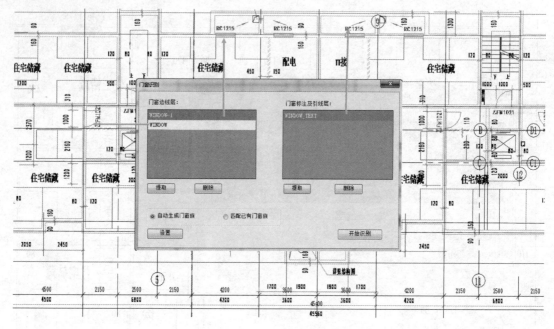

图 17 - 12　门窗转化

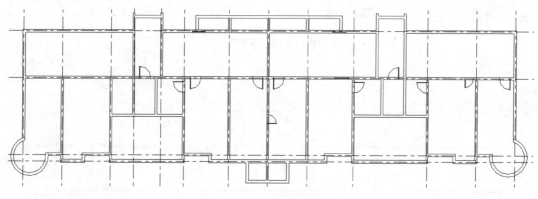

图 17 - 13　门窗转化成果

## 17.3.6　快速转化梁

>> Step　01 单击建模大师（建筑）选项卡中的"链接 CAD"，并选择转化样例文件中的"04 梁转化"。

>> Step　02 单击建模大师（建筑）选项卡中的"梁转化"，在"梁转化"窗口中分别选择对象。

>> Step　03 在边线层中单击"提取"→选择梁的边线图层→按 Esc 键退出选择。

>> Step　04 在"标注及引线层"中单击"提取"→选择梁的集中标注→按 Esc 键退出选择→单击"开始识别"按钮，如图 17 - 14 所示。

>> Step 05 在梁转化预览窗口中单击"生成构件"按钮，查看梁转化成果，如图 17 - 15 所示。

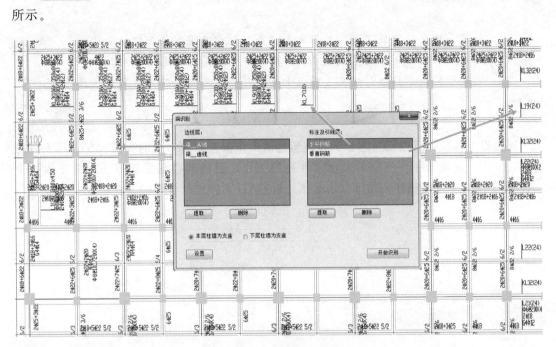

图 17 - 14　梁转化

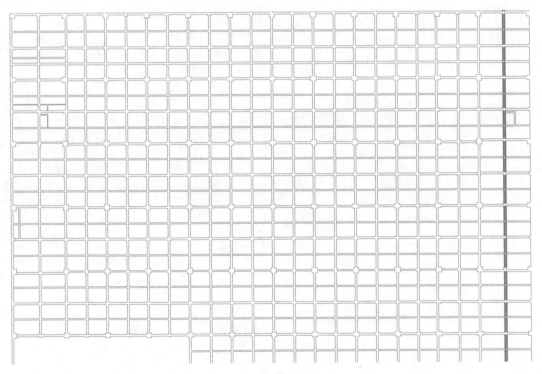

图 17 - 15　梁转化成果

🏠 特别提示

（1）如果一根多跨梁的弯折幅度很大，就会有部分跨梁无法正确识别。

（2）如果一根梁是由多段弧梁组成的，那么部分跨梁可能无法识别。

（3）如果梁的集中标注引线有 3 段以上直线，那么需要修改为 2 段或 1 段才能正确识别。

　　通过以上体验，可以明显感觉到插件给建模工作带来的效率上的提高。在实际项目的建模过程中，建模是一项复杂的且重复性高的工作，目前国内很多建模工作都还依托于 CAD 施工图，所以即使使用插件，也必须先对 CAD 文件进行合理的审查和处理。

# 附录
# Revit常用快捷键表

| 修 改 工 具 | | 成 组 工 具 | |
|---|---|---|---|
| 删除 | DE | 创建组 | GP |
| 移动 | MV | 编辑组 | EG |
| 复制 | CO/CC | 解组 | UG |
| 旋转 | RO | 链接组 | LG |
| 阵列 | AR | 排除构件 | EX |
| 镜像 | MM/DM | 将构件移到项目 | MP |
| 缩放 | RE | 恢复已排除构件 | RB |
| 对齐 | AL | 全部恢复 | RA |
| 偏移 | OF | 添加到组 | AP |
| 解锁 | UP | 从组中删除 | RG |
| 锁定 | PN | 组属性 | PG |
| 修剪 | TR | 完成组 | FG |
| 拆分图元 | SL | 取消组 | CG |
| 创建类型实例 | CS | 编辑属性 | PR |
| 缩放全部以匹配 | ZA | 柱 | CL |
| 缩放图纸大小 | ZS | 构件 | CM |
| 视图滚动/缩放 | ZP/ZC | 梁 | BM |
| 视图属性 | VP | 结构楼板 | SB |

| 修 改 工 具 | | 成 组 工 具 | |
|---|---|---|---|
| 动态修改视图 | F8 | 结构支撑 | BR |
| 视图可见性/图形 | VG/VV | 结构梁系统 | BS |
| 临时隐藏图元 | HH | 结构墙 | FT |
| 临时隔离图元 | HI | 线 | LI |
| 重设临时隐藏/隔离 | HR | 参照平面 | RP |
| 在视图中隐藏类别 | VH | 建 模 工 具 | |
| 取消在视图中隐藏图元 | EU | 墙 | WA |
| 视图-线框 | WF | 门 | DR |
| 视图-隐藏线 | HL | 窗 | WN |
| 视图-带边缘着色 | SD | 绘 图 工 具 | |
| 视图-高级模型图形 | AG | 尺寸标注 | DI |
| 视图-细线 | TL | 高程点 | EL |
| 视图-渲染-光纤追踪 | RR | 文字 | TX |
| 视图-刷新 | F5 | 绘图-网格 | GR |
| 窗 口 工 具 | | 绘图-标高 | LL |
| 窗口-层叠 | WC | 绘图-标记-按类别 | TG |
| 窗口-平铺 | WT | 绘图-房间 | RM |
| 交点 | SI | 绘图-房间标记 | RT |
| 端点 | SE | 绘图-详图线 | DL |
| 中点 | SM | 设置-日光和阴影位置 | SU |
| 中心 | SC | 设置-项目单位 | UN |
| 最近点 | SN | 象限点 | SQ |
| 垂足 | SP | 点 | SX |
| 切点 | ST | 捕捉远距离对象 | SR |
| 填色 | PT | 关闭捕捉 | SO |
| 连接端切割-应用连接端切割 | CP | 关闭替换 | SS |
| 连接端切割-删除连接端切割 | RC | 工作平面网格 | SW |
| 轴网 | GR | 渲染 | RR |
| 视 图 工 具 | | Cloud 渲染 | RC |
| 视图区域放大 | ZZ | 渲染库 | RG |
| 视图缩放两倍 | ZV | 查找/替换 | FR |
| 缩放匹配 | ZX/ZE | 重复上一条命令 | RC |

续表

| 系 统 工 具 | | | |
|---|---|---|---|
| 风管 | DT | 机械-设备 | ME |
| 风管-管件 | DF | 管道 | PI |
| 风管-附件 | DA | 管件 | PF |
| 转换为软风管 | CV | 管路-附件 | PA |
| 软风管 | FD | 软管 | FP |
| 风道末端 | AT | 卫浴装置 | PX |
| 喷头 | SK | 线管配件 | NF |
| 弧形导线 | EW | 电气设备 | EE |
| 电缆-桥架 | CT | 照明设备 | LF |
| 荷载 | LD | 重新载入最新工作集 | RL/RW |
| 调整分析模型 | AA | 正在编辑请求 | ER |
| 重设分析模型 | RA | 机械设置 | MS |
| 检查线路 | EC | 电气设置 | ES |

# 参 考 文 献

崔艳秋，姜丽荣，吕树俭，等，2016. 建筑概论 [M]. 3 版. 北京：中国建筑工业出版社.

何关培，2011. BIM 总论 [M]. 北京：中国建筑工业出版社.

何关培，2015. 如何让 BIM 成为生产力 [M]. 北京：中国建筑工业出版社.

李必瑜，魏宏扬，覃琳，2019. 建筑构造：上册 [M]. 6 版. 北京：中国建筑工业出版社.

刘建荣，翁季，孙雁，2019. 建筑构造：下册 [M]. 6 版. 北京：中国建筑工业出版社.

柳建华，2014. BIM 在国内应用的现状和未来发展趋势 [J]. 安徽建筑（6）：15 - 16.

刘占省，赵雪锋，2015. BIM 技术与施工项目管理 [M]. 北京：中国电力出版社.

马晓，2015. BIM 设计项目样板设置指南：基于 REVIT 软件 [M]. 北京：中国建筑工业出版社.

伊斯曼，泰肖尔兹，萨克斯，等，2016. BIM 手册：原著第二版 [M]. 耿跃云，尚晋，等译. 北京：中国
建筑工业出版社.